特种设备安全监察管理与检验检测研究

曲先民　于　涛　王　雷◎编著

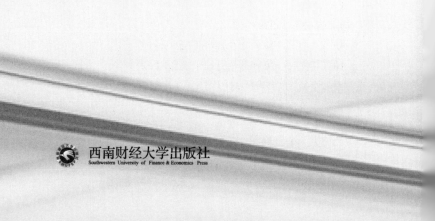

西南财经大学出版社
Southwestern University of Finance & Economics Press

图书在版编目（CIP）数据

特种设备安全监察管理与检验检测研究/曲先民，
于涛，王雷编著.--成都:西南财经大学出版社,2024.9.
ISBN 978-7-5504-6147-5

Ⅰ.①特… Ⅱ.①曲…②于…③王… Ⅲ.①设备安全—安全
管理—研究 Ⅳ.①X931

中国国家版本馆 CIP 数据核字（2024）第 068966 号

特种设备安全监察管理与检验检测研究
TEZHONG SHEBEI ANQUAN JIANCHA GUANLI YU JIANYAN JIANCE YANJIU
曲先民　于涛　王雷　编著

策划编辑:李邓超
责任编辑:乔雷
责任校对:余尧
封面设计:张杰
责任印制:朱曼丽

出版发行	西南财经大学出版社(四川省成都市光华村街55号)
网　　址	http://cbs. swufe. edu. cn
电子邮件	bookcj@ swufe. edu. cn
邮政编码	610074
电　　话	028-87353785
印　　刷	成都市新都华兴印务有限公司
成品尺寸	170 mm×240 mm
印　　张	17.25
字　　数	288 千字
版　　次	2024 年 9 月第 1 版
印　　次	2024 年 9 月第 1 次印刷
书　　号	ISBN 978-7-5504-6147-5
定　　价	88.00 元

前　言

特种设备是生产和生活中广泛使用的重要技术设备和设施，由于其性能的特殊性，特种设备与人类相伴相随，对于维持城市社会高效运转、提升生活品质、提高生产效率发挥着基础性的服务功能。随着经济的快速发展，人民生活水平不断提高，特种设备在数量上、种类上、性能上，都发生了质的变化。为加强特种设备监督管理，国家市场监督管理总局对现行特种设备生产许可项目、特种设备作业人员和检验检测人员资格认定项目进行了精简整合，制定了《特种设备生产单位许可目录》《特种设备作业人员资格认定分类与项目》《特种设备检验检测人员资格认定项目》等，对特种设备实行目录管理。由于特种设备危险性较大，一旦发生事故将会造成无可挽回的损失，直接关系到人民群众的生命财产安全和社会稳定。因此，如何管理和使用特种设备，如何有效防止各类特种设备事故的发生，是特种设备安全管理的重要内容。特种设备安全监察人员以及使用单位管理人员是履行安全责任的主要力量，提升并加强特种设备监察人员及使用管理人员的专业素质至关重要。

本书以《中华人民共和国特种设备安全法》以及相关的安全技术规范为依据进行编制，结合特种设备行业最新设备的性能，总结特种设备常见事故和缺陷处理的经验，对特种设备的使用、监督与管理的方法进行了详细的解读，可以帮助特种设备监察人员及使用管理人员掌握相关特种设备安全技术规范、规程及必要的专业技术知识，明晰特种设备的概念，树立特种设备安全管理意识，提高特种设备管理能力和水平，切实肩负起特种设备监督管理职能，从而有效防止各类特种设备事故的发生，把特种设备安全工作真正落到实处。本书可满足全国安全监察重点工作的需要，同时也是行业内日常工作的技术指导用书。

全书一共有 14 位作者：第一作者曲先民，全书由其统稿并主要负责全书各章大部分内容的编著工作；第二作者于涛，主要参与第二章至第五章、第七章部分内容的编著工作；第三作者王雷，主要参与第一章、第六章、第八章的编著工作。编委会成员包括王灿灿、张峰、刘畅、吴鲲鹏、吕志盼、王智慧、滕翔宇、张伟、冯宝顺、刘建广、李晋。

由于编者水平有限，书中难免存在疏漏与不足，敬请批评指正。

2024 年 6 月

目　　录

第一章　锅炉

第一节　锅炉基础

一、锅炉的定义

锅炉是一种能量转换设备，向锅炉输入的能量有化石燃料中的化学能、电能，锅炉输出具有一定热能的水蒸气或高温水。锅炉本体是由锅筒（壳）、启动（汽水）分离器及储水箱、受热面、集箱及其连接管道、炉膛、燃烧设备、空气预热器、炉墙、烟（风）道、构架（包括平台和扶梯）等组成的整体。锅的原义指在火上加热的盛水容器，炉指燃烧燃料的场所，锅炉包括锅和炉两大部分。锅炉中产生的热水或水蒸气可直接为工业生产和人民生活提供所需热能，也可通过蒸汽动力装置转换为机械能，或再通过发电机将机械能转换为电能。提供热水的锅炉称为热水锅炉，主要用于生活，工业生产中也有少量应用。产生水蒸气的锅炉称为蒸汽锅炉，常简称为锅炉，多用于火电站、船舶、机车和工矿企业。

二、锅炉的原理

锅炉是一种能量转换设备，向锅炉输入的能量有燃料中的化学能、电能、高温烟气的热能等形式，而经过锅炉转换，向外输出具有一定热能的蒸汽、高温水或有机热载体。多用于火电站、船舶、蒸汽机车和工矿企业。

锅炉是一种利用化石燃料燃烧后释放的热能或工业生产中的余热传递给容器内的水，使水达到所需要的温度或一定压力的热力设备。水进入锅炉以后，吸收热量，被加热成具有一定温度和压力的热水或水蒸气，然后被输出锅炉。在燃烧设备中，化石燃料通过燃烧不断放出热量，燃烧产生的高温烟气通过热传递，将热量传递给锅炉受热面，而本身温度逐渐降低，最后由烟囱排出。

三、锅炉管道

（1）电站锅炉，包括锅炉主给水管道、主蒸汽管道、再热蒸汽管道，以及第一个阀门以内（不含阀门，下同）的支路管道。

（2）电站锅炉以外的锅炉，设置分汽（水、油）缸（以下统称分汽缸）的，包括给水（油）泵出口至分汽缸出口，与外部管道连接的第一道环向焊缝以内的承压管道；不设置分汽缸的，包括给水（油）泵出口至主蒸汽（水、油）出口阀以内的承压管道。

四、锅炉安全附件和仪表

锅炉安全附件和仪表包括安全阀，爆破片，压力测量、水（液）位测量、温度测量等装置（仪表），安全保护装置，排污和放水装置等。

五、锅炉辅助设备及系统

锅炉辅助设备及系统包括燃料制备设备及系统、水处理设备及系统等。

六、监察不适用的锅炉范围

（1）设计正常水位水容积（直流锅炉等无固定汽水分界线的锅炉，水容积按照汽水系统进出口内几何容积计算，下同）< 30L，或者额定蒸汽压力 < 0.1MPa的蒸汽锅炉。

（2）额定出水压力 < 0.1MPa 或者额定热功率 < 0.1MW 的热水锅炉。

（3）额定热功率 < 0.1MW 的有机热载体锅炉。

七、锅炉设备级别

（一）A 级锅炉

A 级锅炉是指 P（锅炉压力）≥ 3.8MPa（表压）的锅炉

（1）超临界锅炉，P ≥ 22.1MPa。

（2）亚临界锅炉，16.7MPa ≤ P < 22.1MPa。

（3）超高压锅炉，13.7MPa ≤ P < 16.7MPa。

（4）高压锅炉，9.8MPa ≤ P < 13.7MPa。

（5）次高压锅炉，5.3MPa ≤ P < 9.8MPa。

（6）中压锅炉，3.8MPa ≤ P < 5.3MPa。

（二）B 级锅炉

（1）蒸汽锅炉，0.8MPa < P < 3.8MPa。

（2）热水锅炉，P < 3.8MPa，且 r ≥ 120℃（r 为额定出水温度，下同）。

（3）气相有机热载体锅炉，Q > 0.7MW（Q 为额定热功率，下同）；液相有机热载体锅炉，Q > 4.2MW。

（三）C 级锅炉

（1）蒸汽锅炉，P ≤ 0.8MPa，且 V > 50L（V 为设计正常水位水容积，下同）。

（2）热水锅炉，0.4MPa < P < 3.8MPa，且 r < 120℃；P ≤ 0.4MPa，且 95℃ < r < 120℃。

（3）气相有机热载体锅炉，Q ≤ 0.7MW；液相有机热载体锅炉，Q ≤ 4.2MW。

（四）D 级锅炉

（1）蒸汽锅炉，P ≤ 0.8MPa，且 V ≤ 50L。

（2）热水锅炉，P ≤ 0.4MPa，且 r ≤ 95℃。

（3）D 级锅炉监察特殊要求：

①锅炉制造单位应当在锅炉显著位置标注"禁止超压、缺水运行"的安全警示；蒸汽锅炉铭牌上标明"使用年限不超过 8 年"。

②锅炉不需要安装告知，并且不实施安装监督检验；需安装单位和使用单位双方代表书面验收认可后，方可运行。

③锅炉不需要办理使用登记；不实行定期检验，但使用单位应当定期对锅炉安全状况进行检查。

④锅炉的操作人员不需要取得特种设备作业人员证，但锅炉制造单位或者其授权的安装单位应当对作业人员进行操作、安全管理和应急处置培训，培训合格后出具书面证明。

八、锅炉的分类

（1）按用途分为电站锅炉、工业锅炉和生活锅炉。

（2）按结构形式分为锅壳锅炉和水管锅炉。

（3）按锅壳位置分为立式锅炉和卧式锅炉。

（4）按燃烧室分布分为内燃式锅炉和外燃式锅炉。

（5）按使用燃料不同，分为燃煤锅炉、燃油锅炉和燃气锅炉。

（6）按介质不同，分为蒸汽锅炉、热水锅炉、有机热载体锅炉。

（7）按锅炉的蒸发量，分为小型锅炉（$D < 20t/h$）、中型锅炉（$20t/h \leqslant D \leqslant 75t/h$）、大型锅炉（$D > 75t/h$），$D$ 代表蒸发量。

（8）按循环压头分为自然循环锅炉、强制循环锅炉、复合锅炉。

（9）按安装方式不同，分为整装锅炉和散装锅炉。

（10）按燃烧方式不同，分为层燃锅炉、室燃锅炉、旋风锅炉、流化床锅炉。

九、常见的锅炉结构

（一）卧式内燃锅炉

锅炉型号：WNL、WNS。

介质：燃油、燃气。

结构：锅壳、管板、炉胆、烟管。

燃烧设备：固定或链条炉排，燃烧器（燃料为燃气、油）。

烟气流程：燃烧火焰直接辐射炉胆，高温烟气从炉胆后部进入转烟室，然后转入第一束烟管，由后向前流动至前烟箱，再转入第二束烟管，由前向后汇集进入烟囱排出。

水循环回路：两束烟管的布置方式分为两侧布置和前后布置，形成不同的循环回路。

（二）卧式外燃锅炉

锅炉型号：DZW、DZL 等。

介质：燃煤、燃生物质。

结构：锅筒、管板、烟管、水冷壁管、下降管、后棚管、集箱等。

　　燃烧设备：往复炉排或链条炉排。

　　烟气流程：燃烧火焰辐射水冷壁管和锅筒下部，高温烟气从后部进入第一烟束管，由后向前流入烟箱，再转入第二烟束管，由前向后流入后烟室进入烟囱排出。

　　水循环回路：分三组。

　　优点：点火升温较快，适应煤种较广，热效率较高。

　　缺点：烟管容易积灰，注意定期排污，水质要软化处理，防止发生爆管事故，前管板与烟管处容易出现裂纹。

　　（三）有机热载体锅炉

　　有机热载体锅炉是一种以热传导液为加热介质的新型特种锅炉，具有低压高温工作特性。随着工业生产的发展和科学技术的进步，有机热载体锅炉得到了不断的发展和应用。有机热载体锅炉的工作压力虽然比较低，但炉内热传导液温度高，且大多具有易燃易爆的特性，一旦在运行中发生泄漏，将会引起火灾、爆炸等事故，甚至造成人员伤亡和财产损失。因此，对有机热载体锅炉的安全运行和管理，必须高度重视。

第二节　锅炉安全监察

一、锅炉安全监察重点

　　（一）锅炉制造单位现场安全监察

　　（1）锅炉制造单位是否具有有效的特种设备制造许可证，且生产的设备是否在许可范围内。

　　（2）锅炉制造单位的许可条件是否满足特种设备生产和充装单位许可规则的相关要求。

　　①管理人员、技术人员、检测人员、作业人员等人员数量和项目是否满足要求并实际到岗，且检测人员和作业人员（如无损检测人员、焊工）是否持有相应级别的证件。

　　②生产场地、厂房、办公场所、仓库是否满足相应要求，且是否发生变化。

　　③生产设备、工艺装备、检测仪器、试验装置是否相应满足要求。要求核查

的是否定期核查，要求检定的是否按时检定。

④设计文件、工艺文件、施工方案、检验规程等技术资料是否满足要求。

⑤制造单位是否具备与生产相适应的法律、法规、规章、安全技术规范及相关标准。

⑥制造单位是否建立与许可范围相适应的质量保障体系，并且保持有效实施。

⑦制造单位是否具有保障锅炉安全性能的技术能力，按照锅炉相关安全技术规范及相关标准要求进行锅炉制造活动。

（3）持证单位是否有涂改、倒卖、出租、出借许可证的行为。

（4）制造锅炉所用的设计文件是否有效，且经过审批。

（5）是否生产不符合安全技术规范要求和能效指标以及国家明令淘汰的锅炉设备。

（6）锅炉的制造过程是否按要求实施了制造监督检验。

（7）实施锅炉制造监督检验的单位和人员是否具备相应资质，并按要求出具监督检验报告。

（8）锅炉的出厂资料是否满足法规要求。

（二）锅炉安装、改造、重大修理的施工现场安全监察

（1）检查施工单位施工前是否进行了相关告知，是否进行了监督检验。

（2）检查施工单位的安装许可证是否在有效期内并且与所安装、改造、重大修理锅炉的级别相符合。

（3）检查现场受压元件焊接人员、无损检测人员的持证情况，是否符合相关规定并且满足所从事作业的需要，并进行现场核对。

（4）检查锅炉出厂资料是否齐全、有效；对于移装锅炉还应检查移装前内部检验报告和锅炉使用登记机关的过户变更证明文件。

（5）检查锅炉质量证明书中的制造检验证书是否有效。

（6）检查锅炉定型产品能效测试报告是否有效。

（7）检查燃油燃气燃烧器型式试验合格证书是否齐全、有效。

（8）检查有机热载体锅炉的有机热载体型式试验报告是否有效。

（9）检查投用的锅炉是否验收合格，且在规定时间内办理使用证，是否在

规定时间内进行能效测试。

（三）锅炉使用单位现场安全监察重点

（1）所使用的特种设备（锅炉）是否为合格产品，是否办理注册登记手续并具有使用证。

（2）检查使用单位是否设置安全管理机构或配备专兼职管理人员，是否按规定建立安全管理制度和岗位安全责任制度，是否制定事故应急专项预案并有演练记录。

（3）检查使用单位是否建立锅炉档案，档案是否齐全，保管是否良好，是否按规定进行日常维护并有记录，是否有运行、检修和日常巡检记录。

（4）检查使用单位安全管理人员、作业人员是否具有有效证件。

（5）检查锅炉安全附件及安全保护装置是否有效，是否在检定有效期内。

（6）检查锅炉外部检验和内部检验报告是否合格，是否在有效期内。

（7）检查锅炉水质是否合格，水质报告是否在有效期内。

（8）检查锅炉能效测试是否合格，能效测试报告是否在有效期内。

二、锅炉安全监察检验的研究

（一）锅炉检验必要性分析

锅炉检验工作十分重要，也十分必要，使用锅炉的单位不能存有侥幸心理，否则将会埋下重大安全隐患，媒体已有很多关于锅炉爆炸的报道，之所以会发生此类事件，就是因为相关单位没有做好锅炉检验工作，使其一直处于故障状态。为了能够引起使用锅炉单位的重视，国家已经对锅炉使用、检验等各方面做出了强制性的规定，有关单位必须按照规定进行使用与检验。

1. 开展锅炉设备检验工作的必要性

锅炉是一种用于工业生产的承压设备，对它的使用是具有一定要求的，有机热载体与水都是锅炉的盛装介质，在经过加煮后，锅炉设备会以蒸汽或者热水的方式，进行热量输出，这种热量输出十分高效，并且具有稳定性。

随着科技的进步与发展，现阶段我们可以选择的锅炉设备种类也逐渐增多，在与现代加工制备、工业技术以及设备设计手段相结合后，锅炉的工作效率得到了大幅度的提升。但是在工作运行期间，锅炉设备很可能受到其他工作条件的影响，产生故障现象，在这样的情况下，要想保障锅炉设备正常运行，就要定期对其进行故障检验，从而使出现危险事故的可能性得以降低。锅炉设备大多数都是在高温与高压的环境下使用的，这种环境也会对锅炉元件造成一定的不良影响，锅炉使用期间出现元件变形的可能性是非常高的，如果不及时对其进行修复，就有可能引发故障。

由此可见，锅炉设备的使用程序是比较复杂的，锅炉设备的设计、安装以及材料的选择等，都会对后期的使用产生影响，要想保障锅炉设备的正常运行，就要定期对其进行检修，找出锅炉设备内部隐藏的缺陷。而一些锅炉设备如果已经投入使用，零件也出现了失灵、老化问题，那么我们要知道，锅炉的各个系统之间有着必然的联系，一处零件受损，其他零件就也会出现运行困难的现象，要想保障锅炉设备的正常运行，就要对每一处的零件进行细致检验，从而避免不必要的安全事故发生。

2.锅炉常用检测方法

（1）外观目测。

在锅炉检测中，目测法是最为直接的锅炉检验方法。由于锅炉工作在高压环境中，如果锅炉外观出现肉眼可见的瑕疵，就会在工作中出现承压不均匀的情况，造成安全隐患。通过细致观察锅炉外观，寻找锅炉设备上存在的瑕疵和伤痕，是锅炉检测中最为简单和直接的方法，检测结果具备一定的稳定性和可靠性，能够确保锅炉运行的安全性。

（2）灯光检测。

灯光检测是锅炉检测中常用的方法之一，主要针对锅炉部件中细小裂纹进行检测，同时能够对锅炉出现的变形和腐蚀情况进行排查。通过灯光照射，可以发现锅炉金属表面的瑕疵，通过颜色反应来确定锅炉瑕疵的程度，往往颜色越深，表明锅炉存在的问题程度越严重。

（3）白粉煤油检测。

外观目测和灯光检测主要依靠人眼对锅炉的瑕疵和问题进行检测，虽然能够有效发现锅炉存在的质量问题，但是在准确性上存在较大短板。白粉煤油检测法能够有效辅助发现锅炉上存在的肉眼难辨的裂纹，将白粉与煤油混合涂抹在锅炉上，能够清晰显示锅炉上细小裂纹的走向和程度，有效检测锅炉存在的问题。

（4）锤击检测。

在锅炉质量检测过程中，锤击检测法能够有效检测锅炉存在的暗伤，是非常方便有效的检测方法。在检测过程中，检测人员借助小铁锤敲击锅炉构件。在敲击过程中，需要检测人员具有非常丰富的检测经验，掌握好敲击力度和角度，通过构件声音来确定锅炉构件内部的质量情况，完成锅炉检验工作。

3. 锅炉检测措施

（1）锅炉水压试验前自检。

为了保证锅炉的质量和使用运行的安全性，需要制定相应的措施对锅炉及其相关的管道进行检测，确保其符合运行要求，避免在运行过程中发生安全事故。本书以水介质电厂锅炉为例，介绍锅炉的检测措施。在锅炉及其相关管道安装完成后，进行水压试验之前要进行自检工作。这一工作的目的是防止锅炉出现质量问题，避免进行水压试验时发生安全问题。在检测过程中，不仅要对锅炉自身进行检测，锅炉相关的管道构件也要进行检测。锅炉运行体系中的每个部位的工作条件都是高温高压，任何一个部位发生问题，都会导致整个体系出现故障，造成损失。对于检测中发现存在缺陷的构件，需要及时调整和更换，以保证锅炉整体安全。

（2）压力容器的自检。

锅炉在运行过程中，内部存在巨大压力，因此要求锅炉及其管道必须具备良好的密封性，进行压力容器的自检是非常重要的举措。在锅炉体系运行过程中，压力容器的压力必须高于管道中的压力，只有这样整个体系才能正常运行。在检测时，需要严格检查压力容器的质量、管道膨胀情况和连接情况，甚至为了保证运行的安全和科学性，对管道的布置和体系的构建科学性也要进行自检，以确保锅炉能够稳定运行。

（3）对压力管道安装质量的检查。

在锅炉的质量检查措施中，锅炉压力管道的安装质量也是非常重要的检测项目，如果压力管道安装存在问题，就会对锅炉运行造成影响，导致锅炉出现问题。

首先，要确认压力管道的规格和材料，确保压力管道的材料符合要求，能够满足锅炉使用需要。其次，要对压力管道的连接部位和阀门等薄弱部位进行重点检测，避免因为安装施工问题造成安全隐患，给后期的安全运行造成风险。总之，锅炉的质量检测措施并非仅仅对锅炉自身质量的检测，锅炉体系中所有的组成部分如果存在问题，都会影响锅炉质量，导致锅炉使用过程中出现加速老化和破坏的情况，需要加以重视。

4. 锅炉检验的要求

（1）准备工作的具体内容。

锅炉检验的准备工作是后期工作开展的基础，具体来说，包括以下几个方面：第一，做好与锅炉检验相关资料的准备工作，包括锅炉的设计资料、维修记录、事故发生情况记录等。第二，做好停炉、清炉工作，及时打开每一个门孔，确保锅炉内部存在的热量能够快速降低，并起到通风换气的作用。第三，运用科学合理的方法阻断锅炉以及热力系统之间的管道连接，并及时切断相关电源，如果锅炉为燃油或燃气锅炉，还需要增加一项通风置换环节。第四，及时清理掉锅炉内部存在的灰尘、煤渣等杂物。第五，清除掉容易对锅炉检查造成阻碍的隔板、装置和部件，并提前准备好检验过程中需要使用的照明电源。第六，对于锅炉当中所处位置较高的部件进行检验时，应当提前设置足够高的脚手架，便于检修人员进行检修操作。

（2）检验人员的准备工作。

首先，作为锅炉的检验人员应当充分掌握锅炉的各项情况，因此必须提前阅读与锅炉技术相关的各项资料。如果锅炉在此之前并未进行过系统的检验，检验人员还应当对于锅炉技术资料做出系统的审查；对于已经进行过检验的锅炉，应当重点关注锅炉设备中新增和出现变更的部分。其次，检验人员应当将锅炉检验的数据记录在相应的登记资料当中，同时要确保与锅炉有关的各项参数都与资料中的参数相对应，才可以进行下一步骤的检验。再次，检验人员需要查询锅炉以往的运行记录，从记录中发现是否存在特殊情况。除此之外，还需要根据以往检验所记录的参数，掌握以往故障问题的解决情况。最后，对于检验现场的具体准备情况进行精准的确认，确保各项工作都准备无误之后，方可开展系统的检验。

（3）制订完备的检验方案。

相关检验人员应当充分依据锅炉的具体使用情况和故障情况，构建起与之相匹配的检验方案。除此之外，在进行具体的检验时，使用单位应当派遣具备专业资质的管理人员来协同做好监管工作，配合检验人员做好辅助工作。

（4）锅炉的内部检验。

如果需要通过内部检验的方法来完成锅炉检验工作，应当注意检验的承压部件，包括锅壳、省煤器、导气管、水冷壁、下降管、回燃室等多个部分。这些部件在锅炉长期运行的情况下较为容易出现损伤、裂缝、泄露、锈蚀、挂灰等各种各样的问题。依据锅炉内部检验的特点，我们将内部检验的重点放在以往检验过程中发现故障问题的部位以及常见的承压部件上，对于以往检验中存在故障问题的部位，应当采取以往采用过的检验方法进行二次检验，并在修复完成之后重新进行检验，确保其状态充分满足使用要求。

（5）锅炉缺陷处理应当遵循的原则。

为确保锅炉的平稳有序运行，对于锅炉中的缺陷问题进行处理时，应当充分遵循以下原则。

第一，当发现锅炉的某一承压部件上存在裂纹时，必须第一时间进行焊接处理，避免裂缝拓展延伸，造成不必要的问题。

第二，对于上次缺陷检验中存在的较为严重的问题，应当在本次检验中给予足够的重视，如果发现故障反复的情况，应当查明导致问题的根本原因，然后再进行针对性的处理。

第三，当承压部件出现过烧情况时，需要第一时间进行更换。

第四，当承压部件的内部出现裂纹和较为严重的开裂情况时，必须及时更换新的部件。

第五，承压部件在经过一段时间的使用之后，必然会出现变形情况，如果变形轻微无须进行处理，若变形严重则需要进行修理或更换。

第六，如果承压部件出现渗漏，会对锅炉的运行造成较为恶劣的影响，因此必须第一时间对渗漏部件进行精密修复。

第七，如果承压部件存在着较为明显的开裂和腐蚀情况，依据其强度进行测算，并采取适当的方法修复。

第八，在完成检验和修理之后，还需要对修理部分进行二次检验，确保检验结果充分满足使用要求。

第九，完成所有检验步骤之后，检验人员应当依据锅炉的实际情况，做出精准的检验记录，最后填写检验结论。

5. 锅炉常见问题的解决措施

（1）锅炉腐蚀问题的处理。

酸碱腐蚀、氧化腐蚀以及铁钩腐蚀是锅炉腐蚀最常见的 3 种情况，解决锅炉腐蚀问题的主要着重点在于防范和保护。假如在检验过程中检验人员发现锅炉受到腐蚀，就应该对其腐蚀原因进行全面分析，并及时提出解决方案，解决腐蚀问题。例如，锅炉腐蚀很大一部分原因是由氧化作用造成，氧化作用会在锅炉表面产生氧化铁腐蚀物，针对这种氧化腐蚀问题，主要是通过化学和物理打磨方式处理，若腐蚀面过大，就要采取补焊的方式进行解决。

加强锅炉腐蚀的预防。通过对锅炉结构的有效改进，特别是对焊接件焊缝沉积问题的改进和完善，确保锅炉排污顺畅，从而减缓锅炉的腐蚀进度。

加强对锅炉水质的检测和管理，从而确保锅炉水质质量的高标准。

（2）锅炉结垢问题的处理。

锅炉结垢和锅炉腐蚀两者之间存在必然联系，锅炉结垢主要是由氧化因素和水质造成的。当锅炉出现结垢现象后，会对其传热性产生不良影响，进而会使锅炉出现受热不均匀、传热受阻等不良现象。这些不良现象都会对锅炉变形产生重大影响，甚至会引发锅炉爆炸等安全事故。解决锅炉结垢问题的关键在于防腐处理，因为锅炉结垢产生的主要原因就是氧化腐蚀。解决锅炉腐蚀问题可以从两方面采取措施：一是加强水质管理，让锅炉使用高质量的水质，从而确保锅炉的正常运行；二是通过药物树脂结合的方式进行解决，调查结果显示，这种方式的处理效果非常好。

综上所述，无论是解决锅炉腐蚀问题还是锅炉结垢问题，其关键在于提前预防和及时清理腐蚀物，这可以通过改进生产工艺、优化以及物化反应来实现。

（3）锅炉变形问题的处理。

受热承压会对锅炉形态产生直接影响，假如锅炉正常运行过程中受热承压出现问题，那么很容易导致锅炉产生变形。无论折焰角部位还是高强度热载荷部位都很容易发生变形，通常来说，对锅炉的变形处理过程主要分为5个步骤：第一，在锅炉设备生产加工过程中，应尽量缩短防焦箱的外形长度，并对锅炉加工工艺流程进行改进和完善，从而降低锅炉变形概率。第二，严格按照锅炉安装说明书对锅炉进行正确安装。第三，使用锅炉时，要将锅炉加热装置安装在正确位置，以减小锅炉设备的受热偏差，从而将起火停炉的概率降到最低。第四，及时清理锅炉结垢，避免因锅炉结垢而导致锅炉受热不均匀的情况发生，从而达到提高锅炉使用寿命的目的。第五，及时维修变形部件，避免安全事故发生。

（4）锅炉裂纹问题的处理。

锅炉部件之间的焊缝非常容易出现裂纹，除此以外，锅炉上的各种受热承压元件也很容易出现裂纹，大多数情况下这些裂纹都可以通过焊补的方式进行维修。首先，对锅炉产生裂纹的原因进行全面分析；其次，准确判断锅炉裂纹的性质；最后，根据裂纹分析结果制定合理有效的解决方案。在锅炉裂纹维修过程中，要充分了解焊接工艺标准要求，对可用焊补技术修复的裂纹进行焊补修复，在焊接修复过程中一定要保证焊补质量，避免焊补完成后出现新裂纹或者损伤。

但需要注意，有些部件因为材料变质或者裂纹较大无法进行焊补修复时，可以通过挖补、堆焊等方式进行修复。无论锅炉什么部位出现裂纹都需要慎重处理，不能随意修复。当锅炉裂纹修复完成后，还需要借助科学仪器对裂纹焊补修复部位进行质量检测，避免焊补修复质量不过关的情况出现。

（二）锅炉内部检验的流程

锅炉检验的内容包括新安装锅炉的检验、锅炉内外部检验和超水压试验三个部分。锅炉的外部检验一般每年进行一次，内部检验一般每两年进行一次；超水压试验一般每六年进行一次。对于无法进行内部检验的锅炉，应每三年进行一次超水压试验。锅炉的内部检验和超水压试验周期可按照电厂大修周期进行适当调整。只有当内部检验、外部检验和超水压试验均在合格有效期内，锅炉才能投入运行。

1. 工业锅炉内部检验的重要意义

工业锅炉一般情况下是以水为介质，在高温和高压的环境下使用，具有超温超压的危险，因此对锅炉的内部检验具有重要的意义。尤其是工业锅炉在很大程度上关系到企业整个生产链条，一旦工业锅炉出现问题，必将对整个生产系统造成很大的影响，直接影响企业的经济效益，严重时会导致工业事故的发生，甚至引发人员伤亡。锅炉使用过程中处在高温高压的环境，面临的损害程度也比其他设备更加严重，尤其是结垢和磨损的发生，如果不重视对锅炉的内部检验，可能会导致锅炉泄漏或者破裂甚至更严重的情况出现。近年来，我国经济发展的速度有目共睹，企业在追求高效率和高经济收益的情形下，对工业锅炉的重视不够，导致锅炉安全事故频繁发生，究其根本还是对工业锅炉的质量和检验达不到标准。工业锅炉内部检验的流程和方法对保护锅炉的正常工作和使用时间都具有重要的意义，加强对工业锅炉内部检验方法的重视能够有效减少事故的发生，保证企业正常的生产经营活动，提高企业的经济效益。

2. 工业锅炉内部检验的主要内容

每次停炉清洗后进行的检验，称为内部检验。它主要是检查铆缝、焊缝和胀口等是否有渗漏，锅炉附件是否损坏、失灵，锅炉本体是否出现腐蚀、裂纹或变形。

（1）锅炉受压部件的内外表面，特别是在开孔、铆缝、焊缝、扳边等处，有无裂纹、裂口和腐蚀。

（2）管子有无胀粗、鼓包、磨损等现象。

（3）铆缝是否严密，有无苛性脆化象征。

（4）胀口是否严密，管端的受胀部分有无环形裂纹。

（5）锅炉的拉撑有无腐蚀和断裂。

（6）受压元件有无凹陷、弯曲、鼓包和过热。

（7）锅筒和砖衬接触处有无腐蚀。

（8）受压元件和锅炉构架，有无因砖墙损坏而发生过热的危险。

（9）给水管和排污管与锅筒接口处有无腐蚀、裂纹。

3. 工业锅炉内部检验的流程及问题

（1）锅炉内部检验的流程。

工业锅炉必须定期进行内部检验，其检验步骤主要包括以下内容：首先，做好检验前的准备工作，核查锅炉的各种证明资料、维修和事故记录等内容。内部检查之前要停止对锅炉的使用，将锅炉内部的水全部排尽，打开锅炉的入孔、手孔、头孔，拆除影响检验的部位供检验人员进行检查。同时还要对锅炉内部污垢进行适时的清洗，以防各种杂物损害到锅炉的使用。其次，对锅炉外部进行宏观的检查，主要是由检验人员对锅炉的外部进行细致的检查，包括对安全阀、压力表等各方面的检查。再次，对锅炉承压部件内部进行检查，这是最重要的内容。对锅炉承压部件内部的检查能够发现一些从表面不容易发现的问题，而这些问题往往直接导致锅炉出现故障进而引发事故的发生，最终影响到企业的经济效益甚至引发人员伤亡。尤其重要的是对曾经检验过的存在缺陷的部位进行细致的检查，以前出现过问题的部位更容易出现故障，导致锅炉被损害，因此在进行承压部件内部检查时必须注重对已经发生过的问题的处理。最后，及时出具检验报告。锅炉检验完毕后，检验人员应该严格遵循相关的手续，及时出具检验报告。检验报告一般采用计算机打印的方式，尽量避免使用手写，以防出现涂改的情形。检验报告要有检验人员、审核人员、批准人员的签字并且需要检验单位盖章，只有具备检验报告的锅炉才能在工业生产中得到安全的使用。

（2）锅炉内部检验存在的问题及对策。

内部检验必须在停炉状态下进行。而其中最常见的问题主要在裂纹、污垢、烟灰沉积等方面。首先，裂纹主要发生在焊缝及其热影响区，以及高温部位，一旦出现裂纹如果不及时进行消除或更换就会加速锅炉的损坏程度，导致其使用周期变短。因此，及时检查锅炉的相关部位是否产生裂纹，如果有，应该及时对产生裂纹的部位进行更换和处理。其次，注意对污垢的检查，当前我国很多地方的水质都受到了不同程度的污染，水质不纯必将对锅炉产生一定的损害，这是工业锅炉故障发生的主要原因之一。一般来说，锅炉应该处于没有污垢或者污垢极薄的状态，但是实践中发现的污垢厚度大都超过了其应该具备的情形，时间长了就可能导致锅炉发生故障。因此在发现这种情形时应该及时停止锅炉的运行，尽快对炉内的污垢进行处理，处理时应该由专门的人员负责，寻找有资质的单位进行，与此同时，使用单位也应该注重对水质的监控，使用符合国家标准的锅炉用水。最后，锅炉受热面积的烟灰沉积也会对锅炉造成很大的损害，烟灰的沉积能够阻塞烟道，改变烟气流程，会对换热造成影响，烟灰中含有的酸性物质还会对锅炉造成腐蚀。因此，必须及时和定期对锅炉沉积的灰尘进行清扫。

4. 锅炉检验过程中多发的危险源识别

（1）锅炉检验的危险源识别。

锅炉检验工作是一项专业性非常强的工作，检验人员需要掌握相关的专业知识，并且具备相关的检验技能，而且还需要有一定的工作经验，其在检验锅炉时需要了解锅炉运作的特点，并在实践中不断积累经验，这样才能提高检验的质量与效率。检验的过程中要注意辨识引起事故多发的危险源，根据锅炉检验的经验，常见的危险源主要有高压危险、高温危险、高空坠物、操作错误、员工个人问题等。不同的危险源其危险程度也有差异，工业生产中有时会碰到很多有毒的气体或物质，由于操作不当等问题造成的有毒物质泄漏，或由于高温或者爆炸引起的危险，其危害程度属于中度危险，工业中有的气体具有可燃性，在高温的环境下很容易发生爆炸等危险，在操作的过程中一定要提高员工的安全意识。而由交通事故造成的较大危险，属于重度伤害，交通事故是较大的危险源，而且会对员工造成较大的伤害，也会给企业带来较大损失。另外，突发性安全事故，在未造成较大伤亡的情况下也属于中度伤害。

（2）锅炉检验危险源的防护措施。

一是要强化检验人员的安全意识。检验人员需要充分认识到安全事故的危害，对危险源有正确的辨识，并且采取有效的措施来进行预防和控制；只有从思想层面树立了安全意识，才能够在实际的操作过程中严格依据相关的要求和规定来进行。二是要增强锅炉检验人员的心理素质。在锅炉检验的过程中，很可能出现各种各样的突发状况，这就需要锅炉检验人员具有较强的心理素质，能够冷静面对和处理各种问题。同时，接收到工作任务之后，锅炉检验人员还要冷静地进行思考，制定详细的检验方案，顺利开展锅炉检验工作。三是提高锅炉检验人员的专业技术水平。锅炉检验人员必须熟练掌握安全生产的相关规定和技术操作的相关要求，在工作中积累经验，不断提高自身的专业技术水平。

（3）锅炉检验的事故安全应急措施

如果锅炉检验检测过程中存在突发事件，或者是突发事故即将发生，需要在第一时间展开自救，将人员的安全作为自救的首要原则，对安全事故进行控制。同时，自救工作不能盲目进行，还需要向上级以及相关的负责人及时汇报事故情况。在进行急救工作的过程中，需要最大限度地利用一切资源，既需要利用厂内拥有的医疗设施、急救设备等，又需要求助于事故发生地点附近有救援能力的人员，比如医护急救人员。在整个急救过程中，有着较为丰富经验的人员，或者是有着较高能力水平的人员，需要充分发挥指导作用，指挥其他人员实施救援。

（三）锅炉的安全检验方式分析

1.锅炉的安全分析与安装使用的核心因素

（1）安全分析。

在我国，锅炉的使用非常广泛，对于锅炉安全使用尚存在大量难以解释和应对的问题，我国的质监部门并未对锅炉使用时存在的潜在问题提供全面的分析解决方案。同时，我国关于锅炉的压力技术程序等已经发布，并出台了相应的文件，但是在具体的生产生活中还存在较多问题。从客观角度进行分析，很多单位的管理者并未根据锅炉的具体运行工况确定使用方法，直接导致锅炉频频发生多种问题。另外，我国的工业生产使用的锅炉数量较多，但是大多数使用者没有按照规定使用锅炉，直接导致了锅炉爆炸等不安全现象的发生。

（2）安装使用的核心因素。

首先，制造锅炉的厂家必须在消费者买入之前，对锅炉进行全面的检验，并保证其出厂之后能够科学合理地使用，不会对人们的生命、财产等造成威胁。

锅炉在具体使用的过程中，使用场地的负责人必须具有丰富的工作经验，并能够拥有一定的设备安装和维修技术，锅炉使用的具体过程中，不能对使用者和维修人员的生命安全造成威胁。

锅炉的结构发生改变之后，相关工作人员需要进行严格培训，可以聘请相关专家监督指导，以保证工作的标准性和科学性。

2. 锅炉检验安全问题

（1）压力表安全问题。

压力表的主要功能是测量锅炉的压力值，使锅炉的压力能够在额定范围内正常工作。如果在安装过程中出现失误，没有将压力表最高的工作压力红线标记出来，且在验收的时候没有发现这个问题，那么即使工作压力值超过红线警告值，也不会被发现。当锅炉的工作压力过高的时候，很容易引发安全事故。没有标记最高工作压力红线，还会导致压力表失灵或者失真，从而引起安全事故。对压力表的量程极限选用不合理，是压力表常见的另外一种安全问题。根据相关规定，压力表表盘上的极限值应该在工作压力的 1.5 ～ 3 倍以内，将其设置为 2 倍是最适宜的。但是，在锅炉出厂的时候，由于没有对压力表进行核对，或者在更换压力表的时候所选用的压力表不合适，会导致其量程极限值不合适，从而增加压力表的安全隐患。

（2）安全阀安全问题。

在锅炉检验中，比较常见的安全阀问题主要表现在以下几方面：第一，在安装安全阀的时候，没有对其进行校验，使用过程中的校验工作也没有做到位，导致安全阀存在故障却没有被及时发现，最终引起安全事故。第二，在安装安全阀时需要同时安装排放管，当锅炉使用一段时间后需要对其进行检修，检修时要将安全阀排放管拆下来，但在检修完以后却没有将其安装回去，从而增加锅炉运行的安全隐患。第三，安全阀排放管的安装水平度不够，或者其进水口的位置比出水口的位置低，导致排放管中出现积水，这就会使排放管的开启压力增大，从而影响压力的精准度，增加锅炉检验难度。

（3）水位表安全问题。

水位表安全问题主要表现在两方面：首先，用户在更换水位表的时候，所选用的水位表尺寸不合适，且在安装的时候会将汽连管、水连管进行强力弯曲，导致汽连管、水连管不够水平，从而在汽连管中存在凝结水。凝结水不会自动流向水位表，而水连管中的水又无法到达锅筒中，导致假水位的出现。其次，水位表的旋塞出现失灵现象，如果不及时对其进行处理，在对放水管进行冲洗时，就会有汽水冲出，很容易烫伤司炉人员。当水旋塞和汽旋塞都失灵时，也会导致假水位的出现。这主要是因为司炉人员没有对水位表的旋塞进行全面的检查，导致旋塞存在的安全隐患没有及时消除。

3. 锅炉使用存在的安全问题

（1）锅炉本身的质量问题。

锅炉在使用中会出现安全问题，但这些安全问题中最主要的是锅炉自身的质量不佳。在配置设备的期间，一定要对锅炉的质量进行多次检测，确保其质量过关。锅炉质量上最常见的问题是因为支撑原件的问题，导致锅炉内部的刚性梁的硬度不够，相互制约的能力就会下降。如果炉膛和炉尾的内壁比较单薄，也容易造成隐患。另外，在锅炉长时间运行后，内部的原件会出现生锈的情况，当锈蚀过重的情况下，锅炉的安全使用就会受到影响。锅炉的质量问题还可能出现在其焊接上，如果设备之间的链接不密实，出现漏风漏气的情况，就很容易导致高温水蒸气突然喷出，严重的情况下甚至导致锅炉爆炸。

（2）带电设备漏电。

锅炉长期运行的过程中，一定要定期进行检测和排查。如果长时间不进行检查，对设备不进行保养维修，就可能导致设备漏电的问题。漏电问题不仅会对锅炉运行产生影响，也会造成极大的安全问题。当天气不好，出现闪电大雨天气时，如果避雷设备出现问题，将会引发潜在的安全隐患，处理不及时甚至会威胁人的生命。另外，员工在工作的过程中，对锅炉压力容器进行检查的时候，照明手段的错误使用也是非常危险的，稍不留意就会造成带电设备漏电问题。同时需要格外注意的是，在检查带电设备是否漏电时，检查的工作人员一定要十分小心，避免受到伤害。

（3）高温介质泄漏。

锅炉这种压力容器里储存的是高温的液态水和气态水，这两种都是非常危险的物质，如果在通过管道运输的途中出现泄漏等问题，将会对正在运输的工作人员产生极大的危险。通常情况下，当运输导管受热性不够高时，就会导致高温的液体和气态水外漏，只要出现外漏的情况，就会对周围的人产生极大的危害。如果没有保护措施或者保护不及时的话，甚至会导致锅炉房内的人员休克或是死亡。所以在对高温介质的泄漏问题上一定要十分注意，避免这样的问题发生。

（4）产生电磁辐射。

在锅炉的使用过程中也会产生电磁辐射，人体长时间接收电磁辐射，会对身体健康造成很大的影响。其中使用年限较长的锅炉，其产生电磁辐射的可能性就越大，所以要定期更换。如果能够及时发现锅炉在使用中发生电磁泄漏的话，就可以减少对锅炉房工作人员的伤害。在对锅炉设备的安全检查工作中，一定不可以忽视电磁辐射这个问题。如果一旦发现电磁辐射，就要及时找到根源并控制好源头，避免其扩散危及更多的人。

4.锅炉检验中的安全隐患解决对策

（1）水位表安全隐患解决对策。

第一，仔细检查水位表汽连管的情况，发现没有在水平状态的汽连管，必须进行更换，并根据规范要求装好水位表。第二，水位表旋塞性能的检查工作也要做好，一旦发现异常要立即更换。除此之外，运营企业需要不断完善锅炉检验制度，确定水位表检验频率、检验内容和流程。还要进一步做好检验的监督，发现没有按规定进行的检验，必须给予严肃的处理，鼓励检验的工作人员自觉落实检验制度。第三，加强对司炉工作人员的安全教育和责任教育，让他们明白水位表检验工作的重要意义，并主动规范自己的行为，严格根据要求去做旋塞的检查和维护。值得注意的是，水位表安装或者是更换的过程中，一定要做好每个细节的检查，安装高低水位标志清晰的水位表。

（2）安全阀安全隐患解决对策。

在工作实践中，安全阀的隐患始终存在，其主要有几个方面的问题亟待解决。第一，安全阀安装不严实，产生漏气的问题，这就需要检查好排气安装，确保安装的正确，将上面的锈渣清除掉，如果是弹簧安全阀就需要更换新的弹簧，然后校验杠杆位置，保证垂直运动。而调整安全阀就要更换阀芯、阀座，校准重锤位置，及时收紧弹簧，吹洗安全阀，用扳手转运研磨，需要的时候还要把安全阀拆开，清除上面的杂质。第二，如果安全阀达到了开启的压力，却还没有开启，则需要排除漏气，如果不管用，还要考虑研磨阀座、阀芯，实在不行就需要更换了。更换安全阀时，需要去除盲板，拆下安全阀，根据规范重新进行调整，调大外壳和阀杆之间的空隙以后，再用扳手把阀体扳动过来，研磨处理阀座和阀芯，达到密合的状态，再调整重锤向阀体方向移动，将弹簧适当放松。第三，针对安全阀没到开启压力而开启的问题，需要重新安装或是更换安全阀，换掉压力表、弹簧，固定好重锤。此外，还要正确调整安全阀，将杠杆安全阀重锤调整到标准的位置，进一步保证弹簧安全阀螺母拧到位，再重新调整好弹簧，直到达到需要的压力状态。第四，对于安全阀的阀芯回座迟缓，解决这个问题的主要方法是重新检验安全阀，或者是更换安全阀，再调整杠杆安全阀重锤或者是换弹簧，把安全阀也换掉。

（3）压力表安全隐患解决对策。

作为企业，应该明白压力表检验的重要意义，做好压力表检验能够及时排除可能发生的安全问题。在锅炉检验的过程中，如果发现压力表指针不动，需要立即采取合理的对策去解决。第一，拆卸掉压力表并做好修理，若是严重损坏了就需要换新的压力表。第二，用蒸汽吹洗通道，问题如果不能解决就要拆下来清洗。第三，调整三通旋塞到正确的位置，拆掉截门，换成三通旋塞。除此之外，还需要切实做好相应的细节，主要包括：企业每半年要对压力表进行一次校验，确保压力表正常运行，经过校验以后还要做好铅封，检测好压力表连接管的质量，发现漏气要立即更换，以此来确保压力表指示值的准确性。安装压力表的过程中，需要选择合适的位置，不仅要保证观察方便，还要谨防震动、冰冻和高温的不良影响。

5.检验中常见的危险及容易产生的事故类型

（1）设备、设施设置上的缺陷。

如刚性梁不对称，有生锈的情况，设备强度和稳定性不好，导致辅助着力的原件出现断裂；设备质量不佳或是设备之间的密实程度不够，导致高温气体或者化学物质的外泄；没有设置进行检测的空间，没有脚手架的防护措施，或者脚手架支撑能力不足，防护距离不够，防护材料应用错误等。此类缺陷导致的事故类型包括烫伤、高空下坠、有毒气体危害、休克等。

（2）电、电磁辐射等危险

电、电磁辐射危险包括带电设备漏电、静电、电火花、雷电、用非安全电压、射线现场辐射、放射源丢失扩散辐射等。这些危险因素造成的主要事故类型有触电、爆炸、人体损伤等。

（3）危险物质的危害。

危险物质包括高温蒸汽、热水运行设备及输送管道、高温炉膛、高温炉渣等；煤粉、煤灰、煤渣、烟灰、烟尘、烟垢等；锅炉尾部烟道或炉膛燃油燃气等。这些危险因素造成的主要事故类型有灼伤、烫伤、冻伤、人员视力损伤、呼吸道损伤、皮肤伤害、爆炸、爆燃等。

（4）环境因素危险和人为因素危害。

环境因素危险包括内部空间狭小，工作环境脏乱；室内空间流通较差、空气流通设计有问题。这些缺陷造成的事故有外伤、短时间窒息、身体长时间损伤等。人为因素危害主要是因为工作人员的视力、听力或者是身体的一些特殊疾病和心理上的一些疾病导致的情绪激动、判断错误、不按程序办事等，这些危险因素将会造成高空下坠、外伤、爆炸等。

（四）定期对锅炉压力容器进行安全性能检验

每隔一定时间必须对锅炉进行一次全面的安全检查和必要的技术试验。对锅炉开展定期安全检查的主要原因有以下几点：一是制造安装过程中存在的材料缺陷隐患在使用过程中会逐步扩展，通过定期检验才能发现并加以消除。二是由于介质具有腐蚀性，进行定期检验能及时发现腐蚀情况，保障设备安全。三是锅炉压力容器在使用中因某些因素而受到损伤，但未能及时发现，通过定期检验可发现损伤，进而采取必要的措施防止事故的发生。

第三节　锅炉使用安全管理

一、使用单位及其人员

（一）使用单位的含义

本书所指的使用单位，是指具有特种设备使用管理权的单位或者具有完全民事行为能力的自然人，一般是特种设备的产权单位（产权所有人，下同），也可以是产权单位通过符合法律规定的合同关系确立的特种设备实际使用者。特种设备属于共有的，共有人可以委托物业服务单位或者其他管理人管理特种设备，受托人是使用单位；共有人未委托的，实际管理人是使用单位；没有实际管理人的，共有人是使用单位。特种设备用于出租的，出租期间出租单位是使用单位；法律另有规定或者当事人有合同约定的，从其规定或者约定。

（二）使用单位的职责

（1）采购经监督检验合格的锅炉产品。

（2）按照锅炉使用说明书的要求运行。

（3）每月对所使用的锅炉至少进行1次检查，并且记录检查情况；月度检查内容主要为锅炉承压部件及其安全附件和仪表、联锁保护装置是否完好，燃烧器运行是否正常，锅炉使用安全与节能管理制度是否有效执行，作业人员证书是否在有效期内，是否按规定进行定期检验，是否对水（介）质定期进行化验分析，水（介）质未达到标准要求时是否及时处理，水封管是否堵塞，以及其他异常情况等。

（4）锅炉使用单位每年应对燃烧器进行检查，检查内容至少包括燃烧器管路是否密封，安全与控制装置是否齐全和完好，安全与控制功能是否缺失或者失效，燃烧器是否正常。

（三）使用单位的义务

（1）建立并且有效实施特种设备安全管理制度和高耗能特种设备节能管理制度，以及操作规程。

（2）采购、使用、取得许可生产（含设计、制造、安装、改造、修理，下同）经检验合格的特种设备，不得采购超过设计使用年限的特种设备，禁止使用国家明令淘汰和已经报废的特种设备。

（3）设置特种设备安全管理机构，配备相应的安全管理人员和作业人员，建立人员管理台账，开展安全与节能培训教育，保存人员培训记录。

（4）办理使用登记，领取特种设备使用登记证，设备注销时交回使用登记证。

（5）建立特种设备台账及技术档案。

（6）对特种设备作业人员作业情况进行检查，及时纠正违章作业行为。

（7）对在用特种设备进行经常性维护保养和定期自行检查，及时排查和消除事故隐患，对在用特种设备的安全附件、安全保护装置及其附属仪器仪表进行定期校验（检定、校准，下同）、检修，及时提出定期检验和能效测试申请，接受定期检验和能效测试，并做好相关配合工作。

（8）制定特种设备事故应急专项预案，定期进行应急演练；发生事故及时上报，配合事故调查处理等。

（9）保证特种设备安全、节能必要的投入。

（10）法律、法规规定的其他义务。

使用单位应当接受特种设备安全监督管理部门依法实施的监督检查。

二、特种设备安全管理机构

（一）职责

特种设备安全管理机构是指使用单位中承担特种设备安全管理职责的内设机构。高耗能特种设备使用单位可以将节能管理职责交由特种设备安全管理机构承担。特种设备安全管理机构的职责是贯彻执行特种设备有关法律、法规和安全技术规范及相关标准，负责落实使用单位的主要义务，承担高耗能特种设备节能管理的相关职责。特种设备安全管理机构还应当负责开展日常节能检查，落实节能责任制。

（二）机构设置

使用电站锅炉或者使用锅炉总量（不含气瓶）50台以上（含50台）的单位应设置特种设备安全管理机构，逐台落实安全责任人。

（三）安全管理负责人

电站锅炉的使用单位的安全管理负责人应当取得相应的特种设备安全管理人员资格证书。

（四）安全管理员

使用额定工作压力大于或者等于2.5MPa锅炉或者使用锅炉总量（不含气瓶）20台以上（含20台）的单位应当配备专职安全管理员，并取得相应的特种设备安全管理人员资格证书。除此以外的使用单位可以配备兼职安全管理员，也可以委托具有特种设备安全管理人员资格的人员负责使用管理，但是特种设备安全使用的责任主体仍然是使用单位。

（五）节能管理人员

高耗能特种设备使用单位应当配备节能管理人员，负责宣传贯彻特种设备节能的法律法规。

锅炉使用单位的节能管理人员应当组织制定本单位的锅炉节能制度，对锅炉节能管理工作实施情况进行检查；建立锅炉节能技术档案，组织开展锅炉节能教育培训；编制锅炉能效测试计划，督促落实锅炉定期能效测试工作。

（六）作业人员配备

特种设备使用单位应当根据本单位特种设备数量、特性等配备相应持证的特种设备作业人员，并且在使用特种设备时应当保证每班至少有一名持证的作业人员在岗。有关安全技术规范对特种设备作业人员有特殊规定的，从其规定。

（七）安全技术档案

使用单位应当逐台建立锅炉安全技术档案并保存至设备报废，安全技术档案至少应包括以下内容：

（1）特种设备使用登记证和特种设备使用登记表。

（2）锅炉的出厂技术资料及监督检验证书。

（3）锅炉安装、改造、修理、化学清洗等技术资料及监督检验证书或者报告。

（4）水处理设备的安装调试记录、水（介质）处理定期检验报告和定期自行检查记录。

（5）锅炉定期检验报告。

（6）锅炉日常使用状况记录和定期自行检查记录。

（7）锅炉及其安全附件、安全保护装置、测量调控装置校验报告、试验记录及日常维护保养记录。

（8）锅炉运行故障和事故记录及事故处理报告。

特种设备节能技术档案包括锅炉能效测试报告、高耗能特种设备节能改造技术资料等。

使用单位应当在设备使用地保存上述中（1）、（2）、（5）、（6）、（7）、（8）规定的资料和特种设备节能技术档案的原件或复印件，以便备查。

（八）管理制度

（1）岗位责任制，包括安全管理人员、班组长、运行作业人员、维修人员、水处理作业人员等职责范围内的任务和要求。

（2）巡回检查制度，明确定时检查的内容、路线和记录的项目。

（3）交接班制度，明确交接班要求、检查内容和交接班手续。

（4）锅炉及其辅助设备的操作规程，包括设备投运前的检查及准备工作、启动和正常运行的操作方法、正常停运和紧急停运的操作方法。

（5）设备维修保养制度，规定锅炉停（备）用防锈蚀内容和要求以及锅炉本体、安全附件、安全保护装置、自动仪表及燃烧和辅助设备的维护保养周期、内容和要求。

（6）水（介质）管理制度，明确水（介质）定时检测的项目和合格标准。

（7）安全管理制度，明确防火、防爆和防止非作业人员随意进入锅炉房要求，保证通道畅通的措施以及事故应急预案和事故处理方法等。

（8）节能管理制度，符合锅炉节能管理和有关安全技术规范的规定。

（九）特种设备操作规程

使用单位应当根据锅炉运行特点等，制定操作规程。操作规程一般包括锅炉运行参数、操作程序和方法、维护保养要求、安全注意事项、巡回检查和异常情况处置规定，以及相应记录等。

（十）安全运行要求

锅炉作业人员在锅炉运行前应做好各种检查，按照规定的程序启动和运行，不得任意提高运行参数，压火后应当保证锅水温度、压力不回升和锅炉不缺水。

当锅炉运行中发生受压元件泄漏、炉膛严重结焦、液态排渣锅炉无法排渣、锅炉尾部烟道严重堵灰、炉墙烧红、受热面金属严重超温、汽水质量严重恶化等情况时，应当停止运行。

蒸汽锅炉（电站锅炉除外）运行中遇有下列情况之一时，应当立即停炉。

（1）锅炉水位低于水位表最低可见边缘。

（2）不断加大给水并且采取其他措施后，水位仍然继续下降。

（3）锅炉满水（贯流式锅炉启动状态除外），水位超过最高可见水位，经过放水后仍然不能见到水位。

（4）给水泵失效或者给水系统故障，不能向锅炉给水。

（5）水位表、安全阀或者装设在汽空间的压力表全部失效。

（6）锅炉元（部）件受损，危及锅炉运行作业人员安全。

（7）燃烧设备损坏，炉墙倒塌或者锅炉构架被烧红等，严重威胁锅炉安全运行。

（8）其他危及锅炉安全运行的异常情况。

三、维护保养与检查

（一）经常性维护保养

锅炉使用单位应当根据锅炉特点和使用状况对锅炉进行经常性维护保养，维护保养应当符合有关安全技术规范和产品使用维护保养说明的要求。对发现的异常情况及时处理，并且作出记录，保证在用锅炉始终处于正常使用状态。

（二）定期自行检查

为保证锅炉的安全运行，特种设备使用单位应当根据所使用锅炉的类别、品种和特性定期进行检查。定期自行检查的时间、内容和要求应当符合有关安全技术规范的规定及产品使用维护保养说明的要求。

（三）水质

锅炉是以水为介质产生蒸汽的压力容器，应当做好锅炉水质的处理和监测工作，保证水质符合相关要求。

（四）移装

锅炉移装后，使用单位应当办理使用登记变更。整体移装的，使用单位应当进行自行检查；拆卸后移装的，使用单位应当选择取得相应资质的单位进行安装。按照有关安全技术规范要求，拆卸后移装需要进行检验的锅炉，应当向特种设备检验机构申请检验。

四、使用登记

（一）一般要求

（1）锅炉在投入使用前或者投入使用后 30 日内，使用单位应当向锅炉所在地的直辖市或者设区的市的特种设备安全监督管理部门申请办理使用登记，办理使用登记的直辖市或者设区的市的特种设备安全监督管理部门，可以委托其下一级特种设备安全监督管理部门（以下简称登记机关）办理使用登记。

（2）国家明令淘汰或者已经报废的锅炉，不符合安全性能或者能效指标要求的锅炉，不予办理使用登记。

（3）锅炉与用热设备之间的连接管道总长≤1 000米时，压力管道随锅炉一同办理使用登记，就是说，该锅炉及其相连接的管道可由持有锅炉安装许可证的单位一并进行安装，由具备相应资质的安装监检机构一并实施安装监督检验。

（二）登记方式

锅炉应按台向登记机关办理使用登记，D级锅炉不需要办理使用登记。

（三）使用登记程序

使用登记程序，包括申请、受理、审查和颁发使用登记证。

使用单位申请办理特种设备使用登记时，应当逐台填写使用登记表，向登记机关提交以下相应资料，并且对其真实性负责。

（1）使用登记表（一式两份）。

（2）含有使用单位统一社会信用代码的证明。

（3）锅炉产品合格证。

（4）特种设备监督检验证明。

（5）锅炉能效测试证明。

锅炉房内的分汽（水）缸随锅炉一同办理使用登记；锅炉与用热设备之间的连接管道总长≤1 000米时，压力管道随锅炉一同办理使用登记；登记时另提交分汽（水）缸的产品合格证（含产品数据表），但是不需要单独领取使用登记证。

（四）停用

锅炉拟停用1年以上的，使用单位应当采取有效的保护措施，并且设置停用标志，在停用后30日内填写特种设备停用报废注销登记表，告知登记机关。重新启用时，使用单位应当进行自行检查，到使用登记机关办理启用手续；超过定期检验有效期的，应当按照定期检验的有关要求进行检验。

（五）报废

对存在严重事故隐患，无改造、修理价值的锅炉，或者达到安全技术规范规定的报废期限的，应当及时予以报废，产权单位应当采取必要措施消除该锅炉的使用功能。锅炉报废时，按台登记的特种设备应当办理报废手续，填写特种设备停用报废注销登记表，向登记机关办理报废手续，并且将使用登记证交回登记机关。

第四节　锅炉安全隐患排查

一、锅炉裂纹问题及解决措施

（一）锅炉压力管道中的裂纹问题

随着社会的不断进步，锅炉在工业生产和人民生活中占据着越来越重要的地位，直接影响人民生命安全、财产安全。锅炉压力管道由于使用条件复杂，使用介质多种多样，使用压力高，面临的种种安全隐患也复杂多变，而管道裂纹是较为严重的情况之一，通过对裂纹进行研究和分析，可以发现裂纹产生的原因、具体位置和扩散的方向，并且可以通过其受力分析及裂纹的位置，分析出裂纹的特征和产生原因。锅炉在正常运行的过程中极其容易受到压力容器和压力管道方面的影响，而裂纹成为其中最不稳定的因素。为了保证锅炉的运行效率和安全性能，本书将对锅炉压力管道中的裂纹问题进行研究，分析并预防裂纹问题。

1.锅炉压力管道检验的内容和方法

在对锅炉的压力管道进行检查时要将管道上影响检验的附属部件或者其他物体按照要求进行清理或者拆除。对压力管道的检查包括以下几个步骤，首先检查整条管线的所有焊接连接处、弯头、三通，检查是否存在缝隙和裂纹，在一些薄弱的拐角处也要进行检查，还有弯头外弯面和一些特别重要的管道位置（如振动频繁位置、经过改造的部位或者重大修理部位），都要进行全面检查，不仅仅要查看其表面是否有裂纹存在，还要检查锅炉压力管道的磨损腐蚀环境等情况，有一些细小的肉眼难辨的隐患位置，要通过无损检测技术来进行检测，如X光线检测、表面检测、超声波检查等。其次，针对一些内壁有可能发生酸碱腐蚀的管道，需要检查缝隙处是否产生应力腐蚀裂纹，避免对其造成损伤。而一些使用年限较长的锅炉压力管道更要对管道进行材料组织分析和硬度检测。每一个环节、每一个位置的检查都要反复核对，由于锅炉管道十分复杂，一旦出现问题，将会发生重大安全事故，且维护和维修措施要求特别高。最后，要对压力管道的裂纹进行全面检查，有问题要及时修理，为管道安全运行提供技术保障。

2. 锅炉压力管道中常见的裂纹问题

锅炉压力管道种常见的裂纹问题主要有以下几种：第一种是应力腐蚀裂纹。锅炉压力管道用来输送水蒸气或导热油介质的，且有些锅炉在运行时采取炉外加碱处理，由于焊接接头处存在焊接应力，焊接接头处容易聚集碱液，进而发生碱应力腐蚀，由此产生的裂纹叫应力腐蚀裂纹。第二种是疲劳裂纹。疲劳裂纹又分为两种，分别是机械疲劳裂纹和腐蚀疲劳裂纹，这也是在锅炉压力管道裂纹中最常见的裂纹。腐蚀疲劳裂纹和应力腐蚀裂纹极其相似，都是在使用过程中造成的。但两者又有着密不可分的关系，一般的疲劳裂纹都是在应力腐蚀裂纹基础上产生的。由于裂纹开始非常小，肉眼难以观察，随着时间的推移，裂纹会慢慢扩张，存在着较大的安全隐患。第三种是冷裂纹。锅炉压力管道是通过管件和管子，管子和管子，管道和法兰等焊接而成的，而这些焊接处冷却之后由于含氢量和拉应力的存在会产生冷裂纹。冷裂纹一般形成在使用过程中，形成的时间也较长。由于这种裂纹是在焊接后的很长一段时间后产生的，或者在低温环境下产生的，不易检查，在使用过程中造成很大的安全隐患。

3. 锅炉压力管道裂纹问题的预防与处理

（1）人为操作控制。

锅炉压力管道裂纹问题的出现跟锅炉作业人员的操作有着直接的关系，所以在管道施工前，作业人员应该持证上岗。作业人员应该严格按照作业指导书或者操作工艺卡进行操作。因此，应该加强作业人员的培训，以提升其专业能力，并定期进行考核，要求每个人都要规范正确的操作。同时也要提高工作人员的安全意识，只有提高了安全意识才能保证锅炉压力容器及压力管道裂纹问题得到解决。

（2）预防裂纹的产生。

由于在使用过程中产生的裂纹比较常见，所以锅炉压力管道在运行前应缓慢预热，锅炉压力管道停车时应该缓慢冷却，可以防止由于过冷或者过热而产生的裂纹。同时在焊接时也要注意选取符合要求的焊接材料，选用正确的焊接方法和焊接工艺评定，以及合理的焊接顺序，对于厚度较大的材料应该在焊接后及时进行消氢处理等，也可以预防热裂纹和再热裂纹的产生。

（3）原材料生产质量的控制。

锅炉压力管道原材料的质量直接影响锅炉压力管道裂纹的产生，在锅炉制造和压力管道现场安装之前，原材料的订购应该依据设计文件、技术标准等进行；原材料的制造商应该有相应的制造许可证且产品符合标准文件的质量要求；原材料入库时应该填写入库验收记录，对于验收合格的原材料应该及时按照不同类别、批号、材质等分别存放，不锈钢及其他有色金属应该分别存放，且不得与碳钢堆放在一起，以免引起碳污染；原材料应该按照入库验收批号进行发放，先入库先领用，且对于分段取用材料应在投料时有材料标记移植。所以在生产过程中一定要控制好原材料的质量，从而提升锅炉压力管道的质量，以减少裂纹的产生。

（4）质量的控制。

锅炉压力管道作为特种设备，涉及人民财产和生命安全，需要严格控制其质量，从源头降低安全事故发生的概率。从原材料的控制到制造质量的检验，都是为了降低锅炉行业的危险。所以，应该把锅炉压力管道制造过程中的检验工作作为重点进行控制。编制检验文件和检验质量保证体系文件；制造过程严格按照检验文件的要求对所有工序进行 100% 的检验；对检验人员必须经过培训和资格考核，合格后持证上岗，以保证锅炉质量，降低危险系数，减少锅炉压力管道裂纹的产生。

（二）工业锅炉检验中的裂纹问题

工业锅炉的检查主要是为了更好地保证工业锅炉运行的安全稳定性，在实际的检查过程中，首先要判断无损检测人员是否具备检测资格，工业锅炉压力管道检测人员须要具备相应的特种设备检验检测人员资格证。检查焊接人员的从业资格，焊接质量以及焊缝处理质量。对焊接工艺进行质量评定，检查焊接人员在焊接过程中是否按照相关的操作标准规程操作。另外，还需要关注其他工作人员。检查技术图纸的交付情况以及变更情况，针对检查过程中发现的问题，召开会议分析处理，做好问题的反馈与处理记录。

1. 锅炉裂纹检验的重要性

锅炉在我国应用广泛，往往承担着企业的全部或部分能源生产供应，锅炉的正常运作与否直接影响企业生产的正常进行。但是锅炉同时又是一种高风险的工业设备，如果使用不当很容易出现安全事故，并造成人员伤亡。我国每年发生的工业锅炉安全事故就有数百起，造成了巨大的人员伤亡和经济损失，而且锅炉发生安全事故时基本上都会对人的生命财产产生威胁。因此在锅炉的生产和使用过程中，需要进行必要的锅炉质量安全检测，使之符合国家规定的质量标准。

在引发锅炉发生事故的众多原因中，锅炉本身的质量问题是其中的重要问题来源。另外，人为的操作不当、维护不当也同样会导致锅炉出现裂纹，进而引发安全事故。锅炉操作人员在使用锅炉时，需要严格按照操作要求进行使用。定期进行锅炉的安全检修，检测锅炉是否出现细小的裂纹，保证一个周期内的锅炉能够安全地进行生产使用，一旦发现锅炉存在裂纹，需要及时向上级反映，要求停止使用该锅炉。工作人员切不能抱有侥幸心理，认为自己不会这么倒霉出现安全事故，需要对自己和他人的生命财产安全负责。

2. 锅炉裂纹的分类

（1）应力腐蚀裂纹。

应力腐蚀裂纹是在应力和腐蚀介质共同作用下出现的裂纹，应力腐蚀裂纹发生的主要区域为汽水管道和管座。应力腐蚀裂纹的形状一般为垂直状，如果应力腐蚀裂纹发生在奥氏体不锈钢，那么裂纹会表现为树枝状。在火电厂，应力腐蚀裂纹主要出现在管道的弯道内壁中性区域。管道受到应力作用，局部会出现腐蚀现象，这种应力腐蚀也可以叫作应力导向腐蚀，在管道中性区域表现为延伸带状。

（2）金属疲劳产生的裂纹。

锅炉在长期的使用中很少处于关闭状态，使得锅炉表面的应力作用时间较长，极易造成金属疲劳。当锅炉为新机器时，一般很少产生裂纹，随着使用时间的增多，裂纹会逐渐产生并扩大，且裂纹的扩展速度会越来越快。

（3）过热过烧裂纹。

工业锅炉在温度作用下，还可能出现过热过烧裂纹，其宏观上表现为大小不等的裂纹，产品表面存在晶界氧化和融化现象，另外，锅炉表面还存在有较为严重的碎裂；在微观上，锅炉存在魏氏组织大面积覆盖现象，同时还存在锰和硫粒子沉淀。借助显微镜，可以发现晶粒表面存在有氧化晶界网络以及较大孔洞。在工业锅炉铸造过程中，受到焊接、轧制等热处理工序影响，一旦金属加热温度超过 Ac-3，将会有过烧过热裂纹出现，并不断积累加深，导致工业锅炉在之后的使用过程中存在有较大的安全隐患。

（4）机械疲劳裂纹。

机械疲劳裂纹经常出现在设备的叶轮、大轴等部位，在工业锅炉应变集中部位较为常见。机械疲劳裂纹最初较为短小，之后裂纹在发展过程中逐渐向里扩散，中间区域会产生一段较长的裂纹，之后裂纹加速扩展。机械疲劳裂纹发展过程中，其裂纹与拉伸应力之间的角度一般为 45°，随着裂纹与拉伸应力之间的角度逐渐增大，裂纹加速发展，最后两者之间的角度可以达到 90°。

3. 锅炉裂纹检测的方法

（1）锅炉压力管道检测。

锅炉压力器是进行锅炉内部压力检测的必备工具。检测之前首先需要确定锅炉的使用时间，检测时需要对锅炉的温度、输水、放水等因素进行检测，避免因锅炉内外温差过大而导致的裂缝。当锅炉处于运行状态中，还需要对锅炉的供能情况、控温系统进行检测。

（2）使用物理方法进行锅炉裂纹检测。

目前常使用的锅炉裂纹物理检测方法包括灯光检测法、样板检测法等，采用此种方法检测的准确度较高，能够较为及时地发现运行中的锅炉存在的问题，且检测方法简单，成本较低，但对于检测人员的工作经验和检测水平具有较高的要求，此方法的使用门槛较高。

（3）核对锅炉的相关技术资料。

在进行锅炉检测时，需要核对锅炉的外部检测数据，包括锅炉能够承受的最大压力、锅炉壁的刚度、锅炉维修细节等。在进行锅炉的内外部检测时，检测结果出现偏差就意味着目前的锅炉存在质量问题，存在发生安全事故的隐患，需要进行更加细致的检查。正常的锅炉使用中，一般每两年进行一次检测，即使锅炉未出现安全故障，也需要进行定期检测，以排除安全问题隐患。

（三）预防锅炉裂纹的管理措施

1. 合理控制设备的生产原料和制造过程

生产前，要仔细检查原料质量是否符合行业标准，做好生产准备。如发现不合格材料，应及时纠正或更换以保障锅炉和压力容器的基本质量。

在生产过程中，应严格检查设计图纸和制造工艺，以确保设计指标符合要求。锅炉和压力容器是高风险设备，要"保障"其安全稳定。相关人员应认真审查生产工艺和具体程序的相关细节，避免产生不必要的裂缝，确保生产安全。

此外，相关人员的技术水平也应严格要求，因为操作的正确与否直接关系到锅炉、压力容器、压力管道破裂的概率。同时，相关操作人员应努力提高技术水平，严格按照标准操作，防止裂纹的发生和发展。

2. 严格控制锅炉及其零部件的质量

锅炉的质量是由原材料及制作工艺决定的，因此，在生产锅炉之前，应仔细审核设计方案及设计细节，不合理的设计内容应及时修改，确保其科学性与合理性，从源头上把好质量关。一方面，制造锅炉时，必须选用耐高温高压的材料，不能以降低制造成本为由选用低档原料，在其制造过程中应严格控制质量，对每个细小的零部件都应进行严格的检测，确保每个细节处的误差都在相关标准所允许的范围之内。在锅炉的制作工艺上，应选用与原材料最匹配的制作工艺，在规范的操作下完成各个生产环节，确保其所有生产步骤都符合相关生产标准。只有这样才能从源头确保运行中的锅炉具有良好的安全性能及较高的安全系数，有效预防及减少裂纹的出现。另一方面，在制造锅炉的过程中，还应委托第三方机构进行严格检测，及时发现制造过程中的不规范之处，必要的话还应进行自我检测，随时发现安全隐患并及时纠正，最大限度避免及减少裂纹的出现。

3. 优化管道结构工艺

解决锅炉压力管道在应用中出现的应力结构性裂纹问题，关键在压力管道的施工作业。施工单位可通过优化管道结构工艺，优化锅炉设备安装位置的方式，进行管道结构连接方式的优化处理，减少管道在持续应用中出现的应力结构性裂纹的几率。另外，为更进一步提升压力管道的应用安全性，减少因裂纹造成的安全事故，施工单位在实际施工中可采用落实压力管道连接加固，节点支护，节点外部补强加固的方式，延长管道的使用寿命，降低因结构老化造成裂纹的概率。

4. 提升员工操作技能

锅炉是将化学能转化为热能所必需的设备，员工的操作水平与锅炉上出现的裂纹有很大关系。因此，有关部门应充分重视锅炉操作人员操作技能与裂纹问题的关系，并积极为他们提供提升技能的机会，以有效降低裂纹的出现，最终实现安全生产。但是，在实际操作中，部分操作人员没有经过专门的操作技能训练与培训，对规范的操作方法与操作章程没有太多了解，时常会出现操作失误，直接影响锅炉的安全状况，导致锅炉产生许多裂纹。所以，锅炉安全管理部门在选聘操作人员时，应提高录取标准，确保每个入职者都经过严格的上岗培训，对锅炉操作规范有清楚的了解，具备较高的操作技能，并且拥有良好的职业道德。因此，企业还应积极为锅炉操作人员提供深造机会，通过技能交流研讨会、外派学习、专家讲座等形式，让每个锅炉操作人员都能不断提升自身的操作能力，以确保锅炉安全、正常运行。

5. 健全锅炉及管道裂纹管理规范

一套完整且完善的管理规范体系是保障工作有效进行的基石。在预防锅炉管道裂纹的工作中，需要建立健全相关的管理规范体系。

依托大数据技术，企业可以对锅炉在工作中产生裂纹的原因、种类、处理办法等进行记录，组建裂纹预防管理数据库，综合分析裂纹产生的原因，针对这些原因采取有效的预防手段。同时，企业应针对技术人员的操作制定操作规范，严格落实操作流程，避免因为人为操作不当而导致管道产生裂纹。

6. 加强对锅炉压力管道的检验力度

竣工后，企业应按标准对锅炉、压力容器和压力管道系统进行分析检验，并在企业投入使用前进行复检。锅炉操作人员在日常学习生活和工作中应做好情况记录，了解锅炉、压力容器和压力管道的变化，从源头上避免因裂缝造成的安全风险隐患。另外，企业绝不能放松对老化锅炉设备的检查，增加检查工作频率，扩大检查规模。

作为高温设备的一种，锅炉、压力容器、压力管道在运行过程中发生意外故障，很可能造成爆炸，对人民生活和工业生产造成损害，甚至造成不可挽回的经济损失。因此，在锅炉和压力容器的压力检查中，必须注意和处理设备的裂缝。在锅炉压力容器压力管道裂纹检测中，裂纹的性质、类型与裂纹形状密切相关。检测人员应根据裂纹的形状，及时采取科学、合理、有力的对策，对裂缝问题进行处理，为设备的安全运行提供保证。

7.加强对新（改）建压力管道的验收管理

新建或改建的压力管道，在投入应用前应专门登记，尽量从源头上控制压力管道的安全隐患。企业必须确保新投入使用的压力管道符合企业使用中的检验技术标准。新建、改建压力管道，未经监督检查或者竣工验收，不得使用，违者从重处罚单位和责任人。

监视查抄应从以下两个方面入手：一是严格查抄压力管道的品质管控系统，查抄内容应包括资质、图纸、设计方案等；二是对压力管道的设备质量进行详细、科学的检查，包括原始数据、焊接数据、零件质量、焊接工艺标识、焊工和焊接控制的检查。

二、锅炉腐蚀问题及解决措施

（一）停用锅炉腐蚀及腐蚀控制方法选择策略

工业锅炉是工业生产中的重要设备，扮演着重要的作用。工业锅炉在停炉期间会造成腐蚀，影响锅炉的安全使用和寿命，还容易造成安全隐患。本书正是在这种背景下，研究锅炉的防护措施，保证其正常使用，通过运用多种技术手段，特别是在锅炉水质管理和清洗方面加强管控，定期对锅炉进行清洗，避免因生锈而影响使用，保证锅炉的安全可靠使用。

1.加强对停用锅炉的专业保养

锅炉需要由专业维修人员定期维护。首先，必须定期清洗锅炉内部，消除污染，从源头防止锅炉腐蚀。锅炉内外层的清洗必须按正确的顺序进行，以防产生污染。其次，在清理过程中要注意分区，从高温区到低温区依次清洗。清洗过程不应过于频繁，以免锅炉一侧损坏或破裂。锅炉内部清洗过程中，要特别注意腐蚀部位的清洗，腐蚀部位的清洗要用到化学清洗剂，在选择化学清洗剂时不能选用腐蚀性化合物，以免锅炉受损。最后，清理完成后要注意后期维护。后期维护是前面所有工序的拓展，将审查以前所有的步骤，如果发现问题，则需要及时更换和维护。

2.确保用水符合使用标准

为了保证锅炉用水的质量和安全，必须尽可能地去除水中的溶解氧和其他物质。建议在汽油系统启动后的一定时间内，通过去除凝析产生的物质，特别是黄色水，减少铁等离子体的数量。如果锅炉用水的含盐量过高，应降低其盐含量和PH值，因为这些值的变化会影响腐蚀程度。因此，要防止锅炉腐蚀，应尽量降低这些有害物质在锅炉用水中的含量。

3.干燥法

为了维护锅炉，应清理锅炉用水，清理供水系统内部的污物和污泥，并将适当的干燥剂放入锅炉中，确保锅炉内部金属表面完全干燥（任何部位均无静电溶液），防止腐蚀。

4.气液保养法

气液保养法也是一种相对低廉的锅炉保养方法。在锅炉内部充入一定的吸附剂，待其吸入锅炉内部的气体和液体以后，在锅炉内壁形成保护层，防止锅炉内壁发生氧化。

（二）锅炉汽水系统腐蚀问题及防止

1.锅炉汽水系统腐蚀问题分析

流动加速腐蚀是指低合金钢或碳钢壁保护膜发生溶解，并与湿蒸汽以及水流混合所产生的一系列电化学腐蚀反应的过程。这种腐蚀发生的速率与多方面因素存在密切的关联。目前，电站锅炉汽水系统高压管道所用材料大多数是低合金钢或碳钢，这些材料所处的位置恰好是流动加速腐蚀经常发生的位置，当管道内部发生流动加速腐蚀时，这种情况并不能被及时发现，进而导致腐蚀。

锅炉汽水系统非常容易受流动加速腐蚀所影响而导致爆管，主要是因为流动加速腐蚀会在不易察觉的情况下对锅炉汽水系统的管壁保护膜产生溶解作用，导致管壁越来越薄，从而使系统设备的使用寿命与安全运行受到影响。流动加速腐蚀的形成机理可从动态角度和静态角度来分析。

从动态角度来讲，锅炉汽水系统管道内部的空间属于流动加速腐蚀的主流区以及流动边界层，并且也属于氧化层区以及基底区，若主流区之中的铁离子并未在溶解中达到饱和，则流动边界层铁离子便会受浓度差影响，使铁离子流向主流区，从而导致流动加速腐蚀转移。在转移时，管壁铁离子会慢慢溶解至流动边界层，在这种情况下，管壁保护膜之中的铁离子也会逐渐流失，所产生的明显变化就是保护膜变薄。因主流区全部工质均处于流动状态，同时铁离子又没有达到饱和，故随着锅炉汽水系统循环运行，会造成管壁基底处慢慢变薄，时间一长便会导致管壁发生破裂。

从静态角度来讲，腐蚀的机理需要从 Fe_3O_4 的形成以及 $Fe(OH)_2$ 的溶解两个方面进行理解。流动加速腐蚀的形成与管道给水的方式之间存在密切的联系。目前的锅炉大多采用还原性全挥发处理这种比较特殊的给水方式，久而久之，管壁便会形成 Fe_3O_4 氧化膜，并出现致密性内延层以及多孔疏松性外延层，导致流动加速腐蚀形成。

2. 锅炉汽水系统腐蚀问题防治措施

根据锅炉汽水系统出现流动加速腐蚀的机理，发电厂可以制定有效的防治措施，从而对锅炉汽水系统腐蚀问题予以有效处理，避免锅炉汽水系统的运行受到影响，使发电厂生产运行的安全性得到提升。

（1）给水加氧措施。

现阶段，发电厂的锅炉机组容量越来越大，并且在参数方面也越来越高，很多超临界机组开始投入生产运营，这些机组运行时会形成较多的铁氧化物，并且还会出现沉积，导致锅炉机组压差升高，管壁结垢问题日益凸显，特别是锅炉汽水系统之中的铁组分氧化物出现的严重沉积，容易导致管道腐蚀问题出现。目前，加氧防腐措施已经在国内推广，该措施主要分为三种：第一种是使用氨水与还原剂联合。通过还原剂具备的还原性质来对汽水系统出现的腐蚀问题予以处理，这种方式氧化还原的电位范围通常在 $-300 \sim 350mV$。第二种是通过氧化性全面挥发这一方式来对腐蚀问题予以处理。采用这种方式时氧化还原的电位通常能够达到 0mV 左右，控制值可正可负。第三种是在系统给水中加入氨水和氧气。这种方式的氧化还原的电位通常能够达到 $110 \sim 150mV$。采用这种方式运行汽水系统时，需要满足给水阳离子在电导率方面的需求，即电导率应该控制在 $1.5\mu S/cm$ 之内，以此来调整防腐措施，从而使腐蚀物的扩散转移得到避免。一般来讲，给水系统在常规运行状态下，最好保证铁含量控制在 $0.5\sim 1ppb$，铁含量越少越好。而事实上，给水加氧这种防腐处理方法主要是为了使水纯度得到提升，若水纯度能够与阳离子电导率一致，且低于 $0.2\mu S/cm$，同时氧气浓度对应的体积分数处于 $20\times 10^{-9}\sim 200\times 10^{-9}$ 时，不仅能够使碳钢被腐蚀的情况得以避免，而且还能够在碳钢表层形成致密性以及均匀性较高的保护膜，从而有效避免流动加速腐蚀问题发生。

（2）防腐技术改进措施。

采取给水加氧这种措施需要在手动控制的条件下，将其与电磁阀配合对加氧量进行控制，但这种方法不能有效控制系统溶解氧的稳定性，在采取加氧的方式对流动加速腐蚀进行抑制时，可能会因未能合理控制加氧量导致溶解氧出现超标现象，这种情况不仅会导致氧腐蚀速度加快，而且还对设备防腐工作极为不利。

给水加氧主要是为了使汽水系统出现的流动加速腐蚀问题得到有效控制，但是该方法会对再热器以及过热器产生一定的不良影响，甚至会促进管壁出现电化学反应，不能完全避免腐蚀问题。为了使流动加速腐蚀问题得到有效解决，并减少氧量遗留问题，需要对该处理技术进行改进，主要是通过高压与联氨方式来对氧气进行消除，从而对流动加速腐蚀所需氧量进行抑制，调节给水系统溶氧，使之能够达到相应的标准。

汽水系统中联氨与溶解氧之间的反应速率与温度之间存在密切的关系，温度升高的情况下，反应速度便会提升，溶解氧量的残余也会比较低，此时有利于流动加速腐蚀问题的有效解决。

（3）调节炉水 PH 值。

为了避免出现泄漏问题，可以对炉水 PH 值进行调整。锅炉运行正常时，金属面覆盖的保护膜具有致密性，可使锅炉对腐蚀产生一定的抵制作用，若该保护膜受到破坏或者是其致密性丧失，锅炉便会因此受到腐蚀，所以可以调整水溶液 PH 值，使保护膜免受破坏。伴随炉水 PH 值持续增长，金属受腐蚀的程度会明显降低，但需要注意的是，金属的材质若存在差异，则相应的防腐效果也将存在差异，通常情况下，在对热力系统的水质进行调节时，会将炉水的 PH 值调整至 8.5～9.2，从而使防腐效果得到提升。

三、锅炉结垢问题及解决措施

（一）水垢的种类

按照水垢的不同成因可以将其分为不同的种类，其成分构成很复杂，成因也不相同，通常情况下，水垢的主要形式有以下几种。

1. 硫酸钙水垢

硫酸钙水垢的硬度比较高，是一种比较坚硬致密的水垢，在锅炉受热最高的地方最容易出现，附着力很强，而且不容易被清除。硫酸钙水垢形成的原因是水中溶解的硫酸钙的含量超出了 50%。

2. 硅酸盐水垢

硅酸盐水垢主要集中在热应力较大的蒸发面上，这种水垢的硬度非常大，而且不具备导热性，对锅炉的供热效果会产生很大影响，也是最难消除的一种顽固性水垢。硅酸盐水垢主要是由于二氧化硫在水中的含量较多导致的，其含量大约在 20% 以上。

3. 碳酸盐水垢

碳酸盐水垢通常出现在锅炉温度不高的地方包括两种形态，一种是硬度比较高的硬质水垢，另一种是比较疏松的海绵状的软质水垢。造成碳酸盐水垢的原因主要是碳酸钙在水中的含量超过了 50%。

4. 混合水垢

混合水垢是由多种物质混合而成的水垢，在外部热力作用下，这种水垢的导热性能很强，导热系数较大，混合水垢的形成物质比较复杂，由多种成分构成，无法判断哪一种最先形成，因此，混合水垢是一种成分最复杂的水垢。

5. 含油水垢

含油水垢是指水中的含油量较大，水的硬度比较低的时候形成的一种黑色疏松水垢。通常情况下只要水中的油质含量达到 5% 以上，就可能出现含油水垢，而且这种水垢一般出现在锅炉中温度最高的部位，不易清除，附着力很强。

（二）锅炉结垢原因分析

在锅炉运行过程中，水垢和水渣是最主要的两种沉淀物，这两种沉淀物的成分基本相同，主要是由于钙和镁以及一些盐类构成，这些物质在水中的浓度远远超过标准溶解度，所以大量沉积下来，造成锅炉结垢。研究发现，锅炉结垢的原因主要有以下三个方面。

1. 化学反应

在锅炉运行过程中，分解水处于高温环境下，在水蒸发的过程中，水中的钙离子、镁离子、盐类等会相互发生化学反应，形成难溶于水的物质，而且这些难溶于水的物质还会析出，日积月累，不断加厚、增多。

2. 水分蒸发引起

锅炉在一定的湿度标准下，会产生蒸发作用，从而被浓缩。盐类物质在水中的溶解度是一定的，但是由于水分不断增发，锅炉中的水被大量浓缩，水中的可溶性钙、镁盐类浓度变得越来越大，当这个浓度值达到一定限度的时候就形成了过饱和溶液，水中的物质会析出，产生结垢现象。

3. 水的成分影响

因为锅炉在操作运行的时候，其中的水会不断加热，不断蒸发，水量不断变少，如果水中有构成水垢的物质，就会使锅炉结垢。随着温度的不断增加，锅炉水的溶解度还会不断降低，导致水垢越结越多。

（三）水垢的清除和预防措施

1. 水垢的清除

水垢的处理应采用防治结合的基本原则，从预防着手，一旦发现锅炉内壁出现水垢，必须及时予以清除，以免影响锅炉的正常运转。常见的水垢清除方法有以下几种。

（1）碱法除垢法。这种方法虽然能够将水垢清除，但是碱性物质对锅炉有一定的腐蚀性。硫酸盐水垢和硅酸盐水垢可以使用碱性除垢法来清除，虽然不能将水垢立即溶解，但是可以在一定时间内将水垢慢慢软化，形成疏松物质，然后使用机械方法将其清除。碱法除垢法易于操作，但同时也有一定的局限性，因为这种方法对容器的腐蚀较大，采用之前必须对锅炉进行检查，看是否存在泄漏或者不严密的地方，一旦发现要及时处理。

（2）机械除垢法。机械除垢法是一种比较简单的人工操作方法，主要应用于小型锅炉，人工使用特殊的扁铲、钢丝刷和机动铣管器对水垢进行清除，操作简单。当采用其他方法让水垢变疏松的时候，也需要及时使用机械除垢法将其清除干净。

（3）酸洗除垢法。酸洗除垢法要求使用可靠、安全的酸洗设备，才能有效清除锅炉中的水垢。需要注意的是，不能选择会对锅炉产生腐蚀的物质或者设备，酸洗液主要是由盐酸和缓蚀剂按一定的比例构成。

2. 锅炉水的预处理

水的预处理是减少锅炉结垢的主要措施，指的是在常规工艺处理之前，预先对水进行处理，以便在后续的工艺中取得更加良好的效果，提高水质。自然界中的水都存在很多杂质，这些杂质会影响水质，所以在锅炉水除垢之前，就应该要采取预处理，将其中的杂质含量降低或者完全去除杂质。水的预处理方法种类很多，比如沉淀、混凝、澄清、过滤、软化、消毒等。根据发电厂的生产情况，在进行水预处理时，可以建立相应的工艺系统，采用机械加速澄清池→滤池→活性炭过滤器→一级除盐→混床的工艺体系，避免锅炉内结垢，确保水的质量，满足锅炉运行要求。

3. 加强日常监督管理

为了防止锅炉水结垢和对锅炉的正常安全运行造成危害，应该加强日常监督管理，技术人员要随时对锅炉的情况进行检查，一旦发现有水垢现象，要及时进行清除。同时，要加强水预处理结果的监督管理，提高预处理水平。

四、锅炉爆管问题及解决措施

（一）锅炉爆管的原因

锅炉在使用过程中会发生各种各样的事故，然而这些事故的危险程度并不相同，在所有事故里面，除了锅炉爆炸之外，危害性最高的当属锅炉爆管。锅炉爆管发生的原因主要有以下 6 种。

1. 操作不当

锅炉爆管的主要原因之一在于相关工作人员操作不当，即其没有按照操作规范进行操作，最终导致锅炉爆管。在冷炉进水的过程中，水温或者是给水速度没有达到标准要求；开启锅炉的过程中，以快于标准的速度提高锅炉内的温度、压力以及负荷；在关闭锅炉时，以快于标准的速度冷却等，这些都属于运行过程中操作不当，非常容易引发爆管现象。

除此之外，在开启、关闭或者是改变锅炉运行状态的时候，工作压力周期发生变动，使得机械应力产生周期性变动；与此同时，高温蒸汽管道以及相关部件因为遭受两种不同温度，导致其产生热应力，在这样的背景下部件承受较大的压力，进而出现疲劳状态，十分容易损坏。

2. 结构不合理

锅炉内部结构不合理会严重影响锅炉中的正常水循环，水无法正常循环，也十分容易出现爆管现象。第一，锅炉设计以及制造没有达到标准，导致水循环深受影响；第二，在检查、修理环节，炉管中存在诸多水垢，其脱落之后若是没有及时清理，会堵塞炉管，影响到水循环；第三，运行操作不规范，导致管外结焦，此时炉管受热不再均匀，水无法正常循环。

3. 存在超温现象

所谓超温，指的是金属在高于额定温度的环境下运行，其可以进一步划分为短期超温以及长期超温两种。对于超温的划分，当前并未制定明确的时间界限，只能够从相对角度来看。超温主要是针对运行，而过热则是针对爆管。同超温一样，过热也可以根据时间长短划分为短期过热和长期过热。短期过热爆管指的是在较短时间内，因为炉管温度提升，其在应力作用下会爆裂，短期过热的临界温度一般会高于钢的临界点温度；长期过热爆管指的是金属在应力以及超温温度两者长时间作用下，会引发爆管问题，长期过热的临界温度一般不会高于钢的临界点温度。

通过前文论述不难发现，长期过热虽然温度比较低，但是时间比较长，所以属于长时间的缓慢过程。锅炉在使用过程中，炉管温度长时间介于设计温度以及材料临界温度之间，其会慢慢产生碳化物球化，管壁也会因为氧化作用由厚变薄，强度随之降低，蠕变速度提高，从而导致爆管。短期过热属于突发过程，炉管温度会在较短的时间内超过材料的临界温度，此时会由于内部介质压力作用而发生爆裂。

4. 材质不合格

很多情况下锅炉出现爆管这一事故并非由于操作不规范，而是管材自身的质量不达标。管材在生产过程中，有的时候使用的材料没有达到标准，或者是最终验收环节不够严格，都非常容易导致管束焊接质量较差，最终引发爆管问题。一般来说，管壁厚薄不够均匀，管壁上存在裂纹，管壁上具有腐蚀现象或者是机械损失，这些都代表材质不合格。

5. 安装缺陷

锅炉在安装过程中若是存在缺陷，也非常容易导致其在使用的过程中出现爆管现象。例如，炉管伸入联箱里面的长度严重超过标准数值；炉管以及汽水分离器中存在部分杂质；水位计无法准确、真实地反映水位情况；炉管没有焊接或者是焊接不够彻底；炉管不存在热胀冷缩的能力；炉管在安装时出现机械损伤；等等。

6. 水质不良引发水冷壁爆管问题

水冷壁爆管可以分为轻微以及严重两种情况，轻微时裂缝比较小，若是焊口泄露，会导致蒸汽涌出，发出嘶嘶的声音，给水流量提高幅度并不大；若是情节严重，甚至能够在发生爆管的地方听到破裂声以及喷水声，此时炉膛里面的压力由负转正，给水流量显著高于蒸汽流量。

之所以出现水冷壁爆管，很大程度上是因为水质不良，也就是说水质不达标。在锅炉运行中，如果没有对炉水进行处理，不达标的炉水流入锅炉内部，就会发生结垢或者腐蚀现象，导致某些部位热阻力提高，管壁过热，强度下降。

（二）锅炉爆管处理对策

当锅炉出现爆管现象时，必须及时采取相应的处理措施，从而把危害降到最低。如果爆管的情况不是非常严重，水位计依然可以准确地反映炉水水位，而且该水位可以保障锅炉的正常运行，此时需要做的就是降低锅炉负荷，在备用的锅炉开启之后再处理发生爆管问题的锅炉管壁。若是水位计没有办法准确地反映炉水水位，而且该水位也没有办法保障锅炉正常运行，这个时候需要第一时间关闭发生爆管的锅炉。需要注意的是，此时炉膛内部温度非常高，不能够贸然给水，防止整个锅炉发生爆炸；引风机需要继续工作，待到锅炉中的烟气以及蒸汽排除之后才能够关闭。如果多个锅炉并行运行，当一个锅炉发生爆管之后，需要第一时间切断蒸汽母管与爆管锅炉之间的连接。

（三）锅炉爆管的预防措施

通过前文研究可以发现，锅炉爆管一方面是因为设备自身原因，另一方面是因为相关工作人员在日常工作过程中没有注意一些细节。为了使人们更为安全地使用锅炉，笔者认为应该在日常使用过程中注意以下几个方面：

（1）首先，严格考察锅炉运行环境，充分考虑锅炉用水水质；其次，选择较为合理的材料作为锅炉材料；最后，结合现场工人的经验以及设备的使用情况，选择最优加工工艺进行生产。

（2）提高检查、监督人员的责任意识。现场检查与监督人员是锅炉加工生产过程中的直接管理者，一旦锅炉在加工过程中出现质量问题，会对后期使用带来一定的安全隐患，因此，现场检查与监督人员需要按照要求认真履行自身职责，提高自身业务能力的同时加强责任意识，只有这样才能从根源杜绝锅炉爆管问题的出现。

（3）正确操作锅炉。锅炉在安装过程中首先需要确保射水孔的方向应当向下，锅炉各法兰盘之间要加入垫片，垫片的加入不仅能够大幅提升锅炉密封性能，还能对锅炉过滤起到一定的效果。除此之外，在锅炉热炉以及加药过程中，需要格外注意，锅炉热炉是加热锅炉本体，不能使加热器参与到热炉过程中；在加药过程中；药剂一定要通过加药管进入锅炉内部，不能为了方便从别的地方加入，同时在加药过程中需要注意锅炉的水位，不能出现溢罐的问题。

（4）其他需要注意的问题。首先，需要对锅炉的水位进行检查，锅炉正常运行时的水位不能太高也不能太低，应该处于最高、最低两条刻度线之间，锅炉水位过高会引起汽水共腾的现象，进而使大量水蒸气进入过热器引起爆管；其次，工作人员需要严格控制锅炉水的水质，不能用矿化度过高、污染较高的水作为锅炉燃烧水，因为这些污水含杂质较多，极易引起过热器堵塞，进而引发爆管。

五、锅炉泄漏问题及解决措施

（一）电厂锅炉泄漏问题及对策

锅炉是人们工作和生活当中常用的一种热能供给装置和能量转化介质，锅炉质量的好坏，功能是否强大，都对电厂的发电质量和效率有着重要的影响。在社会生产和人们生活日臻依赖于电力的今天，必须加强对电厂锅炉泄漏事故的原因分析工作，有效防止这种现象的出现，充分发挥出电厂锅炉应有的作用，保障工业和居民的供电。

1.电厂锅炉泄漏的主要原因

（1）锅炉在设计方面存在着缺陷。

锅炉的设计是锅炉能够投入运行和使用的前提，但是目前我国的设计人员水平良莠不齐，很多锅炉设计人员没有充分考虑锅炉在使用过程中可能面对的因素，而且有一些锅炉在设计的过程中一些参数的设计不具有合理性，这就导致锅炉看起来虽然没有大的问题，但是在实际的工作过程中很难保证整体的稳定性能。电厂的锅炉在工作时经常会受到外部载荷的作用，如果将锅炉的核定载荷设计得较小，锅炉的水冷壁管路就会出现泄漏的现象，水冷壁泄漏是目前锅炉泄漏的最常见的原因。锅炉的设计环节制约着以后的应用，如果锅炉的设计强度不能满足实际需求，那么很难保证其在电厂运行的过程中不会出现泄漏现象。

（2）在运行过程中人工操作的不合理。

锅炉的正常运行离不开人的参与，笔者调查到许多电厂都制定了一系列的检修和维护方案，以此提高电厂锅炉使用的安全性，许多电厂出台了专门人员定期对电厂内的锅炉进行检修的制度，希望以此来提高锅炉的使用寿命，保障电厂能够正常运行。笔者认为电厂设立这种检修制度是非常有必要的，在很大程度上可以有效地提高电厂锅炉的使用性能，降低锅炉泄漏的可能性，提高整体的安全性。但是，这些制度没有关注人在锅炉运行中可能带来的影响。实际生产过程中，电厂锅炉经常会频繁地受到人为影响而启动和停止，比如说在实行锅炉检修的时候，检修人员经常会在锅炉正常运行的时候按下停止按钮，检修完毕以后再开启锅炉。在锅炉反复频繁启停的过程中会产生较大的电流，这些电流会对水冷壁部位产生较大的压力。

（3）锅炉内部水循环障碍。

目前，锅炉出现泄漏现象还有一个重要的原因，就是锅炉内部的水循环不能顺利进行。在锅炉的运行过程中，很容易就受到外部和内部多种因素的影响，造成内部的水循环不能顺利进行，在一定程度上提高了事故的发生率。举例来说，如果电厂的锅炉一直处于低负荷的状态，水循环不能顺利地进行，在锅炉的水冷壁管道附近可能会集聚大量的水，进而引起泄漏。季节、气温等也可能会影响锅炉内水循环的顺利进行，较高的气温或较冷的天气都可能会引起管道的泄漏，从而影响锅炉的正常运行。但是锅炉水循环位置不能被直接观察到，在检修过程中很难发现其存在的问题，存在较大的安全隐患。

（4）运行过程中锅炉各部位温度应力存在差异。

在锅炉运行的过程中需要对锅炉进行不断加热，但是在加热的过程中很难保证锅炉的每一个部位都能均匀受热，有的部位的温度比较高，有的部位的温度比较低。这些温度应力不同地方的锅炉内部的水冷壁也会出现温度应力不在同一强度等级上的现象，长期如此，部分水冷壁的管道表面就会出现裂缝，随着时间的延续，这些裂缝就会导致锅炉产生泄漏，从而影响运行的安全性。很多电厂在正常经营的过程中也没有高度关注这一问题。

2. 锅炉泄漏的处理对策

（1）对锅炉的检修工作进行科学的管理。

针对锅炉检修过程中所存在的检修周期安排及检修作业不合理的现象，有关部门要对这些行为的后果作全面的分析，加强对锅炉检修周期及检修技术的研究，制定和完善锅炉检修制度，防止出现由于检修周期过于频繁而造成的锅炉泄漏现象。同时，在对锅炉检修人员进行技术培训和品德教育的过程中，要针对当前锅炉运行和管理中的问题与工作人员进行深入的交流，为工作人员提供更多的知识学习和经验积累的机会，从而提升检修人员的工作质量和效率。另外，在检修内容的调整上，要将检修的重点转移到锅炉实际运行过程中常出现的问题上来，去除一些不必要的检修项目，减少企业的检修成本。

（2）提升锅炉燃料的质量。

随着信息技术的发展和国际市场的开放，我国与其他国家的交流越来越频繁，我国的燃料提炼水平和燃烧技术也得到了很大程度的提升。针对由于燃料质量问题而导致的锅炉泄漏问题，电厂要加强对燃料供给部门的监管，保障燃料供给渠道的合法性、正规性，提升锅炉运行过程中所使用的燃料质量。在对燃烧技术进行改进的同时，要加强对锅炉燃料燃烧作业人员的监管，以减少硫元素在锅炉壁上的聚集，防止锅炉泄漏问题的出现。

（3）提升锅炉设计和制造水平。

在当今社会快速发展的步伐的带动下，人们在机械制造、材料科学等领域都取得了突破性的进展。许多高新机械制造技术和工程材料被运用到锅炉的设计制造当中，给锅炉的发展带来了契机。许多电厂所使用的锅炉在结构、选材等方面存在着很多问题，同时在锅炉制造工艺和装配手段的使用上也有很大的漏洞，这就导致制造出来的锅炉在承载能力、耐蚀性等方面达不到相关的技术要求和使用要求。为了保障锅炉工作的质量和效率，延长锅炉的使用寿命，必须加强对锅炉设计及制造技术的研究工作，提高锅炉的质量。

（二）火电厂锅炉四管泄漏问题及防范

1. 火电厂锅炉产生四管泄漏的原因

（1）设备因素。

省煤器管、水冷壁管、过热器管、再热器管，统称锅炉"四管"从设备影响这个角度出发分析，可以看出设备原因导致四管泄漏产生主要分为两类，第一是厂家制造生产设备的时候质量没有达到标准。比如某些零部件不符合要求。而四管工作环境对于机器设备的要求很严格，一旦厂家提供的机器设备没有满足日常中的某些严格要求，就会带来泄漏的潜在威胁。举例来说，在锅炉烟气流程和水汽流程的制造和设计中，时间一长锅炉右侧会出现偏烧现象，而且这样的现象几乎是不可避免的。因此，运用的管子一定要满足高要求和耐高温，对于管子制造材料要求很高。第二是长时间的机器设备运行导致的磨损和相关零配件的破坏。在煤炭作为主要燃烧能源的火电厂，在工作中是无法避免出现各种的烟尘和灰尘，在常年日久的工作中，大量的烟尘聚集在锅炉管道中，就会对整个锅炉内部的关键设备仪器带来破坏。

（2）人为操作因素。

产生四管泄漏的人为操作因素主要有两种：一种是安装问题。由于安装人员的专业素质欠缺，在锅炉设计制造的时候，工程师和设计人员对于锅炉内部零配件的承压问题和泄漏问题没有引起相关的重视。在实际操作安装的时候，由于场地面积狭小及安装人员技术不过关等，导致很多问题没有被发现。另外，电力公司也要追求经济效率和节约成本，对于安装的速度和时间有严格要求。这样就容易导致安装过程出现焊接没有严密，管子位置存在一定的偏差等问题。虽然一开始并不影响整个锅炉的正常使用和运行，但是随着时间的推移，问题和故障就逐渐暴露出来。另一种是检查工作不到位。如果电厂没有安排专业的人员对锅炉进行及时的检测和维修，没有每天进行保养和维护，在化学产品的使用上没有按照严格的标准执行，清洗方法和品质也不满足要求，这样就会导致管道泄漏问题经常出现，给电厂带来严重的经济损失。

2. 解决四管泄漏问题的建议和措施

随着电力行业的大发展，大型锅炉被大量运用到火电厂之中。随着大型锅炉在结构和运行维护上变得越来越复杂，复杂程度不断加大，需要火电厂不断提高自己的专业维护水平和操作技能，避免锅炉问题和安全事故的发生。四管泄漏直接影响着火电厂的电力产量和经济效率，每次出问题都会给火电厂带来严重的经济损失，降低整个电厂的运作效率。当四管发生泄漏的时候，马上就会触发泄漏的警报，这样整个火电厂必须马上进行维修和检查，否则会出现更加严重的安全事故。所以，要想保证火电厂的安全稳定，提高运作效率，一定要加强对于四管泄漏的预防，提前做好相关设备和机器的保养维护，防止四管泄漏的发生。

（1）完善对锅炉四管的设计。

在进行锅炉的选择和采购方面，首要考虑的就是对于四管泄漏问题的防护，选择的锅炉一定要在这个方面具有完善的设计。锅炉只有在设计上合理和科学，切合火电厂的相关需求，才是解决四管泄漏的关键和源头。比如，有的火电厂在选择锅炉的时候，就重点选择国产 300MW 和 600MW 型号的锅炉。主要原因就是这两种型号的锅炉重点考虑了四管泄漏的问题，在炉膛高度、容积热负荷和钢铁材料的选择上都比较优质，能够有效低锅炉的泄漏次数。在质量监督方面，火力发电厂需要对采购的锅炉进行严格的检测，制定严格的检验标准，对于出现零部件问题或者不合格的锅炉要坚决退回，从源头上把握设备的质量。

（2）增强内部检测能力和相关管理。

火力发电厂内部要设立专门的检测小组对锅炉的配件和运行性能进行检查和保养，对设备或者细小零配件的任何异常都不能放过，及时处理和保养相关的设备，从源头上对于四管泄漏问题进行防治和严格把控。火力发电厂在进行锅炉的安装和调试的时候，检测小组要24小时不间断进行严格检查，保证设备安装工程的顺利进行，防止相关的安装和调试人员为了节约时间和精力减少相关的步骤，从安装设备这个环节上减少四管泄漏现象的发生。除了每天按时检测设备运行情况，相关人员还要定期进行煤气管道和锅炉管道等关键设备的维护和保养，对于相关器件磨损情况需要严格记录和排查，对于焊接情况、仪器松动情况、高温磨损都要详细记录和备案，以便随时掌握设备机器的使用和运行情况。相关人员需要对这些原始记录进行归档，形成设备使用档案情况。对于化学产品的使用要严格监管，有异常现象发生要及时进行处理，向电厂技术部门汇报相关情况，经过专业技术人员的排查和处理之后才能够进行使用。尽量减少人为操作带来的危险和事故，将人为因素的影响降到最低。

（3）运用新技术进行相关检测。

火电厂锅炉内部结构复杂，监测工作量非常大，单纯依靠人工很难取得良好效果，同时也导致效率降低。随着新技术不断进步，检查人员可以利用信息技术对于整个锅炉运行情况进行检测，提高监测效率，将人工监测操作的危险降到最低。比如，一些火力发电厂创新性运用多媒体和信息技术建立一个检测系统，通过标准化的程序对锅炉设备进行检测，得到数据之后汇总到多媒体设备，利用相关软件进行数据处理分析，一旦发现数据异常立即发出警示。随后技术人员通过指引对出现问题的设备进行检修，以避免事故的发生。

第二章　压力容器

第一节　压力容器基础

一、压力容器概述

（一）压力容器的定义

压力容器，泛指在工业生产中用于完成反应、传质、传热、分离和储存等生产工艺过程，并能承受压力的密闭容器。压力容器被广泛用于石油、化工、能源、冶金、机械、轻纺、医药、国防等工业领域。压力容器不仅是近代工业生产和民用生活设施中的常用设备，同时又是一种具有潜在爆炸危险的特殊设备。和其他生产装置不同，压力容器发生事故时不仅本身会遭到破坏，往往还会破坏周围设备和建筑物，甚至诱发一连串恶性事故，造成人员伤亡，给国民经济造成重大损失。因此，压力容器的安全问题，一直受到政府和社会各界的广泛重视。

（二）压力容器的分类

1. 按压力分类

按设计压力的高低，压力容器可分为低压、中压、高压、超高压四个等级，具体划分如下（压力单位为 MPa，按 $1kgf/cm^2=0.1MPa$ 换算）。

（1）低压容器：$0.1MPa \leqslant p < 1.6MPa$。

（2）中压容器：$1.6MPa \leqslant p < 10MPa$。

（3）高压容器：$10MPa \leqslant p < 100MPa$。

（4）超高压容器：$p \geqslant 100MPa$。

2. 按壳体承压方式分类

按壳体承压方式不同，压力容器可分为内压容器（壳体内部承受介质压力）

和外压容器（壳体外部承受介质压力）两大类。

3.按设计温度分类

按设计温度（t）的高低，压力容器可分低温容器（t ≤ -20℃）、常温容器（-20℃ < t < 450℃）和高温容器（t ≥ 450℃）。

4.按安全技术管理分类

按安全技术管理，压力容器可分为固定式容器和移动式容器两大类。

（1）固定式容器。固定式容器是指有固定的安装和使用地点，工艺条件和使用操作人员也比较固定，一般不是单独装设，而是通过管道与其他设备相连接的容器，如合成塔、蒸球、管壳式余热锅炉、换热器、分离器等。

（2）移动式容器。移动式容器是指一种储装容器，如气瓶、汽车槽车等。其主要用途是装运有压力的气体或液化气体。这类容器无固定使用地点，一般也没有专职的使用操作人员，使用环境经常变迁，管理比较复杂，容易发生事故。

5.按在生产工艺过程中的作用原理分类

按在生产工艺过程中的作用原理，压力容器可分为反应压力容器、换热压力容器、分离压力容器和储存压力容器。

（1）反应压力容器（代号R）。反应压力容器是指用于完成介质的物理、化学反应的压力容器，如反应器、反应釜、分解锅、硫化罐、分解塔、聚合釜、高压釜、超高压釜、合成塔、变换炉、蒸煮锅、蒸球、煤气发生炉等。

（2）换热压力容器（代号E）。换热压力容器是指用于完成介质的热量交换的压力容器，如管壳式余热锅炉、热交换器、冷却器、冷凝器、蒸发器、加热器、烘缸、蒸炒锅、预热锅、溶剂预热器、蒸锅、蒸脱机、电热蒸汽发生器、煤气发生炉水夹套等。

（3）分离压力容器（代号S）。分离压力容器是指用于完成介质的流体压力平衡缓冲和气体净化分离的压力容器，如分离器、过滤器、集油器、缓冲器、洗涤器、吸收塔、铜洗塔、干燥塔、汽提塔、分汽缸、除氧器等。

（4）储存压力容器（代号C，其中球罐代号B）。储存压力容器是指用于储存、盛装气体、液化气体等介质的压力容器，如各种形式的储罐。对于一种压力容器，如同时具备两个以上的工艺作用原理时，应按工艺过程中的主要作用来分类。

6. 压力容器的安全综合分类

为有利于安全技术管理和监督检查，根据容器的压力高低、介质的危害程度以及在生产过程中的重要作用，可将压力容器划分为三类。

（1）三类压力容器。符合下列情况之一者为三类压力容器。

①高压容器。

②中压容器（仅限毒性程度为极度和高度危害的介质）。

③中压储存容器（仅限易燃或毒性程度为中度危害的介质，且 pV（p 为承受压力，V 为体积，下同）乘积 $\geqslant$ 10MPa·m^3）。

④中压反应容器（仅限易燃或毒性程度为中度危害的介质，且 pV 乘积 $\geqslant$ 0.5MPa·m^3）。

⑤低压容器（仅限毒性程度为极度和高度危害的介质，且 pV 乘积 $\geqslant$ 0.2MPa·m^3）。

⑥高压、中压管壳式余热锅炉。

⑦中压搪玻璃压力容器。

⑧使用强度级别较高（抗拉强度规定值下限 $\geqslant$ 540MPa）的材料制造的压力容器。

⑨移动式压力容器，包括铁路罐车（介质为液化气体、低温液体）、罐式汽车（液化气体、低温液体或永久气体运输车）和罐式集装箱（介质为液化气体、低温液体）等。

⑩球形储罐（容积 $\geqslant$ 50m^3）。

（2）二类压力容器。符合下列情况之一但不在第（1）条之内者为二类压力容器：

①中压容器。

②低压容器（仅限毒性程度为极度和高度危害的介质）。

③低压反应容器和低压储存容器（仅限易燃介质或毒性程度为中度危害的介质）。

④低压管壳式余热锅炉。

⑤低压搪玻璃压力容器。

（3）一类压力容器。低压容器且不在第（1）、第（2）条之内者为一类压力容器。

二、压力容器结构

压力容器的结构一般比较简单，其主要部件是一个能承受压力的壳体及其他必要的连接件和密封件。压力容器的本体结构形式多样，最常用的是球形和圆筒形。

（一）球形

球形容器的本体是一个球壳，一般都是焊接结构。球形容器的直径一般都比较大，难以整体或半整体压制成形，所以它大多是由许多块按一定的尺寸预先压制成形的球面板组焊而成。这些球面板的形状不完全相同，但板厚一般都相同。只有一些特大型，用以储存液化气体的球形储罐，球体下部的壳板材比上部的壳板要稍微厚一些。球壳表面积小，除节省钢材外，当需要与周围环境隔热时，还可以节省隔热材料或减少热的散失，所以球形容器最适宜作液化气体的储存罐。目前大型液化气体储罐多采用球形。此外，有些用蒸汽直接加热的容器，为了减少热损失，有时也采用球体，如造纸工业中用于蒸煮纸浆的蒸球等。半球壳或球缺可用作圆筒壳的封头。

（二）圆筒形

圆筒形容器是使用得最为普遍的一种压力容器。圆筒形容器比球形容器易于制造，便于在内部装设工艺附件，有利于内部工作介质的流动。因此，圆筒形容器广泛用作反应、换热和分离容器。圆筒形容器由一个圆筒体和两端的封头（端盖）组成。

1. 薄壁圆筒壳

中、低压容器的筒体为薄壁圆筒壳（其外径与内径之比不大于1）。薄壁圆筒壳除了直径较小者可以采用无缝钢管外，一般都是焊接结构，即用钢板卷成圆筒后焊接而成。直径小的圆筒体只有一条纵焊缝，直径大的可以有两条甚至多条纵焊缝。同样，长度小的圆筒体只有两条环焊缝，长度大的则有多条。圆筒体有一个连续的轴对称曲面，承压后应力分布比较均匀。由于圆筒体的周向（环向）

应力是轴向应力的 2 倍，所以制造圆筒时一般都使纵焊缝减至最少。夹套容器的筒体由两个大小不同的内、外圆筒组成，外圆筒与一般承受内压的容器一样，内圆筒则是一个承受外压的壳体。在压力容器的压力界限范围内，虽然没有单纯承受外压力的容器，但有承受外压的部件，如受外压的筒体、封头等。

2. 厚壁圆筒壳

高压容器一般都不是储存容器，除少数是球体外，绝大部分是圆筒形容器。因为工作压力高，所以高压容器的壳壁较厚，同样是由圆筒体和封头构成。厚壁圆筒的结构可分为单层筒体、多层板筒体和绕带筒体三种形状。

（1）单层筒体。单层厚壁筒体主要有三种结构形式，即整体锻造式、锻焊式和厚板焊接式。

①整体锻造式厚壁筒体是全锻制结构，没有焊缝。它是用大型钢锭在中间冲孔后套入一根芯轴，在水压机上锻压成形，再经切削加工制成的。这种结构，金属消耗量特别大，制造过程中还需要一整套大型设备，所以目前已很少使用。

②锻焊式厚壁筒体是在整体锻造式的基础上发展起来的。它由多个锻制的筒节组装焊接而成，只有环焊缝而没有纵焊缝，常用于直径较大的高压容器（直径可达 5～6m）。

③厚板焊接式厚壁筒体是用大型卷板机将厚钢板热卷成圆筒，或用大型水压机将厚钢板压制成圆筒瓣，然后用电渣焊接纵缝制成圆筒节，再由若干段筒节焊制而成。这种结构的筒体金属耗量小，生产效率较高。

对于单层厚壁筒体来说，由于壳壁是单层的，当筒体金属存在裂纹等缺陷且缺陷附近的局部应力达到一定程度时，裂纹将沿着壳壁扩展，最后导致整个壳体的破坏。同样的材料，厚板不如薄板的抗脆性好，综合性能也差一些。当壳体承受内压时，壳壁上所产生的应力沿壁厚方向的分布是不均匀的，壁厚越厚，内、外壁上的应力差别也越大。单层筒体无法改变这种应力分布不均匀的状况。

（2）多层板筒体。多层板筒体的壳壁由数层或数十层紧密结合的金属板构成。由于是多层结构，可以通过制造工艺在各层板间产生预应力，使壳壁上的应力沿壁厚分布比较均匀，壳体材料可以得到较充分的利用。如果容器内的介质具有腐蚀性，可采用耐腐蚀的合金钢做内筒，而用碳钢或其他低合金钢做层板，以节约贵重金属。当壳壁材料中存在裂纹等严重缺陷时，缺陷一般不易扩散到其他层，同时各层均是薄板，具有较好的抗脆断性能。多层板筒体按其制造工艺的不同可以分为多层包扎焊接式、多层绕板式、多层卷焊式和多层热套式等形式。

（3）绕带筒体。绕带筒体的壳体是由一个用钢板卷焊成的内筒和在其外面缠绕的多层钢带构成。它具有与多层板筒体相同的一些优点，而且可以直接缠绕成较长的整个筒体，不需要由多段筒节组焊，因而可以避免多层板筒体所具有的深而窄的环焊缝。但其制造工艺较复杂，生产效率低，制造周期长，因而采用较少。

（三）封头

在中、低压容器中，与筒体焊接连接而不可拆的端部结构称为封头，与筒体以法兰等连接的可拆端部结构称为端盖。通常所说的封头包含封头和端盖两种连接形式。压力容器的封头或端盖，按其形状可以分为三类，即凸形封头、锥形封头和平板封头。其中：平板封头在压力容器中除用作入孔及手孔的盖板以外，其他很少采用；凸形封头是压力容器中广泛采用的封头结构形式；锥形封头则只用于某些特殊用途的容器。

1. 凸形封头

凸形封头有半球形封头、碟形封头、无折边球形封头等形式。半球形封头是一个空心半球体，由于它的深度大，整体压制成形较为困难，所以直径较大的半球形封头一般都是由几块大小相同的梯形球面板和顶部中心的一块圆形球面板（球冠）组焊而成。中心圆形球面板的作用是把梯形球面板之间的焊缝隔开一定距离。半球形封头加工制造比较困难，只有压力较高、直径较大或有其他特殊需要的储罐才采用半球形封头。碟形封头又称带折边的球形封头，由几何形状不同的三个部分组成：中央是半径为 R 的球面，与筒体连接部分是高度为 h 的圆筒体，球面体与圆筒体由曲率半径为 r 的过渡圆弧（折边）所连接。碟形封头在旧式容器中采用较多，现已被椭球形封头所取代。无折边球形封头是一块深度很小的球面壳体。这种封头结构简单，制造容易，成本也较低，但是由于它与筒体连接处结构不连续，存在很高的局部应力，一般只用于直径较小、压力很低的低压容器上。

2. 锥形封头

锥形封头有两种结构形式。一种是无折边的锥形封头。由于锥体与圆筒体直接连接，结构形状突然不连续，在连接处附近容易产生较大的局部应力，因此只有一些直径较小、压力较低的容器有时采用半锥角≤30°的无折边锥形封头，且多采用局部加强结构。局部加强结构形式较多，可以在封头与筒体连接处附近焊加强圈，也可以在筒体与封头的连接处局部加大壁厚。另一种为带折边的锥形封头，由圆锥体、过渡圆弧和圆筒体三部分组成。标准带折边锥形封头的半锥角有 30° 和 45° 两种，过渡圆弧曲率半径与直径之比值规定为 0.5。

3. 平板封头

平板封头结构简单，制造方便，但受力状况最差。中低压容器用平板作入孔和手孔盖板；高压容器，除整体锻造式压力容器直接在筒体锻造出凸形封头以及采用冲压成形的半球形封头外，多采用平板封头和平端盖。

三、压力容器主要参数

压力容器的工艺参数是由生产的工艺要求确定的，是进行压力容器设计和安全操作的主要依据。压力容器的主要工艺参数为压力、温度和介质。

（一）压力

压力容器工作介质的压力，即压力容器工作时所承受的主要载荷。压力容器运行时的压力是用压力表来测量的，表上所显示的压力值为表压力。在各种压力容器规范中，经常出现工作压力、最高工作压力和设计压力等概念，现将其定义分述如下。

（1）工作压力。工作压力也称操作压力，是指容器顶部在正常工艺操作时的压力（不包括液体静压力）。

（2）最高工作压力。最高工作压力是指容器顶部在工艺操作过程中可能产生的最大压力（不包括液体静压力），压力超过此值时，容器上的安全装置就要开始工作。

（3）设计压力。设计压力是指在相应设计温度下用以确定容器计算壁厚及其元件尺寸的压力。

（二）温度

（1）介质温度。介质温度是指容器内工作介质的温度，可以用测温仪表测得。

（2）设计温度。压力容器的设计温度不同于其内部介质可能达到的温度，是容器在正常工作过程中，在相应设计压力下，器壁或元件金属可能达到的最高或最低温度。

（三）介质

生产工艺过程所涉及的工艺介质品种繁多，分类方法也有多种。按物质状态分类，有气体、液体、液化气体等；按化学特性分类，则有可燃、易燃、惰性和助燃四种；按它们对人类的毒害程度，又可分为极度危害、高度危害、中度危害、轻度危害四级。

易燃介质。易燃介质是指与空气混合的爆炸下限 < 10%，或爆炸上限和下限之差值 ≥ 20% 的气体，如一甲胺、乙烷、乙烯等。

毒性介质。《压力容器安全技术监察规程》（以下简称《容规》）对介质毒性程度的划分参照《职业性接触毒物危害程度核实分级（GBZ 230-2010）》分为四级。其最高容许浓度分别为：极度危害（Ⅰ级）< 0.1（含）mg/m^3；高度危害（Ⅱ级）$0.1 \sim 1.0$（含）mg/m^3；中度危害（Ⅲ级）$1.0 \sim 10$（含）mg/m^3；轻度危害（Ⅳ级）< $210mg/m^3$。

压力容器中的介质为混合物质时，应以介质的组成并按毒性程度或易燃介质的划分原则，由设计单位的工艺设计部门或使用单位的生产技术部门决定介质毒性程度或是否属于易燃介质。

腐蚀介质。石油化工介质对压力容器用材具有耐腐蚀性要求。有时是因介质中有杂质，使腐蚀剧烈地增加。腐蚀介质的种类和性质各不相同，加上工艺条件不同，介质的腐蚀性也不相同。这就要求在选用压力容器用材时，除了应满足使用条件下的力学性能要求外，还要具备足够的耐腐蚀性，必要时还要采取一定的防腐措施。

四、压力容器特点

压力容器是在一定温度和压力下进行工作，介质复杂的特种设备。压力容器在石油化工、轻工、纺织、医药、军事及科研等领域被广泛使用。随着生产的发展和技术的进步，其操作工艺条件向高温、高压及低温发展，工作介质种类繁多，且具有易燃、易爆、剧毒、腐蚀等特征，危险性更为显著，一旦发生爆炸事故，就会危及人身安全、造成财产损失、带来灾难性恶果。

（一）冲击波及其破坏作用

冲击波超压会造成人员伤亡和建筑物的破坏。冲击波超压 > 0.10MPa 时，在其直接冲击下大部分人员会死亡：0.05 ～ 0.10MPa 的超压可严重损伤人的内脏或引起死亡；0.03 ～ 0.05MPa 的超压会损伤人的听觉器官或导致骨折；0.02 ～ 0.03MPa 的超压也可使人体受到轻微伤害。压力容器因严重超压而爆炸时，其爆炸能量远大于按工作压力估算的爆炸能量，破坏和伤害情况也严重得多。

（二）爆破碎片的破坏作用

压力容器破裂爆炸时，高速喷出的气流可将壳体反向推出，有些壳体破裂成块或片向四周飞散。这些具有较高速度或较大质量的碎片，在飞出过程中具有较大的动能，也可以造成较大的危害。碎片对人的伤害程度取决于其动能，碎片的动能正比于其质量及速度的平方。碎片在脱离壳体时常具有 80 ～ 120 m/s 的初速度，即使飞离爆炸中心较远时也常有 20 ～ 30m/s 的速度。在此速度下，质量为 1kg 的碎片动能即可达 200 ～ 450J，足可致人重伤或死亡。碎片还可能损坏附近的设备和管道，引起连续爆炸或火灾，造成更大的危害。

（三）介质伤害

介质伤害主要是有毒介质的毒害。压力容器盛装的液化气体中有很多是毒性介质，如液氨、液氯、二氧化硫、二氧化氮、氢氰酸等。盛装这些介质的容器破裂时，大量液体瞬间汽化并向周围大气中扩散，会造成大面积的毒害，不但造成人员中毒，致死致病，也会严重破坏生态环境，危及中毒区的动植物。有毒介质由容器泄放汽化后，体积增大 100 ～ 250 倍。有毒介质形成的毒害区的大小及毒害程度，取决于容器内有毒介质的质量，容器破裂前的介质温度、压力及介质毒性。

（四）二次爆炸及燃烧

当容器所盛装的介质为可燃液化气体时，容器破裂爆炸在现场形成大量可燃蒸气，并迅速与空气混合形成可爆性混合气，在扩散中遇明火即形成二次爆炸。可燃液化气体容器的这种燃烧爆炸常使现场附近变成一片火海，造成重大危害。

第二节　压力容器安全监察

一、压力容器安全监察

（一）压力容器设计的监察

1.需要进行行政许可的压力容器设计

（1）压力容器分析设计（SAD）。

（2）固定式压力容器规则设计。

（3）移动式压力容器规则设计。

其中需要注意：

压力容器制造单位的设计许可纳入制造许可（压力容器分析设计除外），并在制造许可证上注明。

压力容器制造单位设计本单位制造的压力容器，无须单独取得设计许可。无设计能力的压力容器制造单位应当将设计分包至持有相应设计许可的设计单位。

取得分析设计许可的单位必须同时取得规则设计许可资格。

2.压力容器设计许可印章有以下需要注意的事项

（1）压力容器的设计总图上，必须加盖设计单位设计专用印章（复印章无效），已加盖竣工图章的图样不得用于制造压力容器。

（2）压力容器设计专用章中至少包括设计单位名称、相应资质证书编号、主要负责人、技术负责人等内容。

《固定式压力容器安全技术监察规程》修订说明对设计专用章的解释：将原设计许可印章改为设计专用章，其使用要求与原许可印章相同；同时对专用章的内容进行了规定：至少包括设计单位名称、相应资质证书编号、主要负责人、技术负责人等内容。

国家市场监督管理总局特种设备局针对《固定式压力容器安全技术监察规程》提出以下实施意见：

关于设计专用印章，《固定式压力容器安全技术监察规程》规定了设计专用印章的要求，在设计许可证有效期内，现有设计许可印章继续有效，但应当在设计许可印章下方加盖设计单位主要负责人印章；在2016年10月1日后取得（含换取）压力容器设计许可证的单位统一使用新名称"设计专用印章"，其内容应当满足《固定式压力容器安全技术监察规程》的要求，其中"主要负责人"为单位法定代表人。

监察机构根据以上许可范围对相关单位进行监察，主要针对设计资质是否取得许可、许可是否过期、许可资源条件是否依旧满足、设计内容是否超过其许可范围等项目进行监察。

（二）压力容器制造（含安装、改造、维修）现场监察

（1）压力容器制造项目许可。

①固定式压力容器：a. 大型高压容器；b. 球罐；c. 非金属压力容器；d. 超高压容器。

②移动式压力容器：a. 铁路罐车；b. 汽车罐车；罐式集装箱；c. 长管拖车；管束式集装箱。

③氧舱。

④气瓶：a. 无缝气瓶；b. 焊接气瓶；c. 特种气瓶。

（2）国家市场监督管理总局授权省级市场监督管理部门实施或由省级市场监督管理部门实施的子项目许可。

固定式压力容器：其他高压容器和中、低压容器。

（3）其中需要注意以下几点。

①固定式压力容器压力分级方法按照《固定式压力容器安全技术监察规程》执行（下同）。

②大型高压容器指内径≥2m 的高压容器（下同）。

③超大型压力容器是指因直径过大无法通过公路、铁路运输的压力容器。专门从事超大型中低压非球形压力容器分片现场制造的单位，应取得相应级别的压力容器制造许可（许可证书注明超大型中低压非球形压力容器现场制造），持有 A3 级压力容器制造许可证的制造单位可以从事超大型中低压非球形压力容器现场制造。

④特种气瓶包括纤维缠绕气瓶、低温绝热气瓶、内装填料气瓶。

⑤覆盖关系：A1 级覆盖 A2、D 级，A2、C1、C2 级覆盖 D 级。

⑥取得 A5 级压力容器制造许可的单位可以制造与其产品配套的中低压压力容器。

此外，固定式压力容器安装不单独进行许可，各类气瓶安装无须许可。压力容器制造单位可以设计、安装与其制造级别相同的压力容器和与该级别压力容器相连接的工业管道（易燃易爆有毒介质除外），且不受长度、直径限制。

任一级别安装资格的锅炉安装单位或压力管道安装单位均可以进行压力容器安装。压力容器改造和重大维修由取得相应级别制造许可的单位进行，不单独进行许可。监察机构根据以上许可范围对相关单位进行监察，主要针对制造资质是否取得许可，焊接人员是否持证作业，许可证是否过期，许可资源条件是否依旧满足，制造、改造、维修等是否超过其许可范围等项目进行监察。

（三）压力容器使用监察

隐患排查建议重点在有重大危险源的使用单位如液化石油气充装站、天然气门站等和人员密集的场所，如学校、医院等，切实开展应急救援方案的制定和定期演练。

（四）对气瓶充装单位的监察

气瓶充装单位应当取得相应气瓶的充装许可资质。根据《特种设备生产和充装单位许可规则》，气瓶充装单位应当具备基本的充装条件、充装人员、充装场所、检测仪器与试验装置，不同介质气体的专项技术条件也应当满足，并建立质量保证体系且有效实施。充装单位在许可周期内的充装业绩应当覆盖其许可范围，并且每年的年度监督检查结果应当合格，否则按照首次申请取证或增项处理。

（五）对压力容器使用单位的现场监察

1. 作业人员

压力容器作业人员根据国家市场监督管理总局压力容器（含气瓶）作业人员资格认定分类与项目进行分类，监察人员应当根据设备情况监察使用单位相关作业人员是否持有特种设备作业人员证件。

2. 使用登记及检验标志

监察人员应该对特种设备的使用登记证、检验标志、充装许可证（对有气体充装要求的单位）等相关证件予以检查，核实设备是否存在超范围使用、超期使用、违法充装等问题。

3. 安全附件及安全保护装置

安全附件主要包括安全阀、爆破片、快开门式压力容器安全联锁装置等。监察人员应当对安全附件的使用情况进行检查，检查是否存在标签拆毁、爆破片失效、安全联锁装置是否拆除等问题，检查安全阀校验标签是否完好有效，爆破片是否完好且检查其定期更换记录（一般 2 ～ 3 年更换一次，以说明书为准），快开门压力容器安全联锁装置是否可靠有效。

4. 年度检查情况

压力容器年度检查每年必须做一次，当年已进行定期检验可以不做年度检查（氧舱除外，先做年度检查，再做定期检验），年度检查如由使用单位自己开展，应当是经过专业培训的人员依照相应的检查规程进行（建议持有压力容器作业人员证件），且经过二级审核（建议审核人员持有安全管理人员证件），出具年度检查报告。年度检查也可由使用单位委托具有专业资质的检验机构开展，监察人员应当对使用单位年度检查记录进行检查与核实。

（六）对压力容器检验检测的监察

压力容器检验人员资质有检验员和检验师两种，均由国家市场监督管理总局实施许可，压力容器检验员分为定检员 RQ-1 和监检员 RQ-2，RQ-1/2 仅能够从事第一、二类压力容器的检验工作，气瓶检验员分为定检员 QP-1 和监检员 QP-2，QP-1/2 仅能够从事各类气瓶的检验工作，检验师则可从事各类压力容器（含气瓶）的各种检验工作。此外，从事氧舱检验工作的检验人员需要达到 20 小时医用氧舱有关知识的专业培训后方可开展氧舱检验。监察人员应当对检验机构的资质、人员资质的有效期进行检查，检查是否存在资质条件不符合核准资源条件要求、人员未持证检验等问题。

二、压力容器检测方法分析

（一）检验项目及检测方法

1. 宏观检验

宏观检验主要是指检验人员采用目视（必要时利用内窥镜、放大镜或者其他辅助仪器设备、测量工具）检验压力容器本体结构、几何尺寸、表面情况（如裂纹、腐蚀、泄露、变形），以及焊缝、隔热层、衬里等，一般包括结构检验、几何尺寸检验和外观检验。结构和几何尺寸等检验项目应当在首次全面检验时进行，以后定期检验仅对承受疲劳载荷的压力容器进行，并且重点检验有问题部位的新生缺陷。

2. 壁厚测定

在压力容器的检验过程中，壁厚测定一般是采用超声测厚方法，测厚位置应当有代表性，有足够的测点数，测定后标图记录，对异常测厚点做详细标记。厚度测厚点一般选择以下位置：

（1）液位经常波动的部位。

（2）物料进口、流动转向、截面突变等易受腐蚀、冲蚀部位。

（3）制造成型时壁厚减薄部位和使用中易产生变形及磨损的部位。

（4）接管部位。

（5）宏观检验时发现的可疑部位。

3. 表面缺陷检测

表面缺陷检测应当采用 NB/T47013 中的磁粉检测、渗透检测方法。实际中，压力容器的组成材料虽然较多，但主要以铁磁性材料为主，而铁磁性材料的特性，决定了采用磁粉检验技术的科学合理性，能发现焊接接头表面或近表面缺陷，这种方式在实际中应用得也较为普遍。磁粉检测范围较广，适用于铁磁性材料对接接头、T 型接头和角接接头，因为能以较低成本和较高效率得到检测结果，所以受到了广泛应用。

渗透检验方法主要适用于非多孔性金属材料制承压设备的对接接头、T 型接头和角接接头，该方法能发现焊缝表面开口缺陷。采用该方法时，需先向焊缝表面喷涂一定量的渗透剂、去除剂和显像剂等，然后通过溶剂反应实现对缺陷的检测，其优点是检测灵敏度高和范围大，缺点是应用过程中容易产生液体污染，所以检测人员必须做好自身防护和环境清理工作。

（二）压力容器在线检测方法

压力容器运行过程中，除了正常的压力、温度在线检测外，检测人员还可以利用一些其他的方法在不影响压力容器正常运行和损坏压力容器本体的情况下，进行在线检测，做到预先防护，避免事故突发。比如超声波检测法、衍射波时差法、挂片法、硬度检测法等。

1. 超声波检测法

超声波检测法主要是通过有效测定并利用信号的往复时间，达到测量缺陷与探头两者间接触距离的目的，通过对回波信号本身的幅度与超声探头两者距离的测定，确定不足之处存在的具体大小与位置。检测人员可以从无底波以及不规则的波形紊乱现象的存在与否中，对材料的劣化进行判断，这一方法具有较高的灵敏度，有助于提高缺陷定位精度，同时，能够根据垂直坐标的缺陷波高度，确定缺陷的大小。

2. 衍射波时差法

衍射波时差法简称为 TOFD 检测技术。衍射波是顺着表面进行传播的一种声波。当横向纵波中有线形缺陷出现时，会在缺陷中出现衍射波，其所发出的能量可以在一定范围内进行有效传播。当缺陷具有一定的高度时，缺陷两端信号就会分辨时间，按照探头所记载的一些衍射信号在传播中会出现的时差，可以对缺陷高度的量值有效确定，并确定定量缺陷。就缺陷尺寸而言，该方法是按照衍射信号传播的时间进行测量，不对信号幅度进行尺寸评估。和以往的超声波检测法不同，以往的超声波检测法是在缺陷的反射能量上判断缺陷的。TOFD 检测技术在应用中的优势主要表现在以下几点：一是缺陷方向不对检测质量产生影响；二是能够对缺陷高度进行确定；三是能够获得在线检测结果，还能利用数字信号将结果保存在光盘中，有助于在检验当中进行有效对比；四是该技术在应用中的成本十分低。和以往超声波探伤法是相同的，TOFD 检测技术并不能对缺陷的性质进行判断，信号解释和评定受到人为因素的影响。

3. 挂片法

压力容器实际运行过程中，悬挂制造工艺相同的金属试片在内壁上，与压力容器处于同样的使用环境中，使得其所承受的一些压力、温度与接触的介质与容器间保持一致。在容器维修期间，需要取出金属试片，对其进行力学性能和耐腐蚀性能测定，与此同时，全面仔细地观察微观组织发生的一些变化，以及这些变化对防腐蚀的影响等，并做一系列的对比说明，评价压力容器本体的实际使用情况。当挂片出现损伤倾向，则必须检测容器本体。挂片法原理比较简单，同时也能反映容器在运行中出现的一些问题，深受欢迎。

4. 硬度检测法

硬度检测法是检测材料性能快速经济的检测方法之一，由于硬度能反映出材料在化学成分、组织结构和处理工艺上的差异。当试件的含碳量和微观组织发生变化时，其硬度也会随之发生变化，二者存在一定的对应关系，利用这个关系就可以较好地检测压力容器本体材质的使用情况。硬度检测法有多种，每一种的要求都有所不同，因此在实际操作过程中要按照要求做好相关准备工作，才能保证检测数据的准确性，为判断提供正确的依据。

（三）压力容器无损检测技术

无损检测技术具有检测过程无损伤、检测灵敏度高等优点，因此广泛用于压力容器的制造检查和使用检查。因此，在制订检查计划时，应优先选择无损检测方法。在这里，我们主要讨论使用中的压力容器的无损检测。

1. 无损检测技术的特点

（1）无损检测技术和破坏性检测技术相对的。无损检测技术最大的优势就是不会损伤材料和部件，甚至结构都不会受到相应的影响。当然，无损检测技术并不是十分完美的，因为它只能进行检测但是没法进行破坏性检测，比如对液化石油的检测，除了进行常规的无损检测外还要进行一定的爆破试验的检测，这就需要将无损检测技术和破坏性检测技术两者相结合，以达到最佳的检测效果。

（2）采用无损检测技术的时候要选择好检测的时间。因为对压力容器进行无损检测时，首先要按照相关的检测要求进行各个环节的准备工作，比如检查设备的相关运行状况，检查材料的质量和制作的具体工艺特点等，然后根据这些条件来确定无损检测技术进行的具体时间。比如要对锻件进行一定的超声波探测，通常时间都安排在锻造完成以及进行了一定的简单加工之后。对于钻孔和铣槽还有精磨等都应该在最后完成之前进行无损检测技术检测。

（3）需要综合运用多种无损检测技术。不论选用哪种方法，都不能很好地得到想要的预期效果，因为任何一种技术都有其自身的缺陷和不足，鉴于此，能综合运用多种无损检测技术已成为压力容器检测的迫切要求。使用多种无损检测技术不但可以弥补单一技术带来的缺憾，而且通过多种技术的相互磨合和取长补短，使无损检测技术在获取信息方面的准确度大幅度提升，同时对于具体情况的掌握也更加明朗，有助于发现问题和解决问题。比如射线对缺陷性危害的定性较为准确，而超声波对裂纹的缺陷探测度相对更好，但定性方面的能力就比射线要差，所以不妨将两者结合起来，正好可以互补，以达到预期效果。

2.无损检测技术的特点和选择原则

（1）非破坏性试验应与破坏性试验相结合。无损检测技术的最大优点是在不损坏材料结构的基础上进行测试。无损检测技术具有局限性，不能全部替代破坏性的测试。

（2）选择无损检测技术的时机要恰当。依据检测的目的进行压力设备的无损检测时，要结合设备工作条件和材料和制造工艺的特点，确定无损检测的实施时间。如锻造声波探伤，通常在锻造和粗加工后，最终加工前进行。

（3）选择的无损检测技术要适合。无损检测技术具有某些特性，不能应用于所有工件，所有缺陷也应当根据实际情况灵活选择最合适的无损检测技术。

（4）全面应用各种无损检测技术。任何一种技术都不是万能的，因此在无损检测中，应该尽可能使用多种检测技术来取长补短，以便更清楚地了解实际情况。例如，超声波对裂纹缺陷具有很高的敏感性，但是定性是不准确的。射线对缺陷的定性更准确，两者的结合可以确保得到可靠、准确的测试结果。各种无损检测技术都具有一定的特点和限制，应遵循压力设备安全技术规定及其他规定，根据压力设备的结构、材料、制造方法、介质、使用条件和故障模式来选择最合适的无损检测技术。

3.无损检测技术的选择

（1）表面检查法。

表面检查法广泛用于压力容器的全面检查。表面检查法的运用场所为压力容器的对接焊缝、角焊缝、焊痕和高强度螺栓。铁磁材料通常通过磁粉法检测。由于压力容器内部光线较弱，对其进行内部检测时会使用荧光磁粉检测法。外部检测则使用湿黑磁粉检测。当无法对角焊缝进行磁粉检测时，也可以使用渗透测试。

非铁磁性材料采用渗透法检测时，内部通常通过荧光渗透法检测，外部通过颜色渗透法检测。与穿透测试相比，由于磁粉测试的低成本和快速的优势，在压力容器检测中被广泛使用。为了加强缺陷的检测，在检测部位喷洒造影剂的效果更好。在测试压力容器作为易燃介质时，应特别注意防火要求。

（2）超声波检测法。

超声波检测仪由于具有体积小、重量轻、易于携带和操作、对人体无害等优点，因此被广泛用于检查压力容器。超声波检测法主要使用超声波来检测对接焊缝中的内部缺陷以及压力容器上焊缝内表面的裂纹。如果压力容器外部有绝缘层，则也可以从压力容器内部检测焊缝外表面的裂纹。超声波检测法还用于检测压力容器锻件和高压螺栓中可能出现的裂纹。与射线照相检测法相比，超声波检测法对区域型缺陷的检出率更高，对于体积型缺陷的检出率更低，但是在较薄的焊缝中，这种结点理论不一定正确。在制订检查计划时，通常会考虑缺陷类型、位置和板厚等因素。

（3）射线检测法。

X射线检测法主要用于检测板厚较小的压力容器对接焊缝中的隐藏缺陷，因为薄板的超声检查很困难，并且射线照相检查不需要太高的电压。300kV便携式X射线机的透照厚度通常小于40mm，420kV便携式X射线机和Ir192γ射线机的透照厚度小于100mm。对于人体无法接近的压力容器，以及超声波无法检测到的多层包裹的压力容器和球形压力容器，通常采用射线检测法进行检测。另外，射线检测法也经常用于复查超声波检测法发现的缺陷，以进一步确定缺陷的性质并为缺陷修复提供依据。但是，板厚大的工件的裂纹检出率通常较低，有时需要通过改变透射角度来发现缺陷。

（4）声发射检测法。

声发射技术用于检测压力容器中可能存在的活动缺陷，也可以用于评估已知缺陷的活动性。其特征是在检测过程中必须装载压力容器。常用的加载方法是在压力容器停止后进行水压或气压测试，或者可以直接加载工作介质。对于活动缺陷，使用多个声发射传感器对装载期间的压力容器外壳进行整体监控，以找到活动声发射源，然后通过活动声发射源检测表面缺陷和内部缺陷，以消除干扰源并找到压力容器上的缺陷。如果在整个加载过程中缺陷位置没有生成声发射定位源，则认为缺陷是不活动的；如果产生大量声发射定位源信号，则认为已知缺陷是活跃的。有时，在使用声发射技术检测大型压力容器上的可疑部分之后，还应该使用超声波测试技术和 TOFD 测试进行重新检查，以确定缺陷的性质和大小。

（5）涡流检测法。

对于使用中的压力容器，主要使用涡流检测法来检测换热管的腐蚀状态和焊缝表面的裂纹。非铁磁换热管采用常规涡流检测法，铁磁换热管采用远场涡流检测法，采用内部直通探头均匀检测穿孔、蚀坑、壁厚。涡流检测法用于快速检测焊缝，然后对可疑零件进行磁粉或渗透检查，以确定表面裂纹的具体位置和大小。

（6）磁记忆检测法。

磁记忆检测法是通过测量构件磁化状态来推断其应力集中区的一种无损检测方法，其本质是漏磁检测方法。压力容器在运行过程中受介质、压力和温度等因素的影响，易在应力集中较严重的部位产生应力腐蚀开裂、疲劳开裂和诱发裂纹，在高温设备上还容易产生蠕变损伤。磁记忆检测法用于发现压力容器存在的高应力集中部位，采用磁记忆检测仪对压力容器焊缝进行快速扫查，从而发现焊缝上存在的应力峰值部位，然后对这些部位进行表面磁粉检测、内部超声检测、硬度测试或金相组织分析，以发现可能存在的表面裂纹、内部裂纹或材料微观损伤。

（四）加强压力容器检测方法的措施

1. 提升自身质量

想要确保压力容器自身的质量，检测人员应不断提升其产品的安全，并对其质量进行具体的检验。压力容器的基本质量是影响检测结果的主要因素之一。所以，检测人员要从源头分析入手，确保容器质量水平。首先，在选购压力容器时，要选择专业性的供应商，要对其资质和信誉，以及产品自身质量和性能等进行比对，还应对其提供的设备进行相应的性能检查，确保压力容器自身质量可以满足相应的质量要求，且符合人们的需求。同时还应对容器零部件和密闭性等环节就进行控制，确保其在应用过程不会因为自身质量出现安全问题。

2. 电磁辐射、异常物质问题的控制

首先，有效控制电磁辐射。想要解决该类问题，有关检测人员应从源头分析，对压力容器自身存在的漏电问题，以及雷电天气带来的影响进行及时的处理，并满足电磁辐射控制工作检验目标。从有关设备漏电现象分析角度来看，检测人员要对压力容器周围的设备进行相应的检修，如果发生漏电现象，应及时进行处理。其次，检测人员还需要在设备内部安装相应的防漏电装置，有效降低容器内部漏电问题给整个生产运行造成的不良影响。最后，实际的质量检测过程中，检测人员还应利用绝缘和防辐射工具进行电磁辐射的控制，从而避免检测人员因自身问题导致的检测失败。此外，在异常物质问题控制过程中，应及时分析该类物质带来的问题，采取合理的措施，控制异常物质给检测人员自身安全带来的危害。在具体的检测环节，检测人员要提前做好预防工作，了解自身防护技能，对压力容器内部所存在的一切物质，采取合理的方式进行清理。

3.增强压力容器检测人员的综合能力

首先，在对压力容器进行检测前，要对检测人员进行相应的培训，待其合格之后，才能对压力容器进行检验。要定期对有关检测人员进行再教育工作，使其了解检测工作的专业知识，并培养其综合素质。其次，要规范压力容器检测的基本流程，从根本上规范有关人员的操作技能和行为，并对其行为进行一定的约束，从而满足压力容器检测工作的可控性和标准性，以有效控制最终的检测结果。最后，要强化有关检测人员的职业道德，规范其教育工作，提升检测工作人员的责任意识，端正其工作态度，降低人为因素给压力容器设备检测工作带来的不良影响。

4.提高安全评定标准

以目前所掌握的情况来看，低温压力容器的安全评定工作，必须不断进行革新，针对既往的一些问题和错误，一定要妥善解决。对低温压力容器的安全评定，要从长远的角度来完成，总是按照最低标准来评定，很容易造成严重隐患，要逐步过渡到中高级评定标准，这样才能不断夯实安全评定的依据。安全评定要对内部的隐患和不足及时发现、解决。低温压力容器的工作压力是比较大的，而且对于产品的影响，对于生产线的改进，都具有很大的作用，这就要求相关单位在日后的安全评定方面，必须按照谨慎的原则来实施。

5.落实定期检验制度

加强定期检验可以在容器的正常使用年限内，降低安全事故的发生概率，同时还利于排除检验中的误差。对于压力容器的使用单位，应该对定期检验工作进行合理安排，比如设置专门的特种装备检验部门，按照计划对压力容器进行定期检验，从而及时发现和处理压力容器的运行隐患。定期检验制度的落实对检验误差的控制也具有积极意义，按照计划进行定期检验可增高检测频率，而高频率的检验对预防控制技术误差和排除潜在使用风险意义重大，同时对促进压力容器使用及维护也具有显著效果。压力容器的定期检验是根据压力容器的使用状况，由使用单位自行安排，包括月度检查、年度检查。使用单位应当在压力容器定期检验限期届满的 1 个月以前，向特种设备检验机构提出定期检验申请，并且做好定期检验相关的准备工作。

第三节　压力容器使用管理

一、压力容器使用维修检验

（一）压力容器维修检验周期

压力容器都有固定的检验周期，这个周期一般情况下都是根据容器的技术情况、使用情况等综合决定的。内外部检查指的是容器在正常使用过程中所进行的检查，一般情况下每年检查一次。内外部检查的检查方式指的是在容器非工作情况下所进行的检查，检查周期需要根据容器的安全指数来确定。安全级别在 1 级或 2 级的容器，每六年检查一次；安全级别在 3 级或者 4 级的容器，每三年检查一次。耐压试验时，压力容器需要处于停机状态，然后由相关检查者在压力容器最高工作压力下进行液压试验或者气压试验，这样做对于提升压力容器的质量有一定的积极作用。

（二）压力容器维修检验内容

之所以会对压力容器进行一系列维修检验，主要是希望能够确保容器在工作状态下具有可靠的安全性。在对容器进行维修时，首先应该关注结构的维修检查，查验压力容器的筒体是否正确连接着封头、容器的入孔是否符合标准、容器的焊缝是否合理等。了解上述问题后，还要检查压力容器的几何尺寸，特别要注意检查容易发生变化的位置，防止因尺寸不合理而发生安全事件。检查人员还要关注容器表面的损伤，如压力容器表面的腐蚀情况、破损程度等。最后要注意的是容器壁厚的检查，特别是液体波动较为频繁的位置，这些位置大多都比较薄弱，如果需要检查，一般都选择这些位置。

（三）压力容器维修检验方式

对压力容器的维修情况，目前主要用到两种检验方式。第一种是整理分析以往的维修数据，使之作为维修检验的主要参照标准，对压力容器进行全面细致的检查，通过数据对比找到容器的问题所在，进而采取针对性的解决措施，尽可能延长容器的使用寿命，力求压力容器能够尽快投入正常使用的状态。这种检验方式在我国应用较为广泛，但是该方式具有一定的缺陷，它对维修检验人员的经验能力有着严格的要求，此外还非常容易造成资源浪费。第二种是观察设备仪器使用是否正常，这种方式对维修检验人员的观察分析能力有着较高的要求，工作人员需要进行长期的观察、分析、研究总结，才能慢慢掌握其中的规律，熟练运用这种方式。由于这种方式需要在前期进行研究结果的积累并投入较多的资金，因而这种方式与第一种方式相比，在应用范围上并不占据优势。

（四）压力容器维修检验质量控制

压力容器的维修与质量控制具有一定的连续性，压力容器的正常使用与定期维修都需要依靠质量控制来实现。以压力容器的制造材料为例，我国在选择压力容器的材料时，大多都会选取耐腐蚀、耐高温的材料。站在容器压力控制角度分析，所选用的制造材料必须能够抵抗长时间的冷热交替，如果容器受热胀冷缩的影响较大，则会对其使用效果产生较为不利的影响。

二、压力容器使用过程中容易出现的问题

（一）压力容器比较容易在使用过程中出现被腐蚀的问题

一方面，压力容器比较容易在使用过程当中出现被腐蚀的情况，这与压力容器适用的行业类型是分不开的。如上文所述，压力容器比较多地应用在石油、化工等行业当中。而石油、化工等行业需要进行盛装的气体、液体往往有一定的腐蚀性，这是压力容器比较容易受到腐蚀问题影响的原因之一。另一方面，由于压力容器始终受到一定的压力作用，因此在长期的使用过程当中，液体或气体的压力对于压力容器也比较容易产生物理特性上的改变。这种物理特性上的改变加上具有腐蚀作用的气体或液体两方面的共同作用，导致压力容器在使用过程当中更加容易出现设备物理性能上的变化。在压力容器本身盛装具有腐蚀性的气体或液体的情况下，一般普遍地将压力容器物理性能上的变化归结于气体或液体的腐蚀性。

（二）压力容器的疲劳和应力集中问题会增加设备使用的风险

压力容器的疲劳和应力集中问题会导致压力设备使用的风险增加。疲劳和应力集中问题也是压力容器在使用过程当中容易出现的问题。压力容器会出现应力集中，一方面是由于压力容器在制造过程中可能由于工艺水平的不成熟或者制造过程中的疏忽而产生不容易被察觉的表面裂纹。这些裂纹初期往往显得比较细小，在压力容器被装载到石油化工行业的整体生产系统当中后，会随着使用过程慢慢地呈现出不可逆的损伤。产生疲劳裂纹的原因主要是石油化工工业生产体系当中存在的交变载荷工况。为了解决压力容器的应力集中问题，并且尽可能地延长压力容器的使用年限，在当前的压力容器检测过程当中，往往需要采用无损检测技术对容器表面进行检验，这样才能够消除容器表面的裂纹。压力容器制造过程中，下料、合格的焊接工艺评定、合格的焊工施焊、焊后热处理、无损检测都可以减少压力容器的应力集中问题，有利于压力容器的后续使用以及工业生产。

（三）压力容器容易产生咬边、错边问题

除了上述两项内容之外，压力容器本身在制造过程当中也比较容易产生咬边和错边等焊接问题，这也是压力容器面临的比较普遍的问题。咬边问题是指由于焊接参数选择不当或者焊接操作方法不科学，导致母材部位产生凹陷或者沟槽。咬边和错边等问题，都是由焊接过程当中的不规范操作而导致的。在压力容器参与具体的工业生产过程当中时，这种看似对于外观产生较小影响的焊接问题，会导致压力容器在使用过程当中产生应力集中，导致压力容器内部的气体或液体对于压力容器造成的压力分布不均匀。而压力分布不均匀的问题，恰恰是导致压力容器产生缺陷的最主要原因。这种不均衡的压力分配，会导致在咬边或错边处产生应力集中，使得此类焊接不均匀的部分更加容易因为内部压力而出现破坏，并且严重降低压力容器的使用安全性。不合格的焊接工作会把潜在的安全风险逐渐转嫁到工业生产过程当中，成为巨大的安全隐患。

三、加强压力容器使用维修检验的措施

（一）针对不同使用环境的压力容器确定合理的检验周期

在机械制造过程当中，压力容器的制造仍然存在着一定的进步空间，这是我们当前的客观情况。为了增加压力容器使用寿命，检测人员需要着眼于压力容器在使用过程当中容易出现的问题，设定一定的设备检验周期。针对不同工作环境的压力容器，检测人员需要确定合理的检验周期，充分认识和分析不同层级的压力容器面临的使用环境，确定合理的检验周期。确定合理的检验周期能够提高检测人员对压力容器的安全性的认知，并且将压力容器的质量检验工作实现标准化，从而降低压力容器在使用过程中发生故障的可能性。

（二）预先制定压力容器维修和安全管理的方案以应对突发情况

涉及压力容器的行业，主要是我国国民经济中一些比较关键的行业，比如石油行业、化工行业等。这些行业都是我国国民经济的重要组成部分，比一般的行业面临着更大的危险性。在这样的情况下，检测人员还需要预先制定压力容器维修检验工作的方案和安全管理的方案来应对突发情况，避免因为压力容器的问题影响工业生产。石油、化工等行业的生产设备系统是一套相当复杂的生产系统，其中包含的压力容器数量以及其他零件的数量也是多不胜数。因此，无法通过检验工作来完全保证压力容器在这些行业的生产过程当中不发生事故和意外情况。检测人员需要制定维修检验和安全管理的相应应急方案，以便在面对突发情况时能准确地抓住事故重点进行处理，尽可能地保障工人的生命财产安全和其他工业设备不受压力容器意外情况的影响。这样，一来可以使企业在面对突发情况时减少人民群众的生命财产损失，二来可以使企业能够通过科学的安全管理工作来尽快地控制由于压力容器异常而产生的工业事故，避免对整体的生产流程和生产系统内的其他机械设备产生影响，从而遭受更大的损失。

（三）利用工业互联网信息技术加强对于压力容器的风险预警能力

为了全面地对压力容器进行科学的维修检验和安全管理，检测人员还可以利用当代先进的互联网信息技术来实现对于工业生产过程的控制，提高对于压力容器的风险预警能力。工业互联网自动化控制系统是当前时代背景下不断发展的一项先进的系统，工业互联网自动化控制系统与传统的控制系统相比，能够将生产过程中的数据传上云端，通过工业互联网的巨大的信息集成处理能力来实现对于生产环节当中的各个环节的实时监控，从而降低工业生产过程当中产生意外事故的概率，甚至可以对未曾发生的意外情况进行预警，这得益于当前工业互联网信息技术和工业生产的深度融合。同样，利用工业互联网信息技术与我们的石油、化工行业的生产工作的融合，能够使检测人员在生产过程中实时地对压力容器运行过程中压力、温度、液位等信息有更加全面的监督，甚至以数据的形式实时地展示压力容器本身的物理性质，从而避免压力容器因为维修检验工作不及时或者安全管理工作不到位而产生突发性的损坏。

四、压力容器使用安全管理措施

（一）压力容器安全管理

压力容器的安全管理是完善现代工业生产技术应用的必然结果，必须加强对容器的日常安全控制力度。压力容器在现代工业当中具有广泛的应用，因此必须重视对其的安全管控，首先要做的就是明确容器的检验周期。维修检验人员需要每天对压力容器进行日常检查，如果发现问题需要及时上报并在最短的时间内进行解决。除了每天的常规检查以外，一个星期还要进行两到三次的全面性安全检查，如果在检查过程中发现设备腐蚀情况较为严重，需要及时进行处理，保障压力容器使用的正向循环。其次，压力容器的安全管控也需要与时俱进，合理地与设备管理措施进行科学结合。二者的有效结合可以在很大程度上消除一些经常出现的安全问题，并且对于压力容器的使用数量也能进行恰当的安排。定期检测容器的质量、对容器进行合理的安全管控，双管齐下才能提升压力容器的安全管理效率。如果容器一旦出现安全隐患，需要快速拿出可行性应急方案，尽最大可能减少生命财产的损失。

（二）压力容器安全控制人员管理

强大的管理人员队伍是压力容器安全管理的重要内容。由于压力容器的数量日渐增多，安全隐患也在进一步加大，为了避免这一情况发生，相关企业应该重视对安全管理人员的培训工作，从安全管控人员做起，提升安全意识，强化责任感。为了这一目标，企业可以根据现存的安全管理问题对安全管控人员进行针对性培训，在检验技术与现代科技完美融合的前提下，帮助检验人员完善自我水平。

（三）健全事故安全处理制度

压力容器的安全隐患不容忽视，一旦发生爆炸事件，不仅会对正常的工业生产造成一定的不利影响，还有可能造成严重的人员伤亡。如果不能在最短的时间内妥善处理安全事件，除了会影响企业在社会上的公信力以外，对于企业长久发展也是一大阻碍。因此，相关企业需要认识到事故处理制度的重要性，建立健全相关规章制度，完善从事故调查到工作恢复各流程的详细步骤，力争将损失以及影响降到最低。

（四）完善压力容器管理档案

维修检验人员每完成一次维修检验，都要将其相关数据进行记录，并归入对应的档案，对于容器每次使用所产生的数据也要进行整理记录，这对于档案管理者而言具有一定的要求，档案管理人员需要具备一定的专业素质，合理运用档案信息为压力容器的正常使用提供帮助。

（五）提高压力容器维修管理安全性

在压力容器维系管理中，为了使其安全性有所保障，我们需要严格遵守以下几点：

（1）了解相关维修管理规范并严格遵守，对于维修过程进行详细记录，确保所有步骤都合乎规范。

（2）定期对压力容器进行检测，根据具体使用情况制定针对性的检测方案，加强容器的维修力度。

（3）维修时需要考虑到容器自身的制造材料是否会与维修介质产生冲突，这是保证维修效果的一大关键。

（4）压力容器在正常工作时，需要每隔一段时间进行一次质量检测，这样有利于保证容器的质量安全不受影响。

（六）科学优化检验方式

无损检测是对工业设备进行检测的常用方法，在对压力容器进行无损检测的时候，首先应当选择具备专业资质的检验人员，提高检验工作的专业性与有效性。其次，检验人员还需要参考设计图纸开展无损检测，对其中涉及的参数进行检查，保障检验过程的公开性，提高检验工作的效率。最后，一旦无损检测中发现了存在质量问题的压力容器，技术人员应当根据质量检测规范流程出具返修通知单，及时进行返修处理，防止影响之后的工业生产活动。当前大多数压力容器都对压力以及温度要求比较高，其工作环境往往是高压高温的，对于压力容器的耐压性能以及密封性能要求较高。要想保障压力容器的基本性能，技术人员还需要对其进行耐压检测。首先，技术人员应当选择符合规定的场所开展检测工作，并确保待检测压力容器各部位连接完好。其次，考虑到压力设备不同部位的应力不同，因此在实际的检测过程中应该控制施压的间隔，避免出现连续施压的情况，一旦出现渗漏现象则应该及时进行泄压处理。

五、压力容器安全评价方法

（一）定期检验安全评价方法

在日常压力容器检验中，根据检验结果可做出三种检验结论，即符合要求、基本符合要求以及不符合要求三种。检测人员在压力容器定期检验完成后汇总各分项检验结果，将分项中最低等级作为安全状况等级评定结果。但在实际检验过程中，针对评价对象缺陷超出现有规程安全范围的情况，应当依据现有规程进行修理，修理完成后经检验合格继续使用，整个过程需要耗费较长的时间，且极易受现场环境的制约，给使用单位带来巨大的损失，因此，使用单位应定期检验安全评价方法。

（二）优化监督检验环节

接受检验的单位应指定技术负责人，在压力容器制造以前，将相关图纸及技术资料按照有关监督检验标准的要求，向监督检验人员进报备审查。压力容器监督检验人员根据容器的相关设计技术资料要求及有关计划实施监督检验，对于检验发现的问题应及时告知受检单位，并限期整改，对监督检验合格的压力容器应及时出具监督检验报告。一般情况下，压力容器的失效来源于两方面，即监督检验环节遗留和使用过程生成。压力容器监督检验人员应根据压力容器的类别，不断优化压力容器的监督检验环节。压力容器在使用过程中将会面临各种复杂的环境、介质与运行工况，可能会出现不同原因、模式的损伤。尤其在制造时已经造成的缺陷，在使用过程中会继续发展，产生更为严重的损伤。

第三章　压力管道

第一节　压力管道基础

一、行业规定

自从中国颁发《压力管道安全管理与监察规定》以后，"压力管道"便成为受监察管道的专用名词。《压力管道安全管理与监察规定》第二条，将压力管道定义为："在生产、生活中使用的可能引起燃爆或中毒等危险性较大的特种设备"。

《特种设备安全监察条例》明确规定：压力管道和锅炉、压力容器、起重机械并列为不安全因素较多的特种设备。

压力管道，是指利用一定的压力，用于输送气体或者液体的管状设备，其范围规定为最高工作压力 ≥ 0.1MPa（表压），介质为气体、液化气体、蒸汽或者可燃、易爆、有毒、有腐蚀性、最高工作温度高于或者等于标准沸点的液体，且公称直径 ≥ 50mm 的管道。公称直径 < 150mm，且其最高工作压力 < 1.6MPa（表压）的输送无毒、不可燃、无腐蚀性气体的管道和设备本体所属管道除外。

二、管道特点

第一，压力管道是一个系统，相互关联相互影响，牵一发而动全身。

第二，压力管道长径比很大，极易失稳，受力情况比压力容器更复杂。压力管道内流体流动状态复杂，缓冲余地小，工作条件变化频率比压力容器高（如高温、高压、低温、低压、位移变形、风、雪、地震等都有可能影响压力管道受力情况）。

第三，管道组成件和管道支承件的种类繁多，各种材料各有特点和具体技术要求，材料选用复杂。

第四，管道上的可能泄漏点多于压力容器，仅一个阀门通常就有五处可能泄漏点。

第五，压力管道种类多，数量大，设计、制造、安装、检验、应用管理环节多，与压力容器大不相同。

三、级别划分标准

真空管道：P < 0MPa

低压管道：0 ≤ P ≤ 1.6MPa

中压管道：1.6 < P ≤ 10MPa

高压管道：10 < P ≤ 100MPa

超高压管道：P > 100MPa

四、管道级别

压力管道设计、安装许可参数级别见表 3-1。

表 3-1　压力管道设计、安装许可参数级别

许可级别	许可范围	备注
GA1	1. 设计压力 ≥ 4.0MPa（表压，下同）的长输输气管道； 2. 设计压力 ≥ 6.3MPa 的长输输油管道	GA1 级覆盖 GA2 级
GA2	GA1 级以外的长输管道	—
GB1	燃气管道	—
GB2	热力管道	—
GC1	1. 输送《危险化学品目录》中规定的毒性程度为急性毒性类别 1 介质、急性毒性类别 2 气体介质和工作温度高于其标准沸点的急性毒性类别 2 液体介质的工艺管道； 2. 输送《石油化工企业设计防火规范》《建筑设计防火规范》中规定的火灾危险性为甲、乙类可燃气体或者甲类可燃液体（包括液化烃），并且设计压力 ≥ 4.0MPa 的工艺管道； 3. 输送流体介质，并且设计压力 ≥ 10.0MPa，或者设计压力 ≥ 4.0MPa 且设计温度 ≥ 400℃的工艺管道	GC1 级、GCD 级覆盖 GC2 级
GC2	1.GC1 级以外的工艺管道； 2. 制冷管道	—
GCD	动力管道	—

新旧生产单位许可项目对应表见表3-2。

表3-2　新旧生产单位许可项目对应表

许可种类	原许可级别	新许可级别
压力管道设计	GA1（1）或 GA1（2）	GA1
	GA2	GA2
	GB1	GB1
	GB2	GB2
	GC1（1）、GC1（2）或 GC1（3）	GC1
	GC2	GC2
	GD1	GCD
压力管道安装	GA1 甲	GA1
	GA2	GA2
	GB1	GB1
	GB2（1）	GB2
	GC1	GC1
	GC2	GC2
	GD1	GCD

五、检测标准

对压力管道的检验检测工作包括外观检验、测厚、无损检测、硬度测定、金相检测、耐压试验等。而磁粉检测则是无损检测中一种经常使用的方法。磁粉检测的效果不仅与施加磁场强度的大小有关，还与缺陷的方向，缺陷的深宽比，缺陷的形状，工件的外形、尺寸和表面状态及可能产生缺陷的部位有关。因此存在多种磁化方法。

第二节　压力管道安全监察

一、压力管道安全监察

（一）压力管道现场安全监察

压力管道现场安全监察主要依据《特种设备现场安全监督检查规则》（2015年第5号），其适用于国家市场监督管理总局和省以下各级负责特种设备安全监督管理的部门（以下简称监管部门）对压力管道生产（含设计、制造、安装、改造、修理）、经营（含销售、出租、进口）和使用单位实施的安全监督检查。但不适用于许可实施机关对取得生产许可单位开展的监督抽查，以及特种设备事故调查处理工作。

压力管道现场安全监督检查分为日常监督检查和专项监督检查。

日常监督检查，是指按照《特种设备现场安全监督检查规则》规定的检查计划、检查项目、检查内容，对被检查单位实施的监督检查。

专项监督检查，是指根据各级人民政府及其所属有关部门的统一部署，或由各级监管部门组织的，针对具体情况，在规定的时间内，对被检查单位的特定设备或项目实施的监督检查。实施压力管道现场安全监督检查时，应当有 2 名以上持有特种设备安全行政执法证件的人员参加；根据需要，可以邀请有关技术人员参与检查（统称检查人员），检查人员将检查中发现的主要问题、处理措施等信息汇总后，应填写特种设备现场安全监督检查记录，如发现存在违反《中华人民共和国特种设备安全法》和《特种设备安全监察条例》规定和安全技术规范要求的行为或者压力管道存在事故隐患时，应下达特种设备现场安全监察指令书，责令立即或者限期采取必要措施予以改正，消除事故隐患。

（二）对压力管道设计单位的监察

检查设计单位的设计许可证是否在有效期内，是否超范围设计，法定代表人、名称、产权、设计场地发生变更是否按规定及时办理变更手续。

目前压力管道设计许可的各许可项目与许可实施机关的规定包括以下三项。

①由国家市场监督管理总局实施的子项目：长输管道（GA1、GA2）。

②由国家市场监督管理总局授权省级市场监督部门或者由省级市场监督部门实施的子项目：公用管道（GB1、GB2）、工业管道（GC1、GC2、GC3）。

③抽查设计图样审批手续是否符合要求。设计人员分为设计、校核、审核、审定 4 类人员，其中从事压力管道设计审核和审定的人员，不再需要取得相应的资格证。

（三）对压力管道元件制造单位的监察

检查制造单位的制造许可证是否在有效期内，是否超范围制造，法定代表人、名称、产权、制造场地发生变更是否按规定及时办理变更手续；检查制造单位相关安全管理、检测人员、专业技术人员是否按规定具有资格证件，是否有效；抽查制造档案是否建立，抽查产品生产过程资料是否保存完整，是否附有质量合格证明等相关文件和资料；检查型式试验、监督检验资料是否齐全。

目前对压力管道元件制造许可的各许可项目与许可实施机关的规定包括以下几项:

1. 由国家市场监督管理总局实施的子项目

（1）压力管道管子（A）。

①公称直径≥150mm且公称压力≥10MPa,用于压力管道的无缝钢管;②公称直径≥800mm,用于输送石油天然气的焊接钢管;③公称直径≥450mm,用于输送燃气的聚乙烯管。

（2）压力管道阀门（A1、A2）。

A1:公称压力≥10MPa且公称直径≥300mm的金属阀门;A2:公称压力>4.0MPa且设计温度≤-101℃的金属阀门。

（3）境外制造的压力管道元件（压力管道管子、压力管道阀门）,境外制造许可参数级别与境内相同。

2. 由国家市场监督管理总局授权省级市场监督管理部门实施的子项目

（1）压力管道管子(B):除A级以外的其他无缝钢管、焊接钢管、聚乙烯管;非金属材料管中的其他非金属材料管。

（2）压力管道阀门（B）:公称压力>4.0MPa且公称直径≥50mm的其他金属阀门。

（3）压力管道管件[无缝管件（B1、B2）、有缝管件（B1、B2）、锻制管件、聚乙烯管件]。B1:公称直径≥300mm且标准抗拉强度下限值>540MPa的无缝管件、标准抗拉强度下限值>540MPa的有缝管件;B2:其他无缝管件、有缝管件。

（4）压力管道法兰（钢制锻造法兰）。

（5）补偿器[金属波纹膨胀节（B1:公称压力≥4.0MPa且公称直径≥500mm的金属波纹膨胀节;B2:其他金属波纹膨胀节）]。

（6）元件组合装置（许可产品范围按相关安全技术规范的规定确定）。

（四）对压力管道安装、改造、维修的监察

检查压力管道安装、改造、维修单位的许可证是否在有效期内,是否超范围安装,法定代表人、名称、产权发生变更是否按规定及时办理变更手续。检查压力管道安装、改造、维修的施工单位是否在施工前将拟进行的压力管道安装、改造、维修情况书面告知。安装单位应当在压力管道安装施工（含试安装）前履行告知手续。承担跨省长输管道安装的安装单位，应当向国家市场监督管理总局履行告知手续；承担省内跨市长输管道安装的安装单位，应当向省级市场监督部门履行告知手续；其他压力管道的安装单位，应当向设区的市级市场监督管理部门履行告知手续。告知应当采用书面告知的方式，特种设备安全监察机构负责接受告知后方可施工。

检查施工单位相关安全管理、检测人员、专业技术人员是否满足施工要求，要求持证的应具有资格证件，且在有效期内。

检查施工单位的施工设备是否满足施工要求。

检查施工过程是否符合技术规范要求。

检查施工档案是否建立，抽查施工过程资料是否保存完整，是否附有质量合格证明等相关文件和资料。

检查施工竣工后是否移交相关技术资料。

安装、改造和重大修理的压力管道按照《压力管道监督检验规则》（TSGD7006—2020）实施监督检验，其中改造或者重大修理（应急抢修的管道施工过程除外）是指一次性更换相同介质的管道总长度 > 100m 的过程。

压力管道改造，是指改变管道规格、材质、结构布置或者改变管道介质、压力、温度等工作参数，致使管道性能参数或者管道结构发生变化的活动。压力管道重大修理，是指对管道采用焊接方法更换管段以及阀门、管子矫形、受压部件焊补、带压密封和带压封堵等。

（五）对压力管道使用的监察

检查使用单位是否设置安全管理机构或配备专兼职管理人员，是否按规定建立安全管理制度和岗位安全责任制度，是否制定事故应急专项预案并有演练记录。检查使用单位是否建立压力管道档案，档案是否齐全，保管是否良好，是否按规定进行日常维护并有记录，是否有运行、检修和日常巡检记录。检查使用单位安全管理人员是否按规定持有有效证件。

1. 年度检查

年度检查是指使用单位在管道运行条件下，对管道是否有影响安全运行的异常情况进行检查，每年至少进行 1 次。使用单位应当制定年度检查管理制度。年度检查工作可以由使用单位安全管理人员组织经过专业培训的人员进行，也可以委托具有工业管道定期检验资质的检验机构进行。使用单位自行实施年度检查时，应当配备必要的检验器具、设备。使用单位未安排年度检查的，检验机构应当适当缩短定期检验周期。

2. 定期检验

检验程序包括：检验方案制定、检验前的准备、检验实施、缺陷以及问题的处理、检验结果汇总、出具检验报告等。

资质要求：检验机构应当按照核准的检验范围从事压力管道的定期检验工作，检验和检测人员（以下简称检验人员）应当取得相应的特种设备检验人员证书。检验机构应当对压力容器定期检验报告的真实性、准确性、有效性负责。

报检要求：使用单位应当在压力容器定期检验有效期届满的 1 个月以前向检验机构申报定期检验。检验机构接到定期检验申报后，应当在定期检验有效期届满前安排检验。

3. 检验周期

采用内检测、外检测方法进行检验的管道，其检验周期最长不能超过预测的管道剩余寿命的一半，且不宜超过 6 年。采用耐压（压力）试验法进行检验的管道，其检验周期最长不得超过 3 年。

（1）工业管道检验周期。

管道一般在投入使用后 3 年内进行首次定期检验。以后的检验周期由检验机构根据管道安全状况等级，按照以下要求确定：安全状况等级为 1 级、2 级的，GC1、GC2 级管道不超过 6 年检验一次，GC3 级管道不超过 9 年检验一次；安全状况等级为 3 级的，不超过 3 年检验一次，在使用期间，使用单位应当对管道采取有效的监控措施；安全状况等级为 4 级的，使用单位应当对管道缺陷进行处理，否则不得继续使用。

（2）公用管道检验周期。

对 GB1-I 级次高压燃气管道，应当结合全面检验结果和使用评价结果，确定管道下一次全面检验日期，其全面检验周期应当符合相关规定，并且最长不能超过预测的管道剩余寿命的一半。除 GB1-I 级次高压燃气管道外的其他管道，应当结合全面检验结果确定管道下一次全面检验日期，其检验周期不能大于规定。

（3）长输管道检验周期。

首次定期检验应当在管道投用后 3 年内进行，以后的定期检验周期由检验机构确定。

（六）对压力管道检验、检测的监察

检查压力管道检验检测机构、型式试验机构是否在核准的有效期内，是否超核准范围检验检测。压力管道检验检测，包括对压力管道元件制造过程和压力管道安装、改造、重大维修（修理）过程进行的监督检验；对在用压力管道进行的定期检验；对压力管道元件的型式试验；对压力管道元件进行的无损检测等活动。压力管道检验分 7 个核准项目：长输（油气）管道监督检验（DJ1）、定期检验（DD1）；公用管道监督检验（DJ2）、定期检验（DD2）；工业管道监督检验（DJ3）、定期检验（DD3）；管道元件监督检验（DJ4）。

无损检测分 5 个核准项目：常规检测（CG），含射线照相检测（RT）、超声检测（UT）、磁粉检测（MT）、渗透检测（PT）；涡流检测（ECT）；衍射时差法超声检测（TOFD）；漏磁检测（MFL）；声发射检测（AE）。

压力管道元件型式试验分 9 个核准项目：

压力管道用钢管（输送石油、天然气用并且外径≥ 200mm 的钢管），大口径无缝钢管公称直径≥ 200mm，锅炉压力容器、气瓶、低温管道用无缝钢管），核准项目代码 DGX；压力管道用管件及其他元件（有缝管件、无缝管件），核准项目代码 DYX；井口装置和采油树、油管、套管，核准项目代码 DTX；压力管道用非金属管与管件 [聚乙烯（PE）管材与管件、金属增强型 PE 复合管材、PE 原料，聚乙烯（PE）阀门]，核准项目代码 DJX；压力管道用阀门通用阀门（注明结构型式和规格），低温阀门，调压阀，井口装置和采油树用阀门，核准项目代码 DFX；压力管道用膨胀节 [波纹管膨胀节，金属软管，其他型式补偿器（注明结构型式和规格）]，核准项目代码 DBX；压力管道用密封元件，核准项目代码 DMX；压力管道用防腐元件，核准项目代码 DSX；锅炉压力容器压力管道安全附件 [安全阀（注明结构型式和规格），紧急切断阀，爆破片]，核准项目代码 GFX。

检查压力管道检验检测人员是否持证检验，是否超范围检验检测。按照检验检测行业管理的要求，检验检测人员在取得特种设备检验检测人员证后，其执业单位需要向中国特种设备检验协会办理注册手续后，方能合法执业。未经注册的特种设备检验检测人员不能代表其执业单位出具检验检测报告，检验检测人员不能同时在两个及以上机构执业。

压力管道检验人员分为检验员（检验除 GC1 以外的工业管道、公用管道，代号 GD-1/2）、检验师（检验各种管道，代号 GS）。

二、压力容器检测检验

（一）压力容器检测检验的目的

由于压力容器工作环境恶劣，长期在高温高压、低温高压和交变载荷状况下运行，一旦容器存在缺陷，就容易导致爆炸等事故的发生。

压力容器爆炸具有很大的破坏作用，可能导致冲击波，碎片冲击、火灾和毒害。加强压力容器的检验检测的主要目的：发现在用压力容器的缺陷并消除，防止压力容器爆炸事故以及二次事故的发生。

（二）压力容器检测检验的内容

压力容器的检验工作多数是在容器制造过程中分阶段进行的。压力容器在投产使用一段时间后必须定期进行检验，以确定其能否继续安全使用。对在用压力容器进行定期检验时，常借助无损探伤手段检查裂纹。

在检验前的资料审查中，检验人员根据各类容器给定的工作参数、结构特点、运行及修理情况，制定检验方案，把握检验重点，才能有效地控制安全质量。

1. 根据容器服役时间确定检验内容

压力容器都有设计寿命，由于压力容器在运行期间启停频繁，长期工作，容易导致疲劳失效。任何事物的变化都存在一个量变到质变的过程，容器失效也是如此，失效前必然有一个塑性变形的过程。因此，检验人员将变形的观察与测量作为检验工作的重点，并设置监控点。如对筒体直线度、圆度的监控，该项工作在首次检验即纳入检验方案。对压力容器设定检测基准，特别是大型容器更有必要，该类容器容量大，破坏力强，一旦发现有微量变形，就要采取监控手段，如采取缩短检验周期、定期检查、定点硬度测试等。

2. 根据容器结构确定检验内容

压力容器结构千变万化，结构不连续的地方，始终是检验的重点。封头与筒体连接部位、开孔部、胀焊部、搭接部位、角接部位、不等壁厚部位等，这些部位应力比较集中，长期运行，容易发生疲劳失效，出现裂纹，是检验过程中的重点，特别是长期处于交变载荷环境下工作和启停频繁的容器，更要高度重视。对运行6年以上的容器，要考虑对结构不连续的部位进行表面探伤抽查，及时发现问题并及时处理，以杜绝恶性事故的发生。

3. 根据容器高温工作特点确定检验内容

所谓高温是指工作温度在350℃以上。受力作用的钢材在高温条件下不断塑性变形的现象称为"蠕变"现象。碳钢在350℃以上就会出现较明显的蠕变现象。在高温条件下工作的压力容器一般都是由合金材料组成，通过加入铬、钒、铌等元素来提高其性能及抵抗蠕变的能力。根据蠕变机理："在力的作用下，金属由于塑性变形而强化了；在高温作用下，又软化了；已软化的金属在力的作用下，又产生塑性变形，金属再度变强……这样交替地发展下去，即构成了力及高温作用下金属不断塑性变形的蠕变现象。"对于此类工作在高温条件下的容器，在首次检验时，就应设定防蠕变观察点，同时加上硬度测试，密切掌握其材料的蠕变动向，有效地防止因蠕变而导致设备的破坏。对于不锈钢容器，虽然其工作温度不是处于高温工作区域，但在焊制过程中，必然有一段时间工作在高温区域。450℃～850℃是不锈钢的敏化区，必然会导致不锈钢存在贫铬区；有晶间腐蚀倾向的介质，容易具备晶间腐蚀的条件。所以，对于不锈钢容器的检查，其重点在热影响区，在检验过程中必须引起高度重视。

4. 根据介质特性确定检验内容

压力容器工作在各种各样的介质中，而不同的介质对容器的腐蚀效果是不同的。年腐蚀速度较小的介质，不是监控的重点，监控的重点对象是那些容易对设备造成电化学腐蚀的介质和造成应力腐蚀的介质。电化学腐蚀是由于不同介质相接触，如果接触的是面，那么就存在均匀腐蚀；如果接触的是点，那么就会出现点蚀或孔蚀，孔蚀容易被忽视。所以，在制定检验方案时，对边角要重视，要在考虑宏观检查的同时，辅助表面探伤检测。应力腐蚀的特点不仅是介质，同时存在高应力。

在用压力容器定期检验过程中，检验的内容是冷却器的加热与冷却侧的传热面；加热器与锅炉的加热用介质（水和水蒸气）和工作介质的传热面处；换热管的胀管部位；钢管与管板或隔板的间隙处；列管式热交换器上管板下面的换热管外壁。对于液氨引起的应力腐蚀，一般发生在液体与气体交界处。

5. 根据容器运行及修理状况确定检验内容

压力容器在运行资料中反映出的问题不容忽视，在资料审查中发现超温超压，就有可能出现以下变形：鼓疤与微裂纹。因此，检验人员在制定检验方案时要考虑表面探伤抽查，及时发现问题，及时消除，预防恶性事故的发生。对修理部位的重点检查在定检后的第一年进行，这也是检验其修理的质量能否满足安全使用的关键。根据设备事故发生率浴盆原理，第一年是事故发生的高峰期，在制定检验方案的时候，就要根据修理的部位来决定其检验内容，找出缺陷，以确保设备运行安全。

三、压力容器检测检验技术

压力容器的种类、结构、类型较多，其设计参数和使用条件各不相同，所盛装的介质可能具有不同的性质，因此，对它们进行检验时，必须采用各种不同的检验方法，才能对压力容器的安全使用性能作出全面、正确的评价。

（一）宏观检查

直观检查和量具检查通常称为宏观检查。宏观检查是对在用压力容器进行内、外部检验常用的检验方法。宏观检查的方法简单易行，可以直接发现和检验容器内、外表面比较明显的缺陷，为进一步利用其他方法作详细的检查提供线索和依据。

1. 直观检查

直观检查是压力容器最基本的检验方法，通常在采用其他检验方法之前进行，是进一步检验的基础。它主要是凭借检验人员的感觉器官，对容器的内、外表面进行检查，以判别其是否有缺陷。

（1）检查内容。直观检查，要求检查容器的本体和受压元件的结构是否合理，压力容器的连接部位、焊缝、胀口、衬里等部位是否存在渗漏，压力容器表面是否存在腐蚀的深坑或斑点、明显的裂纹、磨损的沟槽、凹陷、鼓包等局部变形和过热的痕迹，焊缝是否有表面气孔、弧坑、咬边等缺陷，容器内、外壁的防腐层、保温层、耐火隔热层或衬里等是否完好等。

（2）检查工具。手电筒、5～10倍放大镜、反光镜、内窥镜、约0.5kg的尖头锤子等。

（3）检查方法。

①通常采用肉眼检查。肉眼能够迅速扫视大面积范围，并且能够察觉细微的颜色和结构的变化。

②当被检查的部位比较狭窄（如长度较长的管壳式容器，以及气瓶等），无法直接观察时，可以利用反光镜或内窥镜伸入容器内部进行检查。

③当怀疑设备表面有裂纹时，可用砂布将被检部位打磨干净，然后用含量（质量分数或体积分数）为10%的硝酸酒精溶液将其浸湿，擦净后用放大镜观察。

④对具有手孔或较大接管而人又无法进到内部用肉眼检查的小型设备，可将手从手孔或接管口伸入，触摸内表面，检查内壁是否光滑，有无凹坑、鼓包。

⑤用约0.5kg的尖头锤子进行锤击检查，是过去检查锅炉、压力容器的一种常用的方法。当容器表面有防腐层、保温层、耐火隔热层、衬里或夹套等妨碍检查时，可部分或全部拆除再进行直观检查。直观检查时，往往会在容器表面发现各种形态的缺陷，检验人员应予以综合判断，并分别予以适当地处置。

2. 量具检查

采用简单的工具和量具对直观检查所发现的缺陷进行测量，以确定缺陷的严重程度，是直观检查的补充手段。

（1）检查内容。用量具检查主要是检查设备表面腐蚀的面积和深度，变形程度，沟槽和裂纹的长度，以及设备本体和受压元件的结构尺寸（如管板的平面度等）是否符合要求等。

（2）检查工具。检查工具有直尺、样板、钢卷尺、游标卡尺、塞尺等。

（3）检查方法。

①用拉线或量具检查设备的结构尺寸。例如，用钢卷尺测量筒体的周长，用计算圆周长的公式和筒体的实际壁厚值算出筒体的平均内直径，以求得筒体的内径偏差；测量筒体同一断面的圆度等。

②用直尺、游标卡尺或塞尺检查设备的平面度，或腐蚀、磨损、鼓包的深度（高度）等。

③用预先按受压元件的某部分做成的样板紧靠其表面，检查它们的形状、尺寸是否符合设计要求（如角焊缝的焊脚高度、封头的曲率尺寸等），或测量其变形、腐蚀的程度。

④在器壁发生均匀腐蚀、片状腐蚀或密集斑点腐蚀的部位，目前通常采用超声波测厚仪测量容器的剩余壁厚。

（二）无损检测

在压力容器构件的内部，常常存在着不易发现的缺陷，如焊缝中的未熔合、未焊透、夹渣、气孔、裂纹等。要想知道这些缺陷的位置、大小、性质，对每一台设备进行破坏性检查是不可能的，为此出现了无损探伤法。它是在不损伤被检工件的情况下，利用材料和材料中缺陷所具有的物理特性探查其内部是否存在缺陷的方法。

应用无损检测技术通常是为了达到四个目的：保证产品质量、保障安全使用、改进制造工艺、降低生产成本。

1. 射线检测

（1）射线检测的原理。射线照射在工件上，透射后的射线强度根据物质的种类、厚度和密度而变化，利用射线的照相作用、荧光作用等特性，将这个变化记录在胶片上，经显影后形成底片的黑度变化，根据底片黑度的变化可以了解工件内部结构状态，达到检查出缺陷的目的。

（2）射线检测的特点。通过射线检测，可以获得缺陷直观图像，定性准确，对长度、宽度尺寸的定量也较准确；检测结果有直接记录，可以长期保存；对体积型缺陷（气孔、夹渣类）检出率高，对面积型缺陷（裂纹、未熔合类）如果照相角度不适当容易漏检；适宜检验厚度较薄的工件，不适宜检验较厚的工件；适宜检验对接焊缝，不适宜检验角焊缝以及板材、棒材和锻件等；对缺陷在工件中厚度方向的位置、尺寸（高度）的确定较困难；检测成本高、速度慢；射线对人体有害。

（3）射线的安全防护。射线的安全防护主要是采用时间防护、距离防护和屏蔽防护三大技术。时间防护即尽量缩短人体与射线接触的时间。距离射线源的距离增大2倍，射线的强度会降低3/4。利用这一原理，可以采用机械手、远距射线源操作等方法进行距离防护。另外，还可在人体与射线源之间隔上一层屏蔽物，以阻挡射线，即进行屏蔽防护。

2. 超声波检测

（1）超声波检测的原理。超声波是一种超出人听觉范围的高频率机械振动波。超声波可以分为纵波、横波、表面波等多种波型。当介质中质点的位移与波传播的方向一致时为纵波；质点的位移与波传播的方向垂直时为横波；而表面波只能在工件表面传播。在固体中，各类声波都可以传播；在液体和气体中，只有纵波才可以传播。超声波在同一均匀介质中传播时速度不变，传播方向也不变，如果传播过程中遇到另一种介质，就会发生反射、折射或绕射的现象。制造容器使用的钢材可视为均匀介质，如果内部存在缺陷，则缺陷会使超声波产生反射现象，根据反射波幅的大小、方位，就能判定和检测出缺陷的存在。

（2）超声波检测的特点。超声波检测的特点：对面积型缺陷的检出率较高，而对体积型缺陷检出率较低；适宜检验厚度较大的工件；适用于检测各种试件，包括检测对接焊缝、角焊缝，板材、管材、棒材、锻件以及复合材料等；检验成本低、速度快，检测仪器体积小、重量轻，现场使用方便；检测结果无直接见证记录；对缺陷在工件厚度方向上定位较准确；材质、晶粒度对检测有影响。

3. 磁粉检测

（1）磁粉检测的原理。铁磁性材料被磁化后，其内部会产生很强的磁感应强度，磁力线密度增大几百倍到几千倍，如果材料中存在不连续，磁力线会发生畸变，部分磁力线有可能逸出材料表面，从空间穿过，形成漏磁场。因空气的磁导率远低于零件的磁导率，使磁力线受阻，一部分磁力线挤到缺陷的底部，一部分穿过裂纹，一部分排挤出工件的表面后再进入工件，后两部分磁力线形成磁性较强的漏磁场。如果这时在工件上撒上磁粉，漏磁场就会吸附磁粉，形成与缺陷形状相近的磁粉堆积（这种堆积称为磁痕），从而显示缺陷。当裂纹方向平行于磁力线的传播方向时，磁力线的传播不会受到影响，这时缺陷也不可能检出。

（2）磁粉检测的特点。磁粉检测的特点：适宜铁磁材料探伤，不能用于非铁磁材料；可以检出表面和近表面缺陷，不能用于检测内部缺陷；检测灵敏度很高，可以发现极细小的裂纹以及其他缺陷；检测成本很低，速度快；工件的形状和尺寸有时因难以磁化而对探伤有影响。

4. 渗透检测

（1）渗透检测的原理。零件表面被施涂含有荧光染料或着色染料的渗透液后，在毛细管作用下，经过一定的时间，渗透液可以渗进表面开口的缺陷中；除去零件表面多余渗透液后，再在零件表面施涂显像剂，同样在毛细管的作用下，显像剂将吸引缺陷中保留的渗透液，渗透液渗到显像剂中，在一定的光源下，缺陷中的渗透液痕迹被显示，从而探出缺陷的形貌及分布状态。

（2）渗透检测的特点。渗透检测的特点：除了疏松多孔性材料外任何种类的材料，如钢铁、有色金属、陶瓷和塑料等材料的表面开口缺陷都可用渗透检测；形状复杂的部件也可采用渗透检测，并且一次操作就可大致做到全面检测；同时存在几个方向的缺陷时，用一次操作就可完成检测；形状复杂的缺陷也可容易地观察显示的痕迹；不需大型设备，携带式喷灌着色渗透检测不需水、电，十分方便现场检测；试件表面粗糙度对检测结果影响大，探伤结果往往易受操作人员技术水平影响；可以检测出表面张口的缺陷，但对埋藏缺陷或闭口型的表面缺陷无法检出；检测程序多，速度慢，检测灵敏度较磁粉低；材料较贵，成本高，有些材料易燃、有毒。

5. 涡流检测

（1）涡流检测的原理。在工件中的涡流方向与给试件加交流电磁场的线圈（称为一次线圈或激励线圈）的电流方向相反，而涡流产生的交流磁场又使得激励线圈中的电流增加，假如涡流发生变化，这个增加的部分（反作用电流）也变化，测定这个变化，可得到工件表面的信息。

（2）涡流检测的特点。涡流检测的特点：检测时与工件不接触，所以检测速度很快，易于实现自动化检测；涡流检测不仅可以探伤，而且可以揭示工件尺寸变化和材料特性，如电导率和磁导率的变化，利用这个特点可以综合评价容器消除应力热处理的效果，检测材料的质量以及测量尺寸；受集肤效应的限制，很难发现工件深处的缺陷；缺陷的类型、位置、形状不易估计，需辅以其他无损检测的方法来进行缺陷的定位和定性；不能用于绝缘材料的检测。

6. 声发射探伤法

声发射探伤法是根据容器受力时材料内部发出的应力波判断容器内部结构损伤程度的一种新的无损检测方法。与 X 射线、超声波等常规检测方法不同，声发射技术是一种动态无损检测方法。它能连续监视容器内部缺陷发展的全过程。

7. 磁记忆检测

磁记忆检测原理：处于地磁环境下的铁制工件受工作载荷的作用，其内部会发生具有磁致伸缩性质的磁畴组织定向的和不可逆转的重新取向，并在应力与变形集中区形成最大的漏磁场的变化。这种磁状态的不可逆变化在工作载荷消除后继续保留，通过漏磁场法向分量的测定，可以准确地推断工件的应力集中区。

（三）测厚

厚度测量是压力容器检验中常见的检测项目。由于容器是闭合的壳体，测厚只能从一面进行，所以需要采用特殊的物理方法，最常用的是超声波。

（四）化学成分分析

钢铁材料元素分析的方法有原子发射光谱分析法和化学分析法两种。在用锅炉压力容器检验中进行化学成分分析的目的，主要在于复核和验证材料的元素含量是否符合材料的技术标准，或者在焊接或返修补焊时借此制定焊接工艺，或者用于鉴定在用锅炉压力容器壳体材质在运行一段时间后是否发生变化。

（五）金相检验

金相检验的目的主要是检查设备运行后受温度、介质和应力等因素的影响，其材质的金相组织是否发生了变化，是否存在裂纹、过烧、疏松、夹渣、气孔、未焊透等缺陷。金相检验分为宏观金相检验和微观金相检验，折断面检查是宏观金相检验方法之一。

金相检验可以观察到设备的局部金相组织。对于材料的金相检验，根据有关标准，可以判定钢材脱碳层深度，测定低碳钢的游离渗碳体，亚共析钢的带状组织和魏式组织，以及晶粒度等。对于在用压力容器金相检验结果的判定，目前尚无标准可循，通常可采用与典型缺陷金相图谱对比的方法来进行判定。在用压力容器的断口金相检验，还可以帮助判定腐蚀、断裂的类型，分析造成容器失效的原因。

（六）硬度测试

材料硬度值与强度存在一定的比例关系，材料化学成分中，大多数合金元素都会使材料的硬度升高，其中碳的影响最直接，材料中含碳量越大，其硬度越高。因此，硬度测试有时用来判断材料强度等级或鉴别材质；材料中不同金属组织具有不同的硬度，故通过硬度值可大致了解材料的金相组织，以及材料在加工过程中的组织变化和热处理效果；加工残余应力和焊接残余应力的存在对材料的硬度也会产生影响，加工残余应力和焊接残余应力值越大，硬度越高。

（七）断口分析

断口分析是指人们通过肉眼或使用仪器观察与分析金属材料或金属构件损坏后的断裂截面，来探讨与材料或构件损坏有关的各种问题的一种技术。断口是构件破坏后两个耦合断裂截面的通称。人们通过对断口形态的观察、研究和分析，去寻求断裂的起因、断裂方式、断裂性质、断裂机制、断裂韧性以及裂纹扩展速率等各种断裂基本问题，以使人们正确地判断引起断裂的真实原因究竟是材料质量、构件的制造工艺、构件使用的环境因素，还是构件使用的操作因素。

（八）耐压试验

压力容器的耐压试验即通常所说的液压试验（水压试验）和气压试验，是一种验证性的综合检验，它不仅是产品竣工验收时必须进行的试验项目，也是定期进行容器全面检验的主要检验项目。耐压试验主要用于检验压力容器承受静压强度的能力。

（九）气密性试验

气密性试验又称为致密性试验或泄漏试验，当介质毒性程度为极度、高度危害或设计上不允许有微量泄漏的压力容器，必须进行气密性试验。气密性试验应在液压试验合格后进行。对碳素钢和低合金钢制压力容器，其试验用气体的温度应不低于 5℃，其他材料制压力容器按设计图样规定。气密性试验所用气体，应符合气压试验的规定。压力容器进行气密性试验时，安全附件应安装齐全。

容器致密性的检查方法：在被检查的部位涂（喷）刷肥皂水，检查肥皂水是否鼓泡；检查试验系统和容器上装设的压力表，其指示是否下降；在试验介质中加入体积分数为 1% 的氨气，将被检查部位表面用质量分数为 5% 的硝酸汞溶液浸过的纸带覆盖，如果有不致密的地方，氨气就会透过而使纸带的相应部位形成黑色的痕迹。用此法检查容器致密性较为灵敏、方便；在试验介质中充入氦气，如果有不致密的地方，就可利用氦气检漏仪在被检查部位表面检测出氦气。目前的氦气检漏仪可以发现气体中含有千万分之一的氦气存在，相当于在标准状态下漏氦气率为 1cm³/a，因此，其灵敏度较高。小型容器可浸入水中检查，被检部位在水面下 20～40mm 深处，检查是否有气泡逸出。

（十）爆破试验

爆破试验是对压力容器的设计与制造质量，以及其安全性和经济性进行综合考核的一项破坏性验证试验，通常气瓶在制造过程中须按批进行爆破试验。

（十一）力学性能试验

力学性能试验的目的是检测材料及焊接接头的力学性能。检测方法有拉力试验、弯曲试验、常温和低温冲击试验、压扁试验等。检测的力学性能有比例极限、弹性极限、屈服点、抗拉强度、伸长率、断面收缩率、弯曲、冲击吸收功等。

第三节　压力管道使用安全管理

一、压力管道使用单位应遵守的法律法规和安全管理基本要求

（一）压力管道使用单位应遵守的法律法规

压力管道使用单位应遵守的法律法规包括：《中华人民共和国特种设备安全

法》《中华人民共和国安全生产法》《中华人民共和国石油天然气管道保护法》《中华人民共和国节约能源法》《特种设备安全监察条例》《城镇燃气管理条例》《特种设备作业人员监督管理办法》《特种设备作业人员考核规则》《压力管道安全技术监察规程——工业管道》《特种设备使用管理规则》。不涉及公共安全的个人（家庭）自用的压力管道不属于《特种设备使用管理规则》管辖范围。长输管道、公用管道使用管理的相关规定另行制定。

（二）压力管道使用单位安全管理基本要求

压力管道使用单位承担本单位压力管道的安全的主体责任，负责本单位压力管道的安全工作，保证压力管道的安全使用，对压力管道的安全性能负责。压力管道使用单位安全管理基本要求如下：

（1）使用单位应当建立并且有效实施压力管道安全管理制度和节能管理制度，以及制定压力管道工艺操作规程和岗位操作规程，并明确提出管道的安全操作要求。

（2）使用单位应当采购、使用取得生产许可（含设计、制造、安装、改造、修理），并且经检验合格的压力管道，不得采购超过设计使用年限的管道，禁止使用国家明令淘汰和已经报废的管道及管道元件。

（3）使用单位应当设置压力管道安全管理机构，配备相应的安全管理人员和作业人员，建立人员管理台账，开展安全与节能培训教育，保存人员培训记录。

（4）使用单位应当办理压力管道使用登记，领取特种设备使用登记证，不得无证使用，设备注销时应交回使用登记证。

（5）使用单位应当建立压力管道台账及技术档案。

（6）使用单位应当对压力管道作业人员作业情况进行检查，及时纠正违章作业行为。

（7）使用单位应当对压力管道进行经常性维护保养和定期检查，及时排查和消除事故隐患，对压力管道的安全附件、安全保护装置及其附属仪器仪表进行定期校验（检定、校准）、检修，制订年度定期检验计划及组织实施的方法和在线检验的组织实施方法。在压力管道定期检验合格有效期届满前1个月，使用单位应当向检验检测机构提出定期检验申请，并提供相应技术资料，并且做好相关配合工作。

（8）使用单位应当制定压力管道事故应急专项预案，定期进行应急演练；发生事故时，应当按照《特种设备事故报告和调查处理规定》及时向特种设备安全监管部门报告，配合事故调查处理等。

（9）使用单位应当保证压力管道安全、节能的必要投入。

（10）使用单位在新压力管道投入使用前，应当核对是否具有相关规程要求的安装质量证明文件。

（11）对在用管道的故障、异常情况，使用单位应当查明原因；故障、异常情况和检查、定期检验中发现的安全隐患或缺陷，使用单位应当及时采取措施，消除安全隐患后，方可重新投入使用。

（12）对存在严重安全隐患，不能达到使用要求的管道，使用单位应当及时予以报废。

（13）使用单位应当对停用或者报废的管道采取必要的安全措施。

（三）人员配备

市场监管总局关于特种设备行政许可有关事项的公告（2019年第3号）附件2取消了原规定中压力管道相关的锅炉压力容器压力管道安全管理A3、压力管道巡检维护D1、带压封堵D2、带压密封D3等作业人员证件，增加特种设备安全管理A的作业项目来管理特种设备。压力管道主要责任人包括以下几类：

1. 主要负责人

主要负责人是指压力管道使用单位实际最高管理者，对其单位所使用的压力管道安全负总责。压力管道使用单位的主要负责人是指在本单位的日常生产、经营和使用特种设备的活动中具有决策权的领导人员，包括法定代表人以及其他主要的领导和管理人员。

2. 安全管理负责人

特种设备安全管理负责人是指使用单位最高管理层中主管本单位特种设备使用安全管理的人员。按照本规则要求设置安全管理机构的使用单位安全管理负责人，应当取得相应的特种设备安全管理人员资格证书。

3. 安全管理员

特种设备安全管理员是指具体负责特种设备使用安全管理的人员，特种设备使用单位应当根据本单位特种设备的数量、特性等配备适当数量的安全管理员，使用 10km 以上（含 10km）工业管道应当配备专职安全管理员，并取得相应的特种设备安全管理人员资格证书。此外，使用单位可以配备兼职安全管理员，也可以委托具有特种设备安全管理人员资格的人员负责管理，但是特种设备安全使用的责任主体仍然是使用单位。

（四）安全技术档案、管理制度和操作规程

（1）使用单位应建立压力管道安全技术档案并保存至设备报废。安全技术档案应包括以下内容。

①压力管道使用登记证。

②特种设备使用登记表。

③压力管道设计、安装、改造和修理的方案，管道单线图（轴测图）、材料质量证明书和施工质量证明文件，安装改造修理监督检验报告、验收报告等技术资料。

④压力管道定期自行检查记录（报告）和定期检验报告。

⑤压力管道日常使用状况记录。

⑥压力管道及其附属仪器仪表维护保养记录。

⑦压力管道安全附件和安全保护装置校验、检修、更换记录和有关报告。

⑧压力管道运行故障和事故记录及事故处理报告。

（2）压力管道管理制度应当包括以下内容。

①压力管道安全管理机构（需要设置时）和相关人员岗位职责。

②压力管道经常性维护保养、定期自行检查和有关记录制度。

③压力管道使用登记、定期检验申请实施管理制度。

④压力管道隐患排查治理制度。

⑤压力管道安全管理人员管理和培训制度。

⑥压力管道元件采购、安装、改造、修理、报废等管理制度。

⑦压力管道应急救援管理制度。

⑧压力管道事故报告和处理制度。

（3）使用单位应当根据压力管道的运行特点等，制定相应的操作规程。操作规程一般包括压力管道运行参数、操作程序和方法、维护保养要求、安全注意事项、巡回检查和异常情况处置规定，以及相应记录等。操作规程的主要内容如下。

①操作工艺控制指标，包括最高工作压力、最高或最低操作温度、压力及温度波动控制范围。

②介质成分，尤其是腐蚀性或爆炸极限等介质成分的控制值。

③管道操作方法，包括开、停车的操作程序和有关注意事项。

④运行中需要重点检查的部位和项目。

⑤运行中可能出现的异常现象的判断和处理办法、报告程序和防范措施。

⑥停用时的封存和保养方法。

⑦确保安全附件灵敏可靠的要求等。

（五）维护保养与巡回检查

1.经常性维护保养

使用单位应当根据压力管道特点和使用状况对特种设备进行经常性维护保养，维护保养应当符合有关安全技术规范和产品使用维护保养说明的要求。使用单位应该对发现的异常情况及时处理，并且作出记录，保证在用压力管道始终处于正常使用状态。压力管道维护保养的主要内容有：

（1）经常检查压力管道的防腐措施，保证其完好无损，避免对管道表面不必要的碰撞，保持管道表面的光洁，减少各种电离、化学腐蚀。

（2）对高温管道，在开工升温过程中需对管道法兰连接螺栓进行热紧；对低温管道，在降温过程中需要进行冷态紧固；检查高温管道的保温、低温管道的保冷效果是否良好，有破损的及时修复。

（3）阀门的操作机构要经常除锈上油，定期检查，保证其开关灵活，且无泄漏等情况。

（4）要定期检查紧固螺栓完好状况，做到齐全、不锈蚀、丝扣完整，连接可靠。

（5）压力管道因外界因素产生较大振动时，应采取隔断振源、加强支承等减振措施，发现摩擦等情况应及时采取措施。

（6）静电跨接、接地装置要保持良好、完整，测量电阻值是否符合要求。

（7）停用的压力管道应排除内部的腐蚀性介质，并进行置换、清洗和干燥，必要时做惰性气体保护，外表面应涂刷防腐油漆，防止环境因素腐蚀；对有保温层的管道要注意保温层下的防腐和支座处的防腐。

（8）禁止将管道及支架作电焊的零线和起重工具的锚点、撬抬重物的支撑点。

（9）及时消除各个位置的跑、冒、滴、漏现象。

（10）管道的底部和弯曲处是系统的薄弱环节，这些地方最易发生腐蚀和磨损，因此必须经常对这些部位进行检查，必要时进行壁厚测量，以便在发生某种损坏之前，采取修理和更换措施。

2. 管道运行的巡回检查

为保证压力管道的安全运行，使用单位应当根据压力管道的类别、品种和特性进行巡回检查，制定严格的压力管道巡回检查制度，明确检查人员、检查时间、检查部位、应检查的项目，操作人员和维修人员应该按照各自的责任和要求定期检查路线，完成每个部位、每个项目的检查，并做好巡回检查记录。巡回检查的主要内容有：

（1）压力管道各项工艺操作指标参数、运行情况、系统的平稳情况。

（2）管道接头、阀门及各管件密封情况。

（3）防腐层、保温层是否完好。

（4）管道振动情况。

（5）管道支吊架的紧固、腐蚀和支承情况，管架、基础完好状况。

（6）管道之间、管道与相邻构件的摩擦情况。

（7）阀门等操作机构润滑情况是否良好。

（8）安全阀、压力表、爆破片、紧急切断装置等安全保护装置运行状况。

（9）静电跨接、静电接地、抗腐蚀阴阳极保护装置的运行、完好状况。

（10）有无第三方施工影响管道安全。

（11）管道线路的里程桩、标志桩、转角桩情况是否完好。

（12）其他缺陷等。

3. 应特别加强巡回检查的管道

（1）涉及重要生产流程的压力管道，如加热炉出口、塔底部、反应器底部、高温高压机泵、压缩机的进出口等处的压力管道。

（2）穿越公路、桥梁、铁路、河流、居民点的压力管道。

（3）城市公用管道上违章修筑的建筑物、构筑物和堆放物的压力管道。

（4）输送易燃、易爆、有毒和腐蚀性介质的压力管道。

（5）工作条件苛刻的管道和存在交变载荷的压力管道。

（6）环境敏感区、城乡规划区的压力管道。

（7）军事禁区、飞机场、铁路及汽车客运站、海（河）港码头的压力管道。

（8）高压直流换流站接地极、变电站等强干扰区域的压力管道。

（9）人员密集处的压力管道。

在巡回检查中当遇有下列情况时，应立即采取紧急措施并且按照规定程序向安全管理人员和有关负责人报告，查明原因，并及时采取有效措施，必要时停止管道运行，安排检验、检测，不得带病运行、冒险作业，待故障、异常情况消除后方可继续使用。

（1）介质压力、温度超过材料允许的使用范围且采取措施后仍不见效。

（2）管道及管件发生裂纹、鼓瘪、变形、泄漏或异常振动、声响等。

（3）安全保护装置失效。

（4）发生火灾等事故且直接威胁压力管道的正常安全运行。

（5）发生有毒气体泄漏，直接破坏环境及危及人身安全。

（6）压力管道的阀门及监控装置失灵，危及安全运行。

（六）使用登记

压力管道实行使用登记管理制度，主管单位对符合使用要求的工业管道发放使用登记证。

1. 压力管道使用登记的范围

压力管道需要登记的范围包括：管道与设备焊接连接的第一道环向焊缝；螺纹连接的第一个接头；法兰连接的第一个法兰密封面；专用连接件的第一个密封

面。压力管道使用登记按《特种设备使用管理规则》规定。

（1）压力管道在投入使用前或者投入使用后 30 日内，使用单位应当向特种设备所在地的直辖市或者设区的市的特种设备安全监管部门申请办理使用登记，办理使用登记的直辖市或者设区的市的特种设备安全监管部门，可以委托其下一级特种设备安全监管部门（以下简称登记机关）办理使用登记。

（2）国家明令淘汰或者已经报废的压力管道，不符合安全性能或者能效指标要求的压力管道，不予办理使用登记。

（3）锅炉与用热设备之间的连接管道总长≤1 000m 时，压力管道随锅炉一同办理使用登记，即该锅炉及其相连接的管道可由持有锅炉安装许可证的单位一并进行安装，由具备相应资质的安装监检机构一并实施安装监督检验。管道总长超过 1 000m 时，与锅炉连接的管道必须由持有压力管道安装许可证的单位进行安装，并单独办理压力管道使用登记。包含在压力容器中的撬装式承压设备系统或者机械设备系统可以随压力容器一同办理使用登记。

2. 登记方式

工业管道以使用单位为对象办理使用登记，即一个使用单位发一个使用登记证书。使用单位应当向登记机关提交以下资料，并且对其真实性负责。

（1）使用登记表（一式两份）。

（2）含有使用单位统一社会信用代码的证明。

（3）压力管道应当提供安装监督检验证明，达到定期检验周期的压力管道还应当提供定期检验证明；未进行安装监督检验的，应当提供定期检验证明。

（4）《压力管道基本信息汇总表——工业管道》。

3. 达到设计使用年限的压力管道

压力管道达到设计使用年限后，使用单位认为可以继续使用的，应当按照安全技术规范及相关产品标准的要求，经检验或者安全评估合格，由使用单位安全管理负责人同意、主要负责人批准，办理使用登记变更后，方可继续使用。允许继续使用的，应当采取加强检验、检测和维护保养等措施，确保使用安全。

4. 停用

压力管道拟停用 1 年以上的，使用单位应当采取有效的保护措施，并且设置停用标志，在停用后 30 日内填写特种设备停用报废注销登记表，告知登记机关。压力管道重新启用时，使用单位应当进行自行检查，到使用登记机关办理启用手续；超过定期检验有效期的，应当按照定期检验的有关要求进行检验。

5. 报废

对存在严重事故隐患，无改造、修理价值的压力管道，或者达到安全技术规范规定的报废期限的压力管道，应当及时予以报废，产权单位应当采取必要措施消除该压力管道的事故隐患。压力管道报废时，使用单位应按台（套）登记的特种设备应当办理报废手续，填写特种设备停用报废注销登记表，向登记机关办理报废手续，并且将使用登记证交回登记机关。

6. 长输管道、公用管道使用登记

按原国家质检总局办公厅《关于压力管道气瓶安全监察工作有关问题的通知》（质检办特〔2015〕675 号）的规定，长输管道、公用管道暂停办理使用登记。

7. 压力管道运行和控制

（1）操作压力和温度的控制。

操作压力和操作温度是管道设计、选材、制造和安装的重要依据。只有严格按照压力管道安全操作规程中规定的操作压力和操作温度运行，才能保证管道的使用安全。在运行过程中，操作人员应严格控制工艺指标，加载和卸载的速度不要过快。高温或低温条件下工作的管道，加热或冷却应缓慢进行。管道运行时应尽量避免压力和温度的大幅度波动，尽量减少管道的开停次数。当工业管道操作工况超过设计条件时，应当符合关于允许超压的规定：GC1 级管道压力和温度不得超出设计范围；对同时满足以下第 1 ~ 8 条要求的 GC2 和 GC3 级管道，其压力和温度允许的变动应符合以下 9 条之规定。

① 管道系统中没有铸铁或其他脆性金属材料的管道组成件。

② 由压力产生的管道名义应力应不超过材料在相应温度下的屈服强度。

③ 轴向总应力应符合规定。

④ 管道系统预期寿命内，超过设计条件的压力和温度变化的总次数应不大于 1 000 次。

⑤ 持续和周期性变动不得改变管道系统中所有管道组成件的操作安全性能。

⑥压力变动的上限值不得大于管道系统的试验压力。

⑦温度变动的下限值不得小于规定的材料最低使用温度。

⑧鉴于压力变动超过阀门额定值可能导致阀座的密封失效或操作困难，阀门闭合元件的压力差不宜超过阀门制造商规定的最大额定压力差。

⑨压力超过相应温度下的压力额定值或由压力产生的管道名义应力超过材料许用应力值的幅度和频率应满足下列条件之一。

A. 变动幅度不大于 33%，每次变动时间不超过 10h，且每年累计变动时间不超过 100h。

B. 变动幅度不大于 20%，每次变动时间不超过 50h，且每年累计变动时间不超过 500h。

（2）交变载荷的控制。

在反复交变载荷的作用下，管道将产生疲劳破坏。压力管道的疲劳破坏主要是金属的低周疲劳，其特点是应力较大而交变频率较低。在几何结构不连续的地方和焊缝附近存在应力集中，有的可能达到和超过材料的屈服极限。这些应力如果交变地加载与卸载，将会使受力最大的晶粒产生塑变并逐渐发展为细微的裂纹。随着应力周期变化，裂纹将逐步扩展，最后导致破坏。管道交变应力产生的原因主要有以下几个。

①因间断输送介质而对管道反复地加压和卸压、升温和降温。

②运行中压力波动较大。

③运行中温度发生周期性变化，产生管壁温度应力的反复变化。

④其他设备、支撑带来的交变外力和受迫振动。

为了防止管道的疲劳破坏，尽量避免不必要的频繁加压和卸压，避免过大的压力、温度波动，力求平稳操作。

（3）腐蚀介质含量控制。

在用压力管道对腐蚀介质含量及工况应有严格的工艺指标进行监控。压力管道介质成分的控制是压力管道运行控制的极为重要的内容之一。对于介质超标等违反工艺规程、操作规程的行为，使用单位必须作出明确规定，加以坚决制止。例如：铜管道应控制铵离子含量。

二、压力管道安全检测常见问题

（一）压力管道检测中的常见问题

1. 压力管道连接点问题

压力管道一般长度都非常长，中间需要焊接的地方比较多，在焊接的时候，需要对连接节点进行额外的注意，防止连接处焊接出现问题，从而导致压力管道密闭性出现问题。通过调查了解，压力管道的使用环境非常恶劣，尤其是潮湿环境的影响，对于压力管道会造成重大的影响。一般情况下，对于压力管道的连接处的安全性需要严格把控，在焊接的过程中，连接处的密闭程度要额外注意，尤其是焊接的工艺；要根据施工工艺进行焊接，焊接的过程中，还需要实时涂抹一定的防腐蚀涂料，以提升焊接点的可靠性。另外，在焊接之后，需要对压力管道的密闭性进行测试，确保密闭性符合标准以延长压力管道的使用寿命，从而提升压力管道的安全性。

2. 压力管道的泄漏问题

压力管道在使用的过程中，很容易出现泄漏的问题，产生泄漏的主要原因有三点：一是压力管道在安装和施工的过程，存在一定的纰漏，从而导致压力管道在使用的过程中存在密闭性问题。二是压力管道在使用的过程中受到震动等外力的冲击，在这种情况下，一旦外力冲击大于压力管道所能承受的负荷，就会导致压力管道出现开裂的情况。三是在压力管道焊接处，如果施工工艺出现问题或者操作不当，容易导致管道出现裂缝等安全隐患，在长时间不处理这种情况之后，就会导致裂缝越来越大，最终形成管道的泄漏问题。

3. 运行过程中的噪音和震动

在设备运行的过程中，会出现设备的震动和设备的噪音问题，这在一定范围内属于一个正常行为，因为设备运转时发出的噪音和有规律的震动表示设备处于一个正常的工作状态，说明设备的运行是健康的。但是不正常的噪音和不规律的震动则说明设备处于一个不正常的运行状态，是不健康的状态。所以就要分析其产生的原因：其一，锅炉设备本身存在的一定问题。如设备本身结构性的问题，指的是在设备安装过程中对于旋转部件和静止部件之间所要求的距离比较接近，在设备运行中，两个结构部件相互震动和摩擦，使得噪音出现，导致设备结构的不规格磨损，造成设备的损坏。其二，设备中的结构部件的问题。转轴在设备中属于一个比较精密的结构部件，转轴维持着设备正常运行，如果转轴因为一些安装问题或者放置问题而导致出现不正常倾斜，转轴在转动过程中就会带动整个设备出现偏移和振动。其三，设备进行维修和保养时出现的问题。在设备维修和保养时，需要对设备进行稳定性和平衡性的检测，一旦没有进行稳定性和平衡性的检测，就可能使设备在开始运行时出现不健康的状态，造成设备的效率低下。

4. 压力管道中焊接接头的处理问题

检测压力管道时，焊接部位是检测重点，如果焊接质量出现问题，将会出现漏油、漏化工原料等问题，这不仅会对周围的生态环境造成破坏，还会浪费大量的资源，对企业的经济效益造成不良影响。针对压力管道焊接部位检测，常用的检测技术有硬度检测和外观检查。但是，从实际情况来看，压力管道中存在的部分焊接质量问题仅通过这两种检测方式难以发现。因此，检测人员应该采用射线无损检测技术，完成对焊接部位裂纹、气孔等各项问题的检测。针对焊接接头较为密集的区域，要先考虑修复不合格的焊接接头。需要注意的是，如果焊接部位经过多次返修，仍然出现问题，可以考虑切除焊接接头，对问题部位进行重新焊接。

5. 再热器和过热器的侵蚀

在发电厂锅炉的实际运用中，再热器和过热器常常会因侵蚀问题而出现故障。再热器和过热器长时间在高温环境中工作，虽然它们通常都是用耐高温的材料制成的，但常常因为表层的氧化皮发生破损而出现故障。氯侵蚀会导致压力管道上的膜层出现一些反应，让其失去一定的保护效用。氯侵蚀的主要原因是：水中所含有的氯化物和二氧化硫等物质发生反应，产生具有较强腐蚀性的氯化氢，氯化氢与压力管上的膜层出现反应。

6. 设备在风机方面可能出现的问题

锅炉设备的最终原理就是运用燃烧使得热能转化为蒸汽能，从而转化为动能和电能，如果要维持源源不断的动力，就要保持源源不断地充分燃烧。众所周知，在燃料燃烧的过程中，由于天气和湿度的原因，或者因为燃煤的质量和纯度的问题，会造成燃烧不充分，产生一定的飞灰问题。而在飞灰消散的通道中，需要使用风扇，达到排放烟雾的效果。风机开启后，烟雾处于一个非常快速排放的状态，不可避免地对于风扇会造成一定的磨损。风机的磨损会导致一些烟灰进入设备的一些缝隙，使得设备在再一次的运转中造成内部构件的摩擦，进而对设备的使用寿命产生较大的影响。如果对风机的结构进行优化，设计出一个最佳的烟雾流出路径，会高效率地排放烟雾。但是，风机在运转过程中，由于烟灰的不断累积，会影响烟雾的最佳流出路径，破坏气流通道，降低风机效率。

7. 省煤器侵蚀

省煤器是用来降低温度的装置，一般选用外径在 40nm 左右的管道来充当省煤器。然而省煤器极易出现以下两类腐蚀情况：第一，省煤器的氧腐蚀。在水通过省煤器压力管道时，水里存在的大量氧气，会与铁发生化学反应，产生氧化铁，导致氧腐蚀。第二，省煤器的低温腐蚀。造成低温腐蚀的主要原因是煤中的硫物质在燃烧后所生成的二氧化硫，与水蒸气混合变成硫酸气后被吸入省煤器中，在低温接触的情况下出现凝结的情况，从而产生腐蚀的现象。

8. 磨煤机的消耗问题

磨煤机是用来加工燃煤的机器，其可以使燃煤充分燃烧，最大程度地发挥热能。对于磨煤机的内部构件，最重要的就是其内部的齿轮构件。齿轮的高效运转使磨煤机在运作的过程中能够有一个比较低的噪音和可控的振动。随着运行时间的加长，磨煤机可能出现齿轮的磨损问题，当齿轮发生点蚀时，其咬合力就会下降，齿轮咬合不稳，就会导致噪音问题，而齿轮在运转过程中的不正常的横向震动，不仅仅会危害齿轮，还会导致磨煤机整体性能的降低。

（二）压力管道检测存在问题的原因

1. 压力管道的安全检测程序不够完善

压力管道的安全检测工作除了技术上的施工因素外，后续的审核工作也很重要，但是在实际的过程中，后续的施工审核工作开展多趋于形式化，时效性很差，流程体制化不足带来的责任人缺乏的问题，导致了压力管道的安全监测工作难以有效展开。根据以往的工作经验，安全监测工作的流程不完善除了思想上的不重视外，还存在一个客观问题，即压力管道的安全检测工作本身的专业性要求较高，在人力和设备方面的投入也比较大，是一种典型高投入低回报的工作。因此，在不存在明显安全隐患的前提下，在压力管道的使用过程中发现问题、解决问题的成本可能比全面展开安全监测的投入更低，这是导致压力管道的安全检测工作经常遭忽视的主要原因之一。

2. 压力管道的材质存在问题

压力管道的主要使用场合是户外或者环境比较恶劣的地方，在长时间使用之后，压力管道就会出现一定的问题。目前的压力管道的材质主要是钢管，通过在表面涂一层防腐蚀的涂料，从而降低外界对于压力管道的影响。这几年，压力管道的适用范围越来越广泛，但是施工单位为了节省施工成本，很多时候就会降低材料的质量，通过采买一些质量相对不是很好的压力管道来进行施工，从而造成压力管道的使用寿命不足，大大降低压力管道的使用年限。

（三）压力管道安全检测相关措施

压力管道在现代城市建设中应用十分广泛，是运输、分配、周转和排放大规模流体物质的主要方式，相比非压力管道，压力管道需要的技术更高、相关配件种类明显更多。在压力管道出现事故时，产生的损失会比非压力管道更大，因此，做好压力管道的安全监测工作具有非常重要的意义。

1. 提升压力管道的质量性

对于压力管道来说，提升其质量性是保证安全的根本。近几年，压力管道大面积地开始在我国工业发展过程中大规模使用，如果压力管道的质量出现问题，就会出现重大安全事故。因此，我们需要不断提升压力管道的质量性，从本质上提升压力管道的质量，进一步延长压力管道的使用寿命。

2. 做好压力管道的振动处理

压力管道在使用过程中，需要全面考虑振动情况。在投入使用之前，要对压力管道进行振动测试，确保压力管道在满足振动测试之后才能投入使用。此外，对于压力管道的外力测试也非常有必要，通过外力测试，可以进一步提升压力管道的抗压能力，确保压力管道在使用的过程中不会受到外界的任何影响，从而提升压力管道的运行稳定性。

3. 做好压力管道的运输工作

由于压力管道的使用环境比较恶劣，在运输的过程中就需要额外注意。一般情况下，在运输之前需要对压力管道进行验货，在运输到指定位置之后，还需要对压力管道进行验货，只有确保压力管道在运输过程中不受到外界的干扰，才能确保压力管道的安全性。总而言之，对于压力管道的运输工作，要格外重视。

4. 做好压力管道的高温、高压测试

压力管道在出厂前，不但要进行振动测试，而且还需要进行高温和高压测试。压力管道运输的多为易燃、易爆的气体或者液体，它们具有高腐蚀性，因此，压力管道对高温、高压是非常排斥的。因此，压力管道的所有相关测试都要齐全，确保压力管道的平稳使用，确保压力管道运输的安全性。

5. 加强制度检测，针对监管不足的问题进行优化

针对传统的压力管道安全检测的过程中存在的制度不足的问题，要从三个层面予以应对：

首先，加强重视程度，提升安全监测项目执行人的责任意识。要对施工人员加强培训，做好素质技能教育和思想普及教育，要善于从以往的压力管道事故中吸取教训，充分重视压力管道的安全检测工作，积极落实"安全第一，预防为主"的思想方针。其次，做好体制上的优化管理，切实加强责任制的建设，让安全检测工作的操作人员既有主动工作的内动力，又有管理制度的外动力。传统工作模式下，工程的安全施工和检测工作存在严重的层层分包的问题，这种分包很容易导致体制难以针对环境变化展开有效实施，因此要注重在新的工作模式下开发更加合理高效的管理体制，优化安全监测施工流程和管理流程，实现体制的有效化。最后，以现场管理为要点，做好现场施工质量的监管。在"对事不对人"的原则下，在现场管理工作中，要做好施工团队的资质核查，做好施工人员的技术普查，根据表单和图纸的数据做好核实监测，以压力管道的耐压、气密、泄漏量试验为手段，对管道安全检测进行全面管理监控。

6. 安全检测人员的专业化培养

在进行安全检测的过程中，操作人员的专业素质十分重要，在进行安全检测的过程中，要求焊工施工人员、安全检测质检员和管理负责人在场。管理负责人先要对安全检测质检员的职业素质有一定的掌握，要做好质检员的资格证书审核，在工作中要善于秉公执法，减少因个人因素带来的感情用事的情况的发生；质检员在进行数据评定时，要严格按照操作流程进行安全检测，根据行业的标准和规

范流程记录现场数据，保障数据的权威性、准确性和真实性，为后续建设提供可靠指标；焊接人员在现场要明确质检员发现问题的点位，并且认识到管道泄漏问题的严重性，从专业角度出发做好管道的修理维护工作，在完成工作后要及时报备，做好再次接受质检的准备。

7. 技术更新和设备研发

针对传统压力管道安全检测中存在的一些重难点问题，要做好技术更新和相关设备的研发。

第一，安全检测设备方面。耐压、气密和泄漏量实验，涉及的设备具有一定的局限性，发现问题后分析原因的设备更是严重不足，因此要善于和一线管道安全检测人员做好技术交流，分析一线人员的需求和工作中遇到的安全检测难点问题，展开新技术和新设备的研究。第二，施工维护设备方面。在施工维护设备方面，要尽量提升相关设备在压力管道施工中的使用便捷性和使用高效性的研究。

8. 加强管道材质劣化性检验力度

压力管道长期处于高温、高压的恶劣环境，势必会发生管道金属材料的损坏。检验人员应该预见到可能发生的损坏情况，及时对压力管道开展理化检验工作，定期给金属材料进行取样分析。

9. 重视埋地压力管道的检验

我国的燃气管道和石油天然气长输管道普遍都使用了埋地敷设法，使用单位要对其开展全面检测工作的话，肯定会遇到非常大的阻碍。虽然，我国针对埋地管道已经有了成熟的地面检测技术，但这种方法非常容易产生误差，尤其是周边存在干扰源的情况下更是达不到标准要求的检测精度。想要全面改良埋地压力管道的检验技术，需要寻求创新的检测法，如声发射无损检测技术、微波信号无损检测技术、雷达信号无损检测技术等。

10. 保证压力管道的维护检测工作规范开展

施工单位有义务对压力管道定期开展维护检测工作，制定好规范化的日常维护方法，保证对每个压力管道的维护和巡查。在巡查中发现压力管道出现破损，要立即组织人员对压力管道及其安全附件进行维修处理。检验人员每年都要对工作时间较长的压力管道开展全面的在线检查，尤其是公共区域的压力管道必须重视其安全性，巡查检修过程中发现故障或安全隐患要立即排除。

第四章　电梯

第一节　电梯的定义、分类和结构

一、电梯的定义

电梯是指通过动力驱动，利用沿刚性轨道运行的箱体或者沿固定线路运行的梯级（踏步），进行升降或平行运送人、货物的机电设备。电梯分为载人（货）电梯、自动扶梯、自动人行道等。

电梯诞生一百多年来给人们的生活、生产带来了诸多的方便，但同时也带来了灾难。一百多年来，人们为了电梯的安全运行做了不懈的努力，不断完善电梯安全运行设施，电梯安全性能不断增强，相应的规章制度、法律、标准不断健全。但是，由于个人的不安全行为或电梯产品质量的不合格，电梯伤人事故仍然时有发生。

二、电梯的分类

（一）按用途分类

（1）乘客电梯：代号 KT，用于运送乘客。必要时，在载重能力及尺寸许可的条件下，乘客电梯也可用于运送物件和货物。乘客电梯一般用于办公大楼、酒店及部分生产车间。

（2）载货电梯：代号 HT，用于运送货物，乘载箱容积较大，载重量较大。一种载货电梯有驾驶员驾驶，装卸人员可随电梯上下，具有足够的载货能力，又具有客梯所具有的各种安全装置，又称客货两用电梯；另一种载货电梯是专门载货的，无人驾驶，不准乘人，厢外操作。

（3）病床电梯：代号 BT，医院用来运送病人及医疗器械等。病床电梯的轿厢窄而深，启动、停止平稳。

（4）杂货电梯：代号 ZT，专门用于运送 500kg 以下的物件，不准乘人。

（5）建筑施工用电梯：代号 JT，运送建筑施工人员和建筑材料。

此外，还有观光电梯、矿用电梯、船用电梯等。

（二）按驱动方式分类

（1）曳引式电梯：由曳引电动机驱动运行，结构简单、安全，行程及速度均不受限制。曳引式电梯分为交流电梯和直流电梯两种。交流电梯有单速、双速、调速之分，一般分为低速电梯、快速电梯，采用交流电动机驱动；直流电梯一般分为快速电梯、高速电梯，采用直流发电机和直流电动机驱动。

（2）液压式电梯：用液压油缸顶升，分为垂直柱塞顶升式和侧柱塞顶升式。

（3）齿轮齿条式电梯：用齿轮与齿条传动驱动。

（三）按提升速度分类

（1）低速电梯：速度分为 0.25m/s、0.5m/s、0.75m/s、1m/s，以货梯为主。

（2）快速电梯：速度分为 1.5m/s、1.75m/s，以客梯为主。

（3）高速电梯：速度分为 2m/s、2.5m/s、3m/s，以高层客梯为主。

（四）按操纵方式分类

（1）KP 电梯：轿内手柄开关操纵，自动平层，手动开关门。

（2）KPM 电梯：轿内手柄开关操纵，自动平层，自动开关门。

（3）AP（XP）电梯：轿内按钮选层，自动平层，手动开关门。

（4）XPM 电梯：轿内按钮选层，自动平层，自动开关门。

（5）KJX 电梯：集选控制（可以有人驾驶，也可以无人驾驶），自动平层，自动开关门。

（6）KJQ 电梯：交流调整集选控制（可以有人驾驶，也可以无人驾驶），自动平层，自动开关门。

（7）ZJQ 电梯：直流快速集选控制（可以有人驾驶，也可以无人驾驶），自动平层，自动开关门。

（8）TS 电梯：门外按钮控制，一般分为简易电梯或有特殊用途电梯。

（五）按有无蜗轮减速器分类

（1）有齿轮电梯：采用蜗轮蜗杆减速器，分为低速电梯和快速电梯。

（2）无齿轮电梯：曳引轮、制动轮直接固定在电动机轴上，分为高速电梯、超高速电梯。

（六）按整机房位置分类

（1）钢丝绳驱动的电梯，机房一般都设置在井道的顶部。

（2）液压式或场地有特殊要求的钢丝绳驱动式电梯，机房一般设置在井道的底部。

（七）其他类别

（1）自动扶梯：分轻型和重型两类，每类又按装饰分为全透明无支撑、全透明有支撑、半透明或不透明有支撑、室外用自动扶梯等几种，一般用于大型商场、大楼、机场、港口等处。

（2）自动人行道：主要用于机场、车站、码头、工厂生产自动流水线等处。

（3）液压梯：用液压作为动力以驱动轿厢升降，有乘客梯、载货梯之分，一般用于速度低、载重量大的情况下。

（4）气压梯：用压缩空气作为动力以驱动轿厢升降，有乘客梯、载货梯之分。

三、电梯的结构

电梯是一种复杂的机电产品，一般由机房、轿厢、厅门、井道与井底设备四个基本部分组成。

（一）机房

机房位于电梯井道的最上方或最下方，用于放置曳引机、控制柜、限速器、选层器、配线板、电源开关及通风设备等。

机房设在井道底部的，称为下置式曳引方式。由于此种方式结构较复杂，钢丝绳弯折次数较多，缩短了钢丝绳的使用期限，增加了井道承重，且保养困难，因此，只有机房无法设在井道顶时才采用。

机房设在井道顶部的，称为上置式曳引方式。这种方式结构简单，钢丝绳弯折次数少、成本低、维护简单，所以被普遍采用。如果机房既不可能设置在底部，也不可能设置在顶部，可考虑选用机房侧置式。

1. 曳引机

曳引机是装在机房内的主要传动设备，由电动机、制动器、曳引减速器（无齿轮电梯无减速器）、曳引轮等机件组成，靠曳引绳与曳引轮的摩擦来实现轿厢运行的驱动机器。曳引机可分为有齿轮曳引机（用于轿厢速度 < 2m/s 的电梯）和无齿轮曳引机（用于轿厢速度 ≥ 2m/s 的电梯）两种类型。曳引机是使电梯轿厢升降的起重机械。

（1）电动机。电动机也称为马达，是拖动电梯的主要动力设备。它的作用是将电能转换为机械能，带动输出轴上所装的曳引轮旋转（无齿轮电梯不用减速器，而是由电动机直接带动曳引轮旋转），然后由曳引轮上所绕的曳引钢丝绳将曳引轮的旋转运动转化为钢丝绳的直线移动，使轿厢上下升降。电梯上常用的电动机有：

①单速笼型异步电动机。这种电动机只有一种额定转速，一般用于货运电梯等。

②双速双绕组笼型异步电动机。这种电动机的高速绕组用于起动、运行，低速绕组用于电梯的减速过程和检修运行，国产电梯较多使用这种电动机。

③双速双绕组线绕转子异步电动机。这种电动机在发热和效率方面均优于双速双绕组笼型异步电动机。

④曳引机用直流电动机。这种电动机主要用于快速电梯和高速电梯。

（2）制动器。制动器是电梯曳引机当中重要的安全装置。制动器的作用是使运行中的电梯在断电后立即停止运行，并使停止运行的电梯轿厢在任何停车位置固定，不再移动，直到通电后才能使轿厢再一次运行。

电梯曳引机上一般都采用常闭式双瓦块型直流电磁制动器，它的性能稳定、噪声较小、工作可靠，即便是交流电动机拖动的曳引机构，也使用直流电磁制动器，由专门的整流装置供电（直流电梯由电源供电）。

对于有齿轮曳引机，制动器应装在电动机与减速器连接处带制动轮的联轴器上。对于无齿轮曳引机，制动轮常与曳引轮铸成 体，直接装在电动机的转轴上。曳引电动机通电时，制动器即松闸；切断电动机的电源，制动器立即合闸，使轿厢在停机位置不动。当制动器合闸时，制动闸瓦应紧密贴合在制动轮的工作面上，制动轮与闸瓦的接触面积应大于闸瓦面积的 80%。松闸时，两侧闸瓦应同时离开制动轮，其间隙应 ≤ 0.7 mm，且四周间隙数值应均匀且相同。

（3）曳引减速器。对于低速或快速电梯，轿厢的额定速度为 0.5 ～ 1.75 m/s，但是常用的交流或直流电动机的同步转速为 1 000 r/min，这种电动机属中高速小扭矩范围，不能适应电梯低速大扭矩的要求，必须通过减速器降低转速增大扭矩，才能适应电梯的运行需要。

在许多减速器中，以蜗杆蜗轮传动减速器最适宜用于电梯曳引机的减速装置。这是由于蜗杆传动减速器结构最紧凑，减速比（即传动比）较大，运行较平稳和噪声较小。其缺点是效率较低和发热量较大。常用蜗杆传动减速器有蜗杆下置式传动减速器、蜗杆上置式传动减速器和立式蜗杆传动减速器三种，其中以蜗杆下置式传动减速器较为可靠和常用。

（4）曳引轮。钢丝绳曳引电梯的轿厢和对重是由钢丝绳绕着曳引轮悬挂在曳引轮左右两侧。钢丝绳与曳引轮上的绳槽接触，它们之间产生的摩擦力称为曳引力。曳引轮在曳引机拖动下产生的回转运动，通过钢丝绳转化为直线移动，带动轿厢与对重，使其能绕曳引轮并悬挂在曳引轮两侧作直线升降移动。曳引轮材料为球墨铸铁，它的圆周上车制有绳槽，常用绳槽的槽形有半圆槽、V 形槽和凹形槽（也称为带切口半圆槽）三种。由于槽形的不同、钢丝绳与曳引轮间的曳引力也不同，因此，应选择合适的曳引轮绳槽的槽形。

2. 限速器

限速器设置在井道顶部适当位置，在轿厢向下超速运行时起作用。限速器在电梯实际速度 ≥ 额定速度 115% 时启动。这时，限速器将限速钢丝绳轧住，同时断开安全钳开关，使主机和制动器同时失电制动，并拉动安全钳拉杆使安全钳动作，用安全钳钳块将轿厢轧在导轨上，掣停轿厢，防止发生重大事故。

3. 极限开关

（1）开关的功能、特点。这种开关一般装在机房内，当电梯轿厢运行到井道的上、下端站极限工作位置时，由于端站限位开关失效而超过轿厢极限工作行程 50 ～ 200 mm 时，此极限开关就应启动，切断电梯的主电源而停住轿厢。常用的极限开关是一种特殊设计的闸刀开关，它可以作电源开关使用，也可与电源开关串联连接。当轿厢超过极限位置时，附装在轿厢架上的越程撞弓与井道内所设置的越程打脱架碰撞，使打脱架启动并拉动越程开关，钢丝绳迫使极限开关启动，切断主回路，使轿厢停止运行。

极限开关是电梯中除去端站减速开关及端站限位开关以外的最后一道防线。其主要靠机械动作来拉动闸刀开关，对轿厢上、下端站的超越极限工作位置都能适用。由于极限开关只在上、下端站减速开关和上、下端站限位开关都失效时才会起作用，使用机会较少，所以不易损坏，但每次使用后必须到机房内用手动复位，才能使电梯继续运行。

（2）极限开关的设置和使用要求。极限开关应采用机械方式来保证切断电梯主电源的开关装置，不允许利用空气开关或其他电气控制方式来操作，此种开关必须能带负荷合闸或松闸，并且不能自动复位。一次越程动作断电后，必须查明轿厢越程原因，排除故障后，才能将极限开关复位和接通电源。有关规定如下：

①电梯应设有极限开关，并应设置在尽可能接近端站时起作用而无误动作危险的位置上。极限开关应在轿厢或对重（如果有的话）接触缓冲器之前起作用，并在缓冲器被压缩期间保持其动作状态。

②极限开关的控制。正常的端站减速开关和极限开关必须采用分别的控制装置。对于强制驱动的电梯，极限开关的控制应利用与电梯驱动主机的运动相连接的一种装置，或利用处于井道顶部的轿厢和对重，如果没有对重的话，则利用处于井道顶部和底部的轿厢。

对于曳引驱动的电梯，极限开关的控制应直接利用处于井道的顶部和底部的轿厢，或利用一个与轿厢间接连接的装置，如钢丝绳皮带或链条。

③极限开关的操作方法。对卷筒驱动的电梯，当需要时用机械方法直接切断电动机和制动器的供电回路，应采取措施使电动机不得向制动器线圈供电。对曳引驱动的单速或双速电梯，极限开关应能通过一个符合规定的电气安全装置，切断向两个接触器线圈直接供电的电路。接触器的各触点在电动机和制动器的供电电路中应串联连接。每个接触器应能够切断带负荷的主电路。对可变电压或连续变速电梯，极限开关应能使电梯驱动主机迅速停止运转。

极限开关动作后，只有经过专职人员调整后，电梯才能恢复运行。如果在每一端设有数个限位开关，其中应至少有一个能防止电梯在两个方向运动。并且，至少这个限位开关应由专职人员来调整。

4. 控制柜

控制柜（俗称电台）设置在机房内与曳引机相近位置，该柜上有各种继电器和接触器，通过各种控制线和控制电缆与轿厢上各控制器件连接。当按动轿厢或层站操纵盘上各种按钮时，控制柜上各种相应的继电器就吸合或断开，操纵电梯启动与运转，停车与制动，正、反转，快速慢速，以达到预定的自动控制性能和安全保护性能的要求。

5. 信号屏

当电梯层站较多（一般超过 7 站以上时），就应增设信号屏。屏内装有起始层楼指示、召唤、选层等作用的继电器，当掀下任何一站层门旁的召唤按钮时，相应的继电器就开始工作，使召唤灯点亮，当继电器复位时熄灭。在信号控制电梯中召唤继电器屏也用作记忆层外的召唤命令，当电梯轿厢经过或达到该层楼时，就能使之自动停靠，在停靠的同时使继电器复位。当层楼数很多时（一般为 16 层以上时），信号屏根据需要可分为层楼指示屏、召唤屏和选层屏。对层站较少的电梯，这些信号屏将被并入控制屏而只设一个控制柜。

6. 选层器和层楼指示器

（1）选层器与轿厢同步运动，它的作用是判定记忆下来的内选、外呼和轿厢的位置关系，确定运行方向，决定减速，确定是否停层，预告停车，指示轿厢位置，消去应答完毕的呼梯信号，控制开门和发车等。选层器可分为机械式选层器、电动式选层器、继电器式选层器、电子式选层器四种。

（2）层楼指示器（走灯机）。在层楼较少的电梯中，有时不设选层器而设置层楼指示器。它由曳引机主轴一端引出运动，通过链轮、链条、齿轮传动带动电刷旋转。层楼指示器机架圆盘上有代表各停站层的定触头，电刷旋转时与这些触头连通，就点亮了层门上的指示灯、轿内指示灯和使用自保的召唤继电器，在电梯到站时复位之用。在层楼指示器作用下，当轿厢位于任一层楼时，相应于该楼的选层继电器吸上接通或断开一组触头，达到了控制电梯停车和换向的目的。

7. 导向轮

导向轮也称过桥轮或抗绳轮，是用于调整曳引钢丝绳在曳引轮上的包角和轿厢与对重的相对位置而设置的滑轮。这种滑轮常由 QT45-5 球墨铸铁铸造后加工而成。它的绳槽可采用半圆槽，槽的深度应大于钢丝绳直径的 1/3。槽的圆弧半径 R 应比钢丝绳半径放大 1/20。导向轮的节圆直径与钢丝绳直径之比也应采用 40 倍，这与曳引轮是一样的。

导向轮的构造分为两种，其一是导向轮轴为固定心轴，在其轮壳中配有滚动轴承，心轴两端用垫板和 U 形螺钉定位固定的方式；其二是导向轮轴也是固定心轴，轮壳中也配有滚动轴承，但心轴两端用心轴座、螺栓、双头螺栓等定位的方式。

（二）轿厢

轿厢是电梯中装载乘客或货物的金属结构件，它借助轿厢架立柱上、下四个导靴沿着导轨作垂直升降运动，完成载客或载货的任务。轿厢由轿厢架、轿底、轿壁、轿顶和轿门等组成。除杂物电梯外，常用电梯的轿厢的内部净高度应大于 2m。

1. 轿厢架

轿厢架又称为轿架，是轿厢中承重的结构件。轿厢架有两种基本类型。

（1）对边形轿厢架。对边形轿厢架适用于具有一面或对面设置轿门的电梯。这种形式的轿架受力情况较好，是大多数电梯所采用的构造方式。

（2）对角形轿厢架。对角形轿厢架常用在相邻两边设置轿门的电梯上，这种轿厢架受力情况较差，特别对于重型电梯，应尽量避免采用。轿厢架的构造，不论是对边形轿厢架或对角形轿厢架，均由上梁、下梁、立柱、拉杆等组成，这些构件一般都采用型钢或专门折边而成的型材，通过搭接板用螺栓连接，可以拆装，以便进入井道组装。轿厢架的整体或每个构件的强度要求都较高，要保证电梯运行过程中，万一产生超速而导致安全钳轧住导轨掣停轿厢，或轿厢下坠与底坑内缓冲器相撞时，不致发生损坏情况。轿厢架的上梁、下梁在受载时发生的最大挠度应小于其跨度的 1/1 000。

2. 轿厢底

轿厢底由底板及框架组成，框架一般用槽钢和角钢制成，有的用板材压制成形后制作，以减轻重量。底板直接与人和货物接触，货梯因承受集中载荷，其底板一般用 4 ～ 5 mm 的花纹钢板直接铺设；客梯则常采用多层结构的底板，即底层为薄钢板，中间是原夹板，面层铺设塑胶板或地毯等。

3. 轿壁

一般轿厢的厢壁用厚度为 1.5 mm 钢板经折边后制作，为满足装饰上的要求，轿壁可做成钢板涂塑的，或贴铝合金板带嵌条，高级的电梯还可以贴覆镜面不锈钢做装饰。有时为了减轻自重，在货梯或杂物梯上，也可将轿壁板上半部采用钢板拉伸网制作。轿壁应具有足够的机械强度，从轿厢内任何部位垂直向外，在 5 cm² 圆形或方形面积上，施加均匀分布的 300 N 力，其弹性变形不大于 15 cm。

4. 轿顶

轿顶上应能支撑两个人。在厢顶上任何位置应都能承受 2 000 N 的垂直力而无永久变形。此外，轿顶上应有一块不小于 0.12 m² 的站人用的净面积，其小边长度至少应为 0.25 m。对于轿内操作的轿厢，轿顶上应设置活板门（安全窗），其尺寸应不小于 0.3m×0.5 m。该活板门应有手动锁紧装置，可向轿外打开，活板门打开后，电梯的电气连锁装置就断开，使轿厢无法开动，以保证安全。同时，轿顶还应设置检修开关、急停开关和电源插座，以满足检修人员在轿顶上工作时使用的需要，在轿顶靠近对重的一面设置防护栏杆，其高度不超过轿厢架的高度。

5. 导靴

导靴（轿脚）安装在轿厢架上横梁两侧和下横梁安全钳座下部，每台轿厢共装 4 套，用于防止轿厢（对重）运行过程中偏斜或摆动。导靴是引导轿厢和对重服从于导轨的部件。轿厢导靴安装在轿厢上梁和轿厢底部安全钳座下面；对重导靴安装在对重架上部和底部。导靴的种类，按其在导轨工作面上的运动方式可分为滑动导靴和滚动导靴。滑动导靴又按其靴头的轴向位置是固定的还是浮动的，可分成固定滑动导靴和弹性滑动导靴。

（1）固定滑动导靴。固定滑动导靴主要由靴衬和靴座组成，靴座要有足够的强度和刚度。靴衬分为单体式和复合式的。单体式靴衬的衬体由减磨材料制成；复合式靴衬的衬体由强度较高的轻质材料制成，工作面覆盖一层减磨材料。由于固定滑动导靴的靴头是固定的，因此，靴衬底部与导轨端部要留有间隙。固定滑动导靴运动时会产生较大的振动和冲击，一般适用于 1 m/s 以下的电梯，但是固定滑动导靴具有较好的刚度，承载能力强，因而被广泛用于低速大吨位的电梯。

（2）弹性滑动导靴。弹性滑动导靴由靴座、靴头、靴衬、靴轴、压缩弹簧或橡胶弹簧、调节套或调节螺母组成。弹性滑动导靴与固定滑动导靴的不同点就在于其靴头是浮动的，在弹簧力的作用下，靴衬的底部始终压贴在导轨端面上，因此，能使轿厢保持较稳定的水平位置。弹性滑动导靴在电梯运行时，在导轨间距的变化及偏重力的变化下，其靴头始终作轴向浮动，因此，弹性滑动导靴在结构上必须允许靴头有合适的伸缩间隙值。

（3）滚动导靴。滚动导靴以三个滚轮代替滑动导靴的三个工作面。三个滚轮在弹簧力的作用下，压贴在导轨三个工作面上，电梯运行时，滚轮在导轨面上滚动。滚动导靴以滚动摩擦代替滑动摩擦，大大减少了摩擦损耗能量，同时还在导轨的三个工作面方向都实现了弹性支承，并能在三个方向上自动补偿导轨的各种几何形状误差及安装误差。滚动导靴能适应较高的运行速度，因而广泛应用于高速电梯。

6. 平层感应器

平层感应器装在轿厢顶侧适当位置，当电梯进入平层区域时，由井道内固定在导轨背面的平层感应钢板（也称为遮磁板）插入固定在轿厢架上的感应器而发出信号，使电梯自动平移。

7. 安全钳

安全钳装在轿厢下横梁旁，它在轿厢下行时因超载、断绳、失控等而发生超速下降或坠落时启动，将轿厢轧住掣停在导轨上。

8. 反绳轮

反绳轮是设置在轿厢顶和对重顶的动滑轮及设置在机房的定滑轮。根据需要，曳引绳绕过反绳轮可以构成不同的曳引比。反绳轮的数量可以是 1 个、2 个或 3 个等，由曳引比而定。曳引机的位置设在井道上部时，最简单的绕绳方式如下：

（1）轿厢顶部和对重顶部均无反绳轮，曳引绳直接拖动轿厢和对重。传动特点为 1 ： 1 传动方式。

（2）轿厢顶部和对重顶部设置反绳轮，反绳轮起到动滑轮的作用。传动特点为 2 ： 1 传动方式。

（3）轿厢顶部和对重顶部设置反绳轮，机房上设导向滑轮。传动特点为 3 ： 1 传动方式。对于 2 ： 1 和 3 ： 1 传动方式，曳引机只需承受电梯的 1/2 和 1/3 的悬挂重量，降低了对曳引机的动力输出要求，但是，由于增加了曳引绳的曲折次数，降低了绳索的使用寿命，同时在传动中增加摩擦损失，一般用在货梯上，大吨位的货梯也有采用更大的传动比。

9. 轿厢操纵箱

轿厢内轿门附近应设有轿厢操纵箱，包括主操纵盘、副操纵盘，轿内指层器等。主操纵盘上装有轿厢行驶开关、停层开关、关门开关等供驾驶电梯正常工作用的操纵开关以及供特殊情况下使用的应急开关、电源开关。对于轿外操纵的电梯，操纵箱一般装在每层楼的层门旁侧井道墙上。

（1）操纵开关。操纵开关用于控制轿厢的升降运行，分为手柄开关和按钮开关两种。

（2）电源开关。电源开关用于控制操纵开关的电源，当控制开关失灵或电气线路故障时，可用电源开关切断电源，使轿厢停止运行。

（3）应急按钮和急停开关。当电梯的层门门电锁开关或操纵开关失灵而导致轿厢停在两个层站之间的任何位置时，应先使电梯转入检修工作状态，然后按一下应急按钮，使轿厢平层，以便使乘客及时离开轿厢，但这个开关只能用于应急操纵，平时不应使用。当电梯需要立即停车时，可按下急停开关应能立即停住电梯。

（4）轿内层楼显示器。轿内层楼显示器也称为轿内指层灯，向轿内乘客及驾驶人员指示轿厢位置之用。

（5）呼梯显示器。呼梯显示器也可称为呼唤箱或铃牌箱，装在操纵箱上面。它能把乘客在层站上的召唤信号传递到轿厢内来（点亮信号灯或鸣响蜂鸣器），使驾驶员据此操纵电梯的停层。

（三）厅门

1. 电梯门

（1）门的分类。按安装位置分类，电梯门分为层门和轿厢门。层门装在建筑物每层层站的门口；轿厢门挂在轿厢上，与轿厢一起升降。按开门方式分类，电梯门分为水平滑动门和垂直滑动门两类。水平滑动门分为中分式门和旁开式门，中分式门分为单扇中分门、双折中分门，旁开式门分为单扇旁开门、双扇旁开门（双折门）、三扇旁开门（三折门）。

（2）层门与轿厢门的配置关系。层门、轿厢门有各种配置关系，比如中分式封闭门、双折式封闭门、中分双折式封闭门。

（3）门的选择。

①客梯的层门、轿厢门一般采用中分式封闭门，因为其开关门的速度快，使用效率高。对于井道宽度较小的建筑物，客梯的层门、轿厢门也可选用双折式封闭门。

②货梯一般要求门口宽敞，便于货物和车辆进出装运。另外，货梯运行不频繁，所以设置的门无论是自动开门或是手动开门，均采用旁开门结构。对门要求足够大的载货电梯和汽车电梯，则采用垂直滑动门。

垂直滑动门应做到：为保证人员和货物进出安全，轿厢门是封闭的，层门则是带孔或是网板结构，网孔或网板尺寸不得大于 10mm×60mm，门扇关闭平均速度 ≤ 0.3m/s，且门的关闭动作是在电梯驾驶人员连续控制下进行的。轿门关闭 2/3 以上时，层门才能开始关闭。

（4）门的结构。电梯门扇一般由 1.5mm 厚的钢板折边而成，并在门扇背面涂敷阻尼材料（油灰腻子等），以减小门的振动，提高隔声效果。为防止撞击产生变形，在门的适当部位增设加强筋，以提高门的强度和刚度。在电梯门上部装有特制的门滑轮，门与门滑轮为一体挂在层门和轿厢门上坎。门上坎设置与门滑轮相适应的滚动导轨。为保证层门、轿厢门在开关过程中的平稳性，在门的下部设置门导靴，确保门导靴在规定的地坎槽中滑移。

（5）开关门机。电梯的开关门方式有手动和自动两种。为使电梯运行自动化以及减轻电梯驾驶员劳动强度，需要设置自动开关门机构。电梯实现电脑化后，其有着更多、更复杂的控制功能。

（6）层门门锁。层门门锁是由机械连锁和电气连锁触点两部分结合起来的一种特殊的门电锁。当电梯上所有层门上的门电锁的机械锁钩全部啮合，同时层门电气连锁触头闭合，电梯控制回路接通，此时电梯才能启动运行。如果有一个层门的门电锁动作失效，电梯就无法开动。常用层门门锁有手动门锁和自动门锁两种。

①手动层门门锁。手动层门门锁通常安装在层门关闭口的门导轨支架上并装有锁壳，在相应的层门上装有拉杆，安装后应启闭灵活。另外，在装有门锁拉杆的基站层门上，装有手开层门锁（三角钥匙锁），此锁供电梯驾驶员或管理人员在层站上开启层门。

②自动层门门锁。自动层门门锁有两种形式。一种为间接接触式门锁，由于安全可靠性较差，不宜推广使用。另一种为直接接触式门锁，乘客电梯均安装此种自动层门门锁，安装在电梯每层楼的层门上。轿厢门是由自动开关门机直接带动，而层门是由定位于轿厢上的开门刀带动与轿门同时打开或关闭。

（7）证实层门闭合的电气装置。

①每个层门的电气锁都应是连锁的，如果一个层门（或多扇层门中的任何一扇门）开着，在正常操作情况下，应不可能启动电梯，也不可能使电梯保持运行。

②在与轿门联动的水平滑动层门的情况中，倘若这个装置是依赖层门有效关闭的话，则它可以用来证实锁紧状态。

③对铰链式层门来说，此装置应装于门的关闭边缘处或安装在验证层门关闭状态的机械装置上。

④对于用来验证层门锁紧状态和关闭状态的装置的共同要求：在门打开或未锁住的情况下，从人们正常可接近的位置，用一个单一的不属于常规操作的动作应不可能开动电梯。验证锁紧元件位置的装置必须动作可靠。

（8）门保护装置。对于自动门电梯应有一种装置，在门关闭后不小于2s的时间内，防止轿厢离开停靠站。从门已关闭后到外部呼梯按钮起作用之前，应有不小于2s的时间，让进入轿厢的使用者能揿压其选择的按钮（集选控制运行有轿门的电梯例外）。轿门由动力进行关闭，则应有一个关门时反向开门的装置。

为不使乘客被自动关闭的门所夹持或碰痛，常采用门保护装置。

2. 层门层楼显示器

层门层楼显示器即层楼指示灯，装在层门上面或侧面，向层站上乘客指示电梯行驶方向及轿厢所在层楼。当然，也有不用指示灯而用指针的机械式层楼显示器。

3. 层门呼梯按钮

层门呼梯按钮装在层门侧面，分为单按钮和双按钮两种。在上端站或下端站应装设单按钮，其余层站应装设双按钮。

（四）井道与井底设备

1. 导轨

导轨是为电梯轿厢和对重提供导向的构件。电梯导轨的种类，以其横向截面的形状区分，常见的有四种。对于后三种导轨的工作表面，一般均不经过加工，通常用于运行平稳性要求不高的低速电梯，如杂物梯、建筑工程梯等。电梯导轨使用 T 形为多，此种导轨具有良好的抗弯性能和可加工性。T 形导轨的主要规格参数是底宽、高度和工作面厚度。对于不装安全钳的对重导轨或杂物电梯的导轨，允许用表面平滑并经过校直的角钢等型钢做导轨。

T 形导轨的接头应做成凹凸榫形，两根导轨接头处用连接板和螺栓连接定位，其连接刚度不得低于导轨其他部分的刚度。导轨通常敷设在井道壁上的导轨撑架上，用特殊的压导板通过圆头方颈螺栓、垫圈、螺母加以固定。每个导轨至少设有两个导轨架，其间隔应小于 2.5m。电梯运行时，导轨限制轿厢和对重沿着严格的铅垂直线上下升降移动。当安全钳动作时，导轨应具有足够的强度和刚度承受满载轿厢的全部重量，通过安全钳钳头或楔块将轿厢轧住在导轨上，并经得起所发生的冲击载荷。

2. 导轨架

导轨架作为支撑和固定导轨用的构件，固定在井道壁或横梁上，承受来自导轨的各种作用力。其种类可分为以下几种：

（1）按服务对象，可分为轿厢导轨架、对重导轨架、轿厢与对重共用导轨架等。

（2）按结构形式，可分为整体式结构导轨架和组合式结构导轨架。

（3）按形状分，导轨架有多种形状，常见的有山形导轨架，其撑臂是斜的，倾斜角为 15° 或 30°，具有较好的刚度。山形导轨架一般为整体式结构，常用于轿厢导轨架。框形导轨架，其形状成矩形，制造比较容易，可制成整体式或组合式，常用于轿厢导轨架和轿厢与对重共用导轨架。L 形导轨架结构简单，常用于对重导轨架。

3. 补偿装置

电梯行程 30m 以上时，由于曳引轮两侧悬挂轿厢和对重的钢丝绳的长度有变化，需要在轿厢底部与对重底部之间装设补偿装置来平衡因曳引钢丝绳在曳引轮两侧长度分布变化而带来的载荷过大变化。补偿装置分为补偿链和补偿绳两种形式。

（1）补偿链。补偿链以铁链为主体，悬挂在轿厢与对重下面。为降低运行中铁链碰撞引起的噪声，常在铁链中穿上麻绳。此种装置结构简单，但不适用于高速电梯，一般用在速度小于 1.75m/s 的电梯。

（2）补偿绳。补偿绳以钢丝绳为主体，悬挂在轿厢或对重下面，具有运行较稳定的优点，常用于速度大于 1.75m/s 的电梯。

（3）补偿链悬挂。补偿链悬挂安装时，轿厢底部采用 S 形悬钩及 U 形螺栓连接固定。

（4）新型平稳补偿链结构。这种结构在补偿链的中间有低碳钢制成的环链，中间填塞为金属颗粒以及具有弹性的橡胶、塑料混合材料，且形成表面保护层。此种补偿链质量密度高，运行噪声小，可适用于各类快速电梯。

4. 对重

对重的作用是以其重量去平衡轿厢侧所悬挂的重量，以减少曳引机功率和改善曳引性能。对重由对重架和对重块组成。对重架上安装有对重导靴，当采用 2∶1 曳引方式时，在架上设有对重轮，此时应设置一种防护装置，以避免悬挂绳松弛时脱离绳槽，并能防止绳与绳槽之间进入杂物。

有的电梯在对重上设置安全钳，此时，安全钳设在架的两侧。对重架通常以槽钢为主体构成，有的对重架制成双栏结构，可减小对重块的尺寸，便于搬运。

对于金属对重块，且电梯速度不大于 1m/s，则用两根拉杆将对重块紧固住。对重块用灰铸铁制造，其造型和重量均要适合安装维修人员搬运。对重块装入对重架后，需要用压板压牢，防止其在电梯运行中发生位移。

5. 控制电缆

轿厢内所有电气开关、照明、信号的控制线要与机房、层站连接，均须通过控制电缆，一般在井道中间位置有接线盒引出接头，通过控制电缆从轿厢底部接入轿厢，也可从机房控制柜直接引入井道。

6. 限位开关及减速开关

（1）限位开关控制电梯轿厢运行时不允许超过上、下端站一定的位置，如果轿厢越位碰到限位开关，就会切断电梯控制回路，使电梯停止运行。限位开关装在井道上部和底坑中，开关上装有橡胶滚轮，轿厢上装有撞弓，轿厢在正常行程范围内其撞弓不会碰到限位开关，只有发生故障或超载、打滑时才会碰到该限位开关而切断控制回路。

（2）减速开关装在限位开关前面，上端站减速开关在上端站限位开关下方。下端站减速开关在下端站限位开关上方，当轿厢运行到上端站或下端站进入减速位置时，轿厢上的撞弓应先碰到减速开关，该开关动作将快车继电器切断，使轿厢减速以防止越位。这种装置也属于用机械碰撞转换为电气动作，所以也称为机械强迫减速装置。

第二节　电梯使用管理与维护保养

一、电梯使用管理

（一）使用单位定义

使用单位，是指具有特种设备使用管理权的单位或者具有完全民事行为能力的自然人，一般是特种设备的产权单位（产权所有人，下同），也可以是产权单位通过符合法律规定的合同关系确立的特种设备实际使用管理者。特种设备属于共有的，共有人可以委托物业服务单位或者其他管理人管理特种设备，受托人是使用单位；共有人未委托的，实际管理人是使用单位；没有实际管理人的，共有人是使用单位。特种设备用于出租的，出租期间，出租单位是使用单位；法律另有规定或者当事人合同约定的，从其规定或者约定。新安装未移交业主的电梯，项目建设单位是使用单位；委托物业服务单位管理的电梯，物业服务单位是使用单位；产权单位自行管理的电梯，产权单位是使用单位。

（二）使用单位主要义务

（1）建立并且有效实施电梯安全管理制度和高耗能特种设备节能管理制度，以及操作规程。

（2）采购、使用取得许可生产（含设计、制造、安装、改造、修理），并且经检验合格的特种设备，不得采购超过设计使用年限的电梯，禁止使用国家明令淘汰和已经报废的特种设备。

（3）设置电梯安全管理机构，配备相应的安全管理人员和作业人员，建立人员管理台账，开展安全与节能培训教育，保存人员培训记录。

（4）办理使用登记，领取特种设备使用登记证，设备注销时交回使用登记证。

（5）建立特种设备台账及技术档案。

（6）对特种设备作业人员作业情况进行检查，及时纠正违章作业行为。

（7）对在用电梯进行经常性维护保养和定期自行检查，及时排查和消除事故隐患，对在用特种设备的安全附件、安全保护装置及其附属仪器仪表进行定期校验（检定、校准）、检修，及时提出定期检验和能效测试申请，接受定期检验和能效测试，并且做好相关配合工作。

（8）制定电梯事故应急专项预案，定期进行应急演练；发生事故及时上报，配合事故调查处理等。

（9）保证电梯安全、节能必要的投入。

（10）法律、法规规定的其他义务。

使用单位应当接受特种设备安全监管部门依法实施的监督检查。

（三）电梯使用单位须设置专门的安全管理机构的要求

（1）使用为公众提供运营服务电梯的，或者在公众聚集场所使用30台以上（含30台）电梯的。

（2）使用特种设备（不含气瓶）总量 50 台以上（含 50 台）的。

（四）电梯使用单位人员资质要求

（1）安全管理负责人（需设置安全管理机构的，要取证）。

（2）各类特种设备总量 20 台以上，须配备专职安全管理员，并取证。

（3）电梯使用数量在 20 台以下，可以配备兼职电梯安全管理员，也可以委托具有特种设备安全管理人员资格的人员负责电梯使用管理，但是特种设备安全使用的责任主体仍然是使用单位。

（4）医院病床电梯、直接用于旅游观光的额定速度大于 2.5m/s 的乘客电梯以及需要司机操作的电梯，应当由持有相应特种设备作业证的人员操作。

（五）电梯技术档案要求

（1）使用登记证。

（2）特种设备使用登记表。

（3）设计、制造技术文件和资料，监检证书。

（4）安装、改造和维修的方案、图样、材料质量证明书和施工质量证明文件等技术资料，检测报告。

（5）定期自行检查记录（年度检查）、定期检验报告。

（6）日常使用状况记录。

（7）维护保养记录。

（8）安全附件校验、检修和更换记录、报告。

（9）有关运行故障、事故记录和处理报告。

（六）电梯使用登记和变更

电梯在投入使用前或者投入使用后 30 日内，使用单位应当向特种设备所在地的直辖市或者设区的市的特种设备安全监管部门申请办理使用登记；国家明令淘汰或者已经报废的电梯，不符合安全性能或者能效指标要求的电梯，不予办理使用登记。

使用单位申请办理特种设备使用登记时，应当向登记机关提交以下相应资料，并且对其真实性负责：

（1）使用登记表（一式两份）。

（2）含有使用单位统一社会信用代码的证明。

（3）监督检验、定期检验证明。

按台（套）登记的特种设备改造、移装、变更使用单位或者使用单位更名、达到设计使用年限继续使用的，按单位登记的电梯变更使用单位或者使用单位更名的，相关单位应当向登记机关申请变更登记。

（七）电梯停用与报废

电梯拟停用1年以上的，使用单位应当采取有效的保护措施，并且设置停用标志，在停用后30日内填写特种设备停用报废注销登记表，告知登记机关。重新启用电梯时，使用单位应当进行自行检查，到使用登记机关办理启用手续；超过定期检验有效期的，应当按照定期检验的有关要求进行检验。

对存在严重事故隐患，无改造、修理价值的电梯，或者达到安全技术规范规定的报废期限的，应当及时予以报废，产权单位应当采取必要措施消除该电梯的使用功能。电梯报废时，按台（套）登记的电梯应当办理报废手续，填写特种设备停用报废注销登记表，向登记机关办理报废手续，并且将使用登记证交回登记机关。

二、电梯维护保养

电梯维护保养的目的是使电梯始终保持良好的工作状态，这是一项长期细致的工作，保养得好就能减少故障，延长使用寿命，因此电梯维护保养是十分重要的工作。电梯维护保养工作应按日、月、季、年检的程序进行。

（一）电梯维护的一般要求

电梯的驾驶员或维护人员除每日工作前对电梯做准备性的试车外，还应每日对机房内的机械和电气装备做巡视性的检查，并对电梯做定期维护工作，根据不同的检查日期、范围和内容，电梯维护一般可分为每周检查、季度检查和年度检查三种。

1. 每周检查

电梯维护人员应对电梯主要设备的动作可靠性和工作准确性进行每周一次的检查，并进行必要的修整和润滑。

（1）轿厢按钮和停车按钮：检查其动作。

（2）轿厢照明、信号（指示器、方向箭头、蜂铃）：检查并在必要时更换灯泡。

（3）平层机构：检查平层准确度。

（4）轿厢门：检查门的开关动作。自动门：检查门的重开线路（按钮、安全触板、光电管等）。

（5）厅门：检查门锁是否灵活，触点之间是否正常，在必要时进行更换。

（6）门导轨：检查其中有无杂物。

（7）制动闸：检查制动盘与制动瓦之间的间隙是否正常及是否有磨损，必要时调整或更换制动瓦。

（8）曳引机和电动机：检查油位是否在油位线上，必要时进行调换。

（9）接触器：检查触头、衔铁接触情况是否良好，是否有污物。

（10）驱动电动机：检查其中有无异常噪声和过热现象。

（11）导向轮、选层器：检查其润滑、运行情况。

（12）开门机：检查其动作是否灵活。

2. 季度检查

电梯每次在使用三个月之后，维护人员应对比较重要的机械和电气设备进行较细致的检查、调整和修理。

（1）机房。

①蜗轮蜗杆减速箱及电动机轴承端润滑是否正常。

②制动器动作是否正常，制动瓦与制动盘之间的间隙是否正常。

③曳引钢丝绳是否因渗油过多而引起滑移。

④限速器钢丝绳、选层器钢带运行是否正常。

⑤继电器、接触器、选层器等工作情况是否正常，触头的清洁工作是否合格，主要的紧固螺钉有否松动。

（2）轿厢顶和井道。

①检查门的操作、调节和清洁门驱动装置的部件，如电动机带轮的传送带、电动机、磁笼、速度控制开关、门悬挂滚轮、安全开关和弹簧等。

②清洁轿门、厅门门坎和上坎（门导轨）。

③检查全部门刀和门锁滚轮之间的间隙与直线度情况。

④调节和清洁全部厅门及其附属件，如尼龙滚轮、触杆、开关门铰链、门滑轮、橡胶停止块、门与门坎之间的间隙等。

⑤检查并清洁全部厅门门刨、开关触点以及井道内的接线端子。

⑥检查对重装置和轿厢连接件（补偿链）。

⑦检查轿厢、对重导靴的磨损情况和安全钳与导靴之间的间隙，必要时予以更换和调整。

⑧检查每根曳引钢丝绳的张紧是否正常，并做好清洁工作（如井道传感器、水磁感应器等）。

（3）轿厢内部。

①检查轿厢操纵箱（盘）上的按钮和停车按钮的工作情况。

②检查轿厢照明、轿厢信号指示器、方向指示箭头的工作情况等。

③检查轿厢门的开关动作和自动门的重开线路情况（按钮、安全隔板、灯光管等）。

④检查紧急照明装置。

⑤检查并调节电梯的性能，如启动、运行、减速和停止是否运行舒适良好。

⑥检查平层准确度。

（4）层站。

检查停靠层厅门旁的按钮及厅外层楼指示器的工作情况。

3. 年度检查

电梯在运行一年之后，应进行一次技术检验。技术检验应由有经验的技术人员负责，维护人员配合。技术人员和维护人员应按技术检验标准，详细检查所有电梯的机械、电气、安全情况。

技术人员和维护人员应检查设备的情况和主要零部件的磨损程度，换装或修配磨损量超过允许值的已损坏的零部件。

（1）调换开、关门继电器的触头。

（2）调换上、下方向接触器的触头。

（3）仔细检查控制屏上所有接触器、继电器的触头，如有灼痕、拉毛等现象要予以修复或更换。

（4）调整曳引钢丝绳的张紧均匀程度。

（5）检查限速器的动作速度是否准确，安全钳是否可靠。

（6）更换厅、轿门的滚轮。

（7）更换开、关门机构的易损件。

（8）仔细检查并调整安全回路中各开关触点的工作情况。

（二）电梯维修保养要领

1.电梯维修和保养应遵守的规定

（1）工作时不得乘客或载货，各层门处悬挂检修停用的指示牌。

（2）电梯维修和保养时应断开相应位置的开关，如在机房时应将电源总开关断开；在轿顶时应合上检修开关；在底坑时应将底坑急停开关断开，同时将限速器张紧装置安全开关也断开。

（3）使用的手灯必须带护罩并采用不大于 36V 的安全电压；在机房、底坑、轿顶或轿底应装设检修用的低压插座。

（4）操作时应由两人协同进行，操作时如需驾驶员配合，驾驶员要集中精神，严格服从维修人员的指令。

（5）严禁维修人员站在井道外探身到井道内，到井道外或在轿厢地坎处较长时间的在轿厢内外各站一只脚来进行检修工作。

2.电梯维修保养时的仪器要求

（1）万用表内阻在 200kΩ 以上。

（2）交流电流表量程为 AC100A。

（3）交流电压表量程为 AC300V，对于指针式，输入阻抗在 300kΩ 以上。

（4）高压兆欧表应使用电池式，500V，内阻 200kΩ 以上，禁止使用手摇式兆欧表。

（5）转速表量程为 0 ～ 5 000r/min。

3.电梯维修和保养的注意事项

切断电源后，进行主回路方面的作业时，应确认电解电容器端子电压为 0V

后再开始作业。

（三）电梯各部分的日常维护与保养

1. 曳引机

曳引机是电梯中最重要的动力设备，因此曳引机能否正常工作，将决定着电梯的命运。曳引机安装在机房内，电梯维护人员每天应到机房巡视 1～2 次。进入机房后，先用听、看、摸等手段，初步判定曳引机是否工作正常。

听：用耳朵听一听曳引机的工作是否正常。正常工作的曳引机应是平稳、无异常振动的。

看：用眼看蜗轮减速器、电动机的运转状况，应平稳而无振动。若发现某部分异常振动，就说明该部位已出问题，应立即采取有力措施，避免事故的发生。

摸：在正常情况下，机件、轴承的温度应不高于 60℃，若某些机件部位手不能靠近，则说明该部位工作异常，应立即采取措施。对于有蜗轮减速器的曳引机，当电梯经较长时间的运行后，由于磨损，蜗轮副的齿侧间隙会增大，或由于轴承磨损造成轴向窜动，从而使电梯换向运行时产生较大的冲击。

窥视孔、轴承盖与箱体的连接应紧密而不漏油。若蜗杆伸出端用盘根密封时，不宜将压盘根的端盖挤压过紧，应调节盘根端盖的压力，使出油孔的滴油量以 3～5 滴 /min 为宜。经常使用的电梯，每年应更换一次减速箱的润滑油。新投入使用的电梯，前半年内应经常检查箱内润滑油的黏度和杂质情况，以确定换油时间。

2. 曳引钢丝绳

曳引钢丝绳连接着轿厢和对重，对于电梯的安全运行有着举足轻重的作用。曳引绳所受的张力应当保持均匀。在日常保养中，若发现松紧不一时，应及时通过绳头锥套上的螺母，调整弹簧的松紧度，使其张力平衡。

钢丝绳的绳芯有存储润滑油的作用。钢丝绳工作时，绳芯向外渗油；钢丝绳停用时，向内吸油。新的钢丝绳，无须加油，但经过较长时间的运行后，绳芯储油渐少，甚至耗尽，钢丝绳的表面将出现干燥，甚至锈斑等现象。此时，应每 2～3 个月在绳的表面浇一次 20 号机油，但浇油不能太多，绳表面有轻微的渗透润滑即可。尤其注意不能涂钙基润滑油，以免由于摩擦力减少而引起钢丝绳打滑，甚至轿厢不能启运的故障。

平时应保持钢丝绳的清洁，当发现其表面有沙土等污垢，应用煤油擦干净。若钢丝绳表面有严重的锈蚀、发黑、斑点麻坑以及外层钢丝松动，或钢丝绳表面磨损或腐蚀占直径的 30% 时，必须立即予以更换。

曳引绳轮用来悬挂曳引钢丝绳，应注意检查和保养。要经常检查各曳引绳的张力是否均匀，以防由于曳引绳的张力不匀，而造成曳引绳的磨损量不一致。要经常测量各曳引绳顶端至曳引轮上轮缘间的差距，如出现 1.5m 以上的差距时，应就地重车或更换曳引绳轮。

3. 曳引电动机

曳引电动机是曳引机的主要部件。电梯正常运行时，曳引电动机只能由高速绕组起动，保养检修时，可以用低速绕组起动，但转动的时间不能超过 3min，否则将有可能烧坏电动机。

在日常保养中，应经常检查电动机与底座的连接螺栓是否松动，若发现松动，应及时紧固。电动机轴与蜗杆的连接，其轴度不同，对于刚性连接的误差应不大于 0.02mm，对于弹性连接应不大于 0.1mm。对于采用滑动轴承的电动机，其油槽内润滑油的油位应不低于油镜中线，并应经常检查油的清洁度，若发现杂质应及时更换新油。换油时，应把油槽中的油全部放出，用汽油洗净后，方可注入新油，不应保留原来的油渣。当由于轴承磨损而产生不均匀的异常噪声或出现电动机转子（或电枢）的偏摆量超过 0.2mm 时，应及时更换轴承。

每三个月要用兆欧表检测一次电动机的绝缘电阻，其阻值应不小于 0.5MΩ。若低于 0.5MΩ，应做干燥处理。

4. 制动器

制动器的动作应灵活可靠。要确保制动器正常动作，各个活动部位必须保持清洁，并每周加一次润滑油。每月检查一次电磁铁可动铁芯与铜套间的润滑情况。制动器抱闸时，闸瓦应紧密地与制动轮工作表面贴合；松闸时，闸瓦应同时离开制动轮的工作面。制动带（闸皮）应无油污，紧固制动带的铆钉应埋入沉坑中以防与制动轮接触。

第三节 电梯检验

一、电梯安全要求与电梯安全管理

（一）电梯安全要求

电梯的安全是由组成电梯的各部分零部件的功能和状态来保证的，是通过对电梯组织各部分和安全装置的安全要求以及安全信息的顺利传递来实现的。电梯的基本使用功能是在建筑物内垂直升降运输人员和物料。这是由电梯合理的结构形式和组成零部件具有足够的机械强度来保证的，即在额定满载情况下，考虑全部静载荷、动载荷，以及意外采用紧急措施所产生的载荷作用下，不发生破坏。与电梯安全关系较大的部位和元件有：井道、机房、轿厢、层门和曳引绳等。

电梯安全保护可分为机械保护、电气保护和安全防护三个方面。机械保护装置有限速器、安全钳、层门自闭安全装置、缓冲器等，其中有些装置是与电气保护装置配合共同承担保护任务。电气保护装置除一些与机械保护装置协同工作外，还有一些是电气系统的自身保护，如电动机短路保护、接地接零保护等。安全防护装置包括有机械设备的防护装置，如对外旋转轴、转动的齿轮的保护装置，以及各种护栏、护栅等安全防护装置。

（二）电梯安全管理

电梯的安全工作基于两个方面，一方面是设备安全，另一方面是人员安全。设备应符合国家安全要求，人员应通过安全技术考核。为了规范电梯行业，加强电梯管理，有关部门先后制定颁布了一系列法规和规范性文件。

1. 电梯选购的安全审查

电梯出厂时，必须附有制造企业关于该电梯产品或者配件的有关证明。

（1）合格证。合格证上除标有主要参数外，还应当标明驱动主机、控制机、安全装置等主要部件的型号和编号。

（2）使用维护说明书。

（3）装箱清单等出厂随机文件。

（4）门锁、安全钳、限速器、缓冲器等重要的安全部件，并具有有效的型式试验合格证书。

2. 电梯的使用运行安全要求

（1）设置专人负责电梯的日常管理，记录电梯运行状况和维修保养工作内容，建立、健全各项安全管理制度，积极采取先进技术，降低事故发生率。

（2）确定合理的电梯运行时间，加强日常维修保养。

（3）安装、维修保养人员和电梯驾驶员均应持有有效的特种作业操作证，并定期参加复审。

（4）电梯维修时必须悬挂警示牌，维修结束后，确定恢复正常方可载人。

（5）在便于接到报警信号的位置设立电梯管理人员的岗位，制定紧急救援方案和操作程序。

（6）电梯机械部分发生严重腐蚀、变形、裂纹等缺陷，电器控制系统紊乱，存在严重不安全因素时，应及时检修。

（7）在用电梯的定期检验周期为1年。

3. 对电梯驾驶员的要求

电梯是一个多层及高层建筑的上下垂直运输设备，频繁地上下启动、停止，乘客经常处于加速度及颠簸状态。为了确保乘客与设备的安全，电梯驾驶员须经过专门培训，并考试合格，经安全监督部门审核取得操作证者，才能驾驶电梯，无证者不准上岗。

电梯驾驶员应选派有初中以上文化、身体健康的人员来担任。严格禁止心脏病、高血压、精神病患者和耳聋眼花、四肢残疾、低能者担任电梯驾驶员。电梯驾驶员应有一定的机械与电工基础知识，懂得电梯的基本构造，熟知主要零部件的形状、安装位置和作用，了解电梯起动、加速、减速、平层等运行原理和电梯保养及简单故障排除的方法。

电梯驾驶员应知道自己驾驶电梯的服务对象，井道层站数，层楼高度及总提升高度，电梯在建筑物中所处的位置，通道及紧急出口。电梯驾驶员还应知道电梯的主要技术参数，如电梯速度、载重量、轿厢尺寸、开门宽度以及驱动操纵方式。

电梯驾驶员还要掌握电梯的各种安全保护装置的构造、工作原理和安装位置，熟练掌握电梯操纵方法，知道安全窗、应急按钮、急停开关的作用和正确使用方法，并能对电梯运行中突然出现的停车、失控、冲顶等情况临危不惧，采取正确处理方法。

4.电梯班前检查

（1）外观检查。

①电梯驾驶员在开启电梯层门进入轿厢之前，首先要看清电梯轿厢是否确实在本层站，然后进入轿厢，切勿盲目闯入造成踏空坠落事故。

②进入轿厢检查轿厢是否清洁，层门、轿门地坎槽内有无杂物垃圾，轿内照明灯、电风扇、装饰吊顶、操纵箱等器件是否完好，所有开关是否在正常位置上。

③打开电源开关层站召唤按钮、指示灯、讯响器以及层门、轿内层楼指示灯工作是否正常。

④进机房检查曳引机、电动机、限速器、极限开关、控制屏、选层器等外观是否正常，机械结构有无明显松动现象和漏油状况，电气设备接线是否脱落，接头有否松动，接地是否可靠。

（2）运行检查。运行检查也称为试运行，当驾驶员完成外观检查后，应关好层门和轿厢门，启动电梯从某站出发，上下循环运行一两次并检查以下几点：

①在试运行中要作单站停车、直放和紧急停车试验，并检查其操纵箱上各开关按钮动作是否正常，召唤按钮、信号指示、消号、层楼指示等功能是否正常。如电梯有与外部通信联络装置，如电话、警铃等，也须正常可靠。

②运行中要注意电梯上下运行导轨润滑，有无撞击声或异常声响和气味。

③检查门电锁门连锁开关是否工作正常，门未闭合电梯不能启动，层门关闭后应不能从外面开启，门开启关闭灵活可靠，无振动响声。

④运行中要检查电梯制动器工作是否正常，电梯停站后轿厢应无滑移情况，轿厢平层应准确，平层误差应在规定范围之内。

5.电梯运行中注意事项

（1）驾驶员在服务时间要坚守自己的岗位，不擅自离开，如果必须离开时，必须将电源开关关闭并关好层门。

（2）驾驶员应仪表大方，举止文明礼貌，不与乘客争吵，服务时间不做私活、不与人闲谈。

（3）驾驶员应负责监督控制轿厢的载重量，乘客电梯载重量每人平均以

75kg 计算。计算方法是将额定载重量除以 75 将余数去掉，如 1 000kg 乘客电梯应为 1 000/75=13，其中包括驾驶员。对无质量标记的货物估计质量不要过低，当发现电梯起动缓慢，上行速度减慢，下行速度变快，说明电梯超载，应将电梯停止，减少运载货物后再行起动。

（4）电梯在运载货物时，应将货物放在轿厢中间，不要放在轿厢一边或某一角落。

（5）在没有采取防范措施前，轿厢内不允许装载易燃易爆的危险品。

（6）在手动开关门电梯驾驶中，不得利用门电锁开关使电梯启动及停止。

（7）层门轿门电锁及其他安全开关，都不可用其他物件塞住使其失效而不起安全作用，严格禁止在层门、轿门敞开的情况下撤应急按钮来启动电梯。

（8）在轿厢尚未停妥层站时（包括自平与慢速），不可开启轿门与层门使乘客出入。

（9）电梯在运行中，不得突然改变轿厢运行方向，必须改变运行方向时，要先将轿厢停止后，然后再向反方向起动。

（10）电梯运行中，乘客勿要依靠在轿门上，乘客的手脚及携带物品不要伸出轿门外。

6. 电梯停驶后的注意事项

（1）当日工作完毕后，驾驶员应将电梯返回到底站或基站停放。

（2）驾驶员应作好当日电梯运行记录，对存在的问题应及时告知有关部门及检修人员。

（3）做好轿厢内和周围的清洁工作。

（4）关闭电源开关、轿内照明、轿门与层门。

语言发出的警告，警告语应通俗易懂、上口好记，设置位置应明显、字迹清晰规范。

7. 禁止类标志

禁止类标志有十分明确的禁止之意，在电梯施工中有时应使用"禁止合闸""禁止烟火"等标志。安全标志应设在明显位置，高度应稍高于人的视线，色彩鲜明并符合安全色的需要。

二、电梯安全技术

（一）电梯安装安全技术

电梯安装工艺分为搭脚手架安装和无脚手架安装两种安装工艺。目前，钢管脚手架得到了广泛的应用。无脚手架安装是指不搭脚手架，而用电动升降式作业平台进行电梯安装的方式。这种安装方式具有劳动强度低、工作效率高等特点。本书只介绍使用比较广泛、工艺成熟的搭脚手架安装电梯的传统工艺。

1. 安装前的准备工作

（1）准备工作仪器。工器具、仪器仪表、劳保用品。安装单位应根据本单位的规模、资质等级配备工器具、仪器仪表。劳保用品有安全帽、工作服、工作鞋、护目眼镜、安全带、手套、口罩、面罩等。不同工种应配备相应的劳保用品。

（2）成立安装小组。电梯安装应由持有有关部门核发的电梯安装许可证的单位承担，操作人员必须持有相应的操作证。安装小组人员的多少和技术力量的配备由所安装电梯的规格型号、层站数、控制方式、自动化程度等决定。安装小组一般由电工、钳工各 2 人组成，也可视电梯规格型号以及人员技能情况适当增减，根据需要，有时还须配以瓦工、木工、起重工、焊工以及辅助工。

2. 安全措施和安全教育

（1）安全措施。设立安全员负责安装工作中的安全检查和管理工作；设立质量检查员对施工质量进行检验，以保证安装质量和安装过程的安全。安全员和质检员都应通过专门的业务培训并达标。

（2）安全教育。

①施工前应对使用的工具进行认真检查，吊链、钢丝绳索套、滑轮、支撑木、脚手板应无损坏。

②电动工具、电焊机、照明灯具、临时供电设备等应无漏电、破损现象；喷灯、气焊等专用工具应完好并符合要求。

③各种测量工器具符合标准，测量准确，指示正确。

④安装人员上班前不喝酒，进入施工现场应穿戴好防护用品，如工作服、安全帽、工作鞋，系好安全带、工具袋等。

⑤安装时，施工人员必须严格遵守安全操作规程和有关的规章制度，如电气

焊、起重、喷灯、带电作业规程等。

⑥井道内不得使用汽油或其他易燃溶剂清洗机件，在井道外现场清洗机件时应悬挂"严禁烟火"标志牌，放置消防器材，并防止电气火花。剩油、废油、油棉丝等必须带回处理，不得留在现场。严禁在非指定区域吸烟。

⑦应在行层门口和其他能进入井道的路口处，设置明显的警告标志和有效的护板、护栏、防护门，以防止发生人员坠入井道事故。

⑧施工人员应熟悉一般急救方法，具备消防常识，会合理、熟练使用灭火器材。

⑨每日召开班前安全会，由组长结合当天任务，布置安全生产要求。工作前检查工作环境、设备和设施，应符合安全要求。

⑩遇有与其他工种进行配合作业时，应先进行安全交底和技术交底，认真执行交底签字制度。

（3）进度安排与安装工艺流程。施工进度的安排视所安装电梯的梯型、层站数、控制方式等不同而有所区别。其施工进度由安装小组统一协调安排，但无论如何，不能因为抢进度而疲劳工作，忽视安全，降低安装质量。

①安装前应认真仔细阅读随机技术文件，了解电梯的型号、规格、参数、性能和用途，熟读电气原理图、电气安装接线图、机械安装图。

②安装前应了解并掌握电梯总电源位置、容量、中性线和保护地线情况，以便制订电梯各电气设备和布线管路的金属外壳的保护接地方案。

3.设备检验、设备存放与土建预检

（1）设备检验。开箱后认真清点核对随机技术文件，如安装说明书、使用维护说明书、电气原理说明书、电气原理图、电气安装接线图、安装平面布置图、产品合格证、电梯润滑汇总图表和电梯功能表、装箱单等。清点机件规格、型号、数量，如果有随机工器具，应无缺少，并做好记录，发现不符应及时反映，以便尽早处理。清点时应由制造单位或销售单位、安装单位、委托安装单位确认，并填写电梯设备开箱检查记录。

（2）设备存放。

①设备拆箱时，包装箱应及时清运或码放在指定地点，防止钉子扎脚，妨碍他人工作。

②设备经开箱清点后及时运入库房，交由专人保管，施工时随用随取。

③重型设备（如曳引机等）应垫板存放，导轨应垫好支撑物，防止变形。电气设备应防雨。

④材料不得乱堆乱放，易燃品（如汽油、油漆、化学试剂等）应严格管理。

⑤搬运、码放设备或材料时，应注意安全，防止发生人身伤害事故。

（3）土建预检。土建工程应按照《电梯土建总体布置图》的设计要求来完成电梯机房、井道及底坑的结构施工。其结构尺寸应符合设计图要求，施工偏差应控制在允许范围之内。重点检查机房的长度、宽度、高度、地面承重以及预留孔洞、设备吊装钩的位置等情况。对井道壁的宽度、深度、顶层高度、标准层高度、垂直偏差、层门数量及尺寸位置、层楼指示召唤开关盒的预留孔洞等进行校验。底坑深度应符合要求，并已经做好地面防水，在底坑中预埋接地电阻小于 40Ω 的接地极。

上述工作完成后，检验人员应将检测结果及时填写于电梯机房、井道预检记录中。对检查出的问题应立即以书面形式通知业主，按要求进行修正。

电梯安装之前，所有层门预留孔必须设有高度不小于 1.2m 的安全保护围封，应保证有足够的强度，并做好安全保护措施。

4. 电梯的调试

（1）调试前的准备。电梯安装后的调试应由生产厂家或安装人员根据生产厂家的调试要求进行。调试前应做到以下几条。

①井道内脚手架全部拆除，井道壁无阻碍运行的钢筋、铁丝、角铁等。

②井道、底坑垃圾全部清除干净，护栏、护栅、护板不妨碍电梯运行。

③轿顶、轿内、对重、层门等部位全部清洁，擦拭干净。

④机房、控制柜清扫干净，防尘塑纸全部清除，无遗留物品。

⑤电气线路和电气元件无短路、接地现象，测量接地电阻符合要求。

⑥在手动盘车状态下，机械部分动作正常。

⑦供电动力电源符合要求。

⑧电气线路接线正确、无误，送电后测量各电压值符合要求。

（2）调试。电梯设计不同，控制方式和驱动方式各异，调试方法也就不同，因此针对不同的情况应采取不同的调试方法。

5. 电梯的检验与试验

我国目前对电梯的检验有安装单位的自我检验、建设（监理）单位的检验、政府行政部门或特种设备监督检验机构实施管理和监督的质量检验。

（二）电梯拆除的安全技术

对电梯进行更新改造时，需拆除整部或部分电梯设备。拆除电梯也是个安全技术性很强的操作，以往曾发生过多起因操作不当而引发的重大人身伤害事故。比如拆除轿厢壁后不设置护栏，过早拆除限速器致使"飞梯"不轧车，造成操作者跌入井道而死亡的事故。因此，拆除电梯的安全操作是非常重要的，应引起有关机构的重视。

1. 准备工作

（1）拆除电梯前应准备好所需工器具，如卷扬机、滑轮、脚手板、脚手架钢管及附件、撬棍、剔凿工具、大绳、钢丝绳索、绳卡、承重铁件、气焊切割设备、对讲机、临时随缆、检修操作盒以及劳动防护用品等。工作人员对工具做认真仔细的检查，不符合安全要求的，绝对不能使用。

（2）施工现场张贴告示，悬挂安全标识，划定操作区并设置围栏或围板。

2. 拆梯时的安全操作

（1）接临时线、拆除控制柜部分线路。

①从机房控制柜引一根临时用随行电缆至轿厢，接检修运行操作盒，要求上、下行慢车按钮互锁，金属操作盒外壳可靠接零。

②关掉机房总电源开关，在机房拆除轿厢照明电源线及除慢车电路、制动器电路以外的所有线路；视需要和可能决定可否保留井道照明。

③反复查验拆除线路是否正确，有无带电线头。检验临时慢车上、下行按钮和停止开关是否正确好用。

④在空载状态下试验限速器开关和安全钳轧车是否灵敏有效。操作者应掌握溜车时手动轧车的操作方法。

（2）拆卸部分对重块。将轿厢开到中间层，在轿顶卸下部分对重块，使空载轿厢与对重平衡。

（3）拆轿厢搭平台。

①将轿厢隔开到底层，按下停止按钮，拆除轿门系统、轿顶、轿厢壁。

②用轿厢架和轿底固定钢管和脚手板，制成上、下两个作业平台，平台除临门一侧外，应设不低于 1m 高的三面护栏，平台承载量应不小于 $250kg/m^2$。在平台上操作应挂好安全带。

（4）拆除随行电缆。

①在底坑中拆下轿底随行电缆，将几根电缆分别盘成团放于作业平台上。

②慢速向上移动轿箱，边走边盘随行电缆，直到将电缆全部拆除，盘好运出井道。

（5）拆除井道电器件。

①将轿厢开到顶层，在平台上从上到下逐步拆除井道内的电气线路及器件、支架等。

②拆下的机件及时放在下平台内安全码放，当数量较多时，应及时外运，直到井道内的机件全部拆除。

（6）拆层门所做的防护。

①将轿厢开到顶层，拆除层门门扇、上坎、立柱、楼层显示的井道内部分；

②层门拆走后，必须及时做好层门安全防护措施，防止发生坠落事故。

（7）拆除导轨和导轨架。拆除导轨需动用卷扬机、气焊设备等，拆前必须做好准备。

①在底层候梯间设置一台 0.5t 的卷扬机，底坑内轿厢与对重之间固定一滑轮。

②对重侧绳孔下方设一滑轮。

③在大、小四根导轨中心偏侧方的机房楼板上凿一孔，用承重铁件吊挂一滑轮，滑轮及其支撑件必须固定牢靠。

④备好吊装用人字形绳索卡环，其两侧绳索的长短视待拆的大、小导轨接口水平距离而定。

⑤将卷扬机钢丝绳卡环分别在大、小导轨上装好。向下开慢车，用气焊割掉导轨支架，拆下接道板连接螺栓，最高一节大、小导轨被吊起。

⑥用卷扬机将拆下的导轨放落到底坑并运走，操作时注意避免碰伤和烫伤。

⑦当拆到中间层位置时，要注意对重在失去导轨时可能发生转动，应在对重架下侧中间位置拴一拖绳，人为牵制以确保安全。

⑧当轿厢快要到底层时，用两根不小于 100mm × 100mm 的方木支在轿厢梁上，使轿底与底层地面水平。

（8）拆除限速绳、轿厢底。

①将限速绳拆下，从机房将绳抽走。

②拆除轿厢上平台和上、下平台护栏。

③拆下轿底，用卷扬机运走。

（9）拆除对重架和曳引线。

①用大绳将卷扬机钢丝绳从对重侧放下来，将设在底坑轿厢与对重之间的滑轮移到轿厢底梁前的中心位置固定好。

②将轿厢侧曳引绳中的两根用三道绳卡子卡牢，再将卷扬机钢丝绳从卡好绳卡的两根钢丝绳卡的上端穿过，返回后用三道绳卡子将自身卡牢，再将其余曳引绳用卡子卡在一起。

③慢慢操纵卷扬机，使轿厢侧绳头组合处螺栓不受力，对重的重量由卷扬机钢丝绳承担。拆下轿厢侧绳头螺母及弹簧。

④操纵卷扬机放绳，使对重缓缓下落，下落过程中应注意防止刮、碰，落到底坑后稳固好，拆除对重侧曳引绳组合处的螺母和弹簧。

⑤随着卷扬机的继续放绳，将曳引钢丝绳拖出井道。

（10）拆除对重架、轿厢架。

①用卷扬机吊住对重架，拆下剩余的对重块。操纵卷扬机将对重架拖出并拆除。

②用卷扬机拆除轿厢上梁和下梁。

（11）拆除井道底部导轨、缓冲器、张紧装置。

①切断总电源，拆除总电源负荷端以下所有管线、临时随缆及检修操作盒，拆下制动器和曳引电动机线路。

②拆除限速器、机械选层器等部件。

③用手动倒链或三脚架拆除曳引机、承重梁等设备并妥善放置。

④用牵引大绳将卷扬机钢丝绳放下并收好。

⑤拆除机房和吊在楼板上及固定在底坑中的滑轮。

⑥将机房、底坑、层门口清理干净。

⑦拆除后应做到机房、井道、底坑无遗留、无突起物件。关好机房门窗，对层门安全措施再检查一遍。

三、电梯检测检验

（一）电梯检测检验的目的

对电梯的设计、制造和安装等过程进行严格控制，加强检测检验，是为了消除和降低电梯可能存在的剪切、挤压、坠落、撞击、被困、火灾、电击以及由于机械损伤、磨损或锈蚀引发的材料失效等潜在危险，以确保电梯的安全运行。

（二）电梯检测检验的内容

无论是电梯的验收检验，还是定期检验，均是无损检验。由于垂直升降的电梯占现有电梯总量的 80% 左右，且各种无损检测技术在垂直升降的电梯中也得到了集中体现，因此本书以垂直升降的电梯为主来阐述电梯的无损检测技术。垂直升降电梯检验的内容主要包括技术资料的审查、机房或机器设备区间检验、井道检验、轿厢与对重检验、曳引绳与补偿绳（链）检验、层站层门与轿门检验、底坑检验和功能试验等项目。其检测方法主要是目视检测，同时辅以相关的仪器设备，进行测量、检测和试验。而超声、射线和磁粉等常用无损检测技术在电梯检验中几乎不使用。

（三）电梯检验技术的基本内涵

电梯在人们的生产生活中应用广泛，从本质而言电梯是一种运输设备，运输的电力主要是来源于发电机，按照固定的运输路径运行。目前常见的电梯有两种，一种是台阶式自动电梯，另外一种是垂直式的升降电梯。很多商场、办公楼和居民楼里都设有电梯，相比垂直式电梯，台阶式的电梯应用更加广泛。垂直式电梯的主要作用就是运送货物，大量的货运电梯主要在工厂内部应用，这类电梯的容量更大，维修工作主要交给企业或者物业部门来负责，相关部门会组织团队开展维修。现在越来越多的高层建筑在城市中耸立起来，土地占用越来越多，没有大片闲置的土地可供开发，这就要求建筑往纵深方向发展，因此，电梯就更加成为不可或缺的一个装置。随之而来，保证电梯运行的安全性就成为首要任务。电梯运行是一个较为复杂的过程，因此电梯的维修工作也具有一定的难度。为了保证人员安全，同时确保货物运输不受损失，就要开发可靠先进的电梯维修技术，保证电梯安全运行。

（四）电梯检验的重要事项

1. 线路故障

电梯常出现的故障有很多，线路故障是比较常见的一种。作为较为复杂的运行系统，电梯内部包含多条电路。因此，无论是因为老化还是不规范操作，电梯经常会出现线路故障问题，这一类问题虽然常见，但是解决的难度依旧较高。线路故障会直接造成电梯失去控制，进而导致发生事故。因此，专业的维修部门要把针对线路的检查工作放在首位，提高重视程度，选择科学有效的检验方法，结合电梯运行环境最大程度地降低事故的发生率，保证人员财产安全。

2. 安全保障

开展任何工作的前提都是保证安全，因此，保证电梯检测安全就要采取一系列的措施。检验人员要做好安全管理工作，保证检验工作在安全的环境下进行，同时提高检验工作的效率。做好电梯检验的安全保障，主要从以下三点入手：首先，要选择专业素质较强的电梯检验人员。出于工作的复杂性，对于人员的高标准更要严格把控。人员的选择要有两方面考虑，一方面是专业素养，另一方面是工作经验和心理素质。其次，在电梯检测工作时非常关键但是易被忽略的点就是切断电源，很多检测工作进行时发生触电或者漏电事故就源于此。最后，检验现场的清理工作也非常重要，设置醒目的提示语或者标牌，保证不相关人员远离工作区域，避免发生意外事故。

（五）电梯检验检测技术

1. 电梯检验检测技术分析

（1）无损检测技术。

在如今电梯的检测技术之中，无损检测技术是使用最为广泛、优势最为突出的一类。该技术的最大价值在于，不仅能够从整体出发对电梯进行检验，还能对其使用的系统进行运行控制。目前无损检测技术主要有两种技术手法，即激光测试法与线锤法，这两种不同的方法要根据电梯的实际情况进行选择，都能够切实降低故障的频率。采用激光测试法时，检测人员预先将专门的激光测试仪器安放在电梯导轨顶端，并在电梯导轨的另一端即低端安装接收器。在连接完毕后，将激光射出，并将其测得的数据、信息内容传回计算机之中，通过激光的作用替代了技术人员亲自判断和测算，通过反馈的数据进行电梯导轨的情况分析。线锤法的原理和激光测试法类似，但其具备具体实物线条，通过线锤法的变化情况，针对电梯的安全情况进行排查。线锤法适用于楼层较低的电梯或楼层中间的分段式检修，当下运用最广、准确度更高的还是激光测试法。

（2）目视检测。

目视检测是指通过眼睛辨别电梯外观质量，通过手动操作来检验电梯各功能开关，以及利用各种测量尺和激光测距仪等仪器检验电梯某部件尺寸是否达标的方法。目视检验主要包含以下几方面内容：首先，电梯外观的质量检测、电梯的安全保护装置是否正常以及各种尺寸测量。其次，电梯照明设施、接地装置以及电气绝缘系统是否正常工作等。需要特别注意的是，所有用到的检验和测量仪器，一定要确保质量和精确度符合行业的相关要求。

（3）噪声检测。

电梯噪声检测简单来说就是将测声压级传感装置安装在离地面1.5m高的位置，在安装测声压级传感装置时最少要安装三个测试点，同时在距离测声压级传感装置1m的位置对其进行测量，选择测量数值中最大的噪音数值，并对其进行分析。噪声检测的方法可以对电梯在运行过程中的综合情况进行检测，另外在检测过程中其方法也相对简单。测声压级传感装置在对电梯进行检测时，因为可以获得极佳的信号数据，所以，将噪声检测方法与专业的软件进行结合，就可以充分检测出电梯内部的安全情况，从而达到电梯检验检测的目的。

（4）牵引钢丝绳漏磁检测。

根据以往的经验来看，大多电梯出现故障后，为了排查故障的位置和具体情况，大多可采用牵引钢丝绳漏磁检测的方法。该方法的步骤是采用传感器的方式，使用牵引绳向下进行检测，了解到故障位置和正常位置在磁场上的区别，通过对其波长进行数字化信号的转换和辨识，进而了解到当下电梯出现故障的位置和其潜在问题，然后再经由技术人员到故障区域进行检修，使得电梯的维修更有针对性，提升相应效率。

（5）电梯综合性能检测。

电梯内部结构较为复杂，并且在运行的过程中会涉及多种设备，当电梯发生故障时要对其进行多方面的检查，在这个情况下就会用到电梯综合性能检测方法。目前我国一般选择便携式的综合检测设备来开展检测，综合检测设备的主要工作原理是在设备中安装多种电子传感器，然后使用电子传感器对电梯的综合性能进行测试，将所测得的数据上传到电脑中，从而对数据进行安全性能的检测。

2. 电梯安全检测关键技术

（1）安全部件检测技术。

电梯是由多个部件组成，为了全面提高检测效果，必须对各个部位进行详细的检测，确保电梯符合运行标准。电梯安全部位检测包含较多的层面，主要包含限速器、缓冲器、门锁等部件，任何一个部位出现问题，都会对电梯运行安全产生影响。只有对各个部位进行全面检测，确保运行安全，才能保证电梯整体运行的安全与稳定。安全钳是电梯重要部件，要根据运行情况因地制宜做好全面的检测，保证安全钳良好运行。要想全面做好安全检测，必须对电梯运行原理进行分析，综合考虑电梯各项因素，收集归纳与电梯相关的信息，比如安全钳导靴磨损度、轿厢偏载、安装等信息，这些信息对电梯安全检测有着重要的参考价值。限速器的检测要保证细致认真，确保全面，需要对电气设备做好反复检测，及时发现电梯钢丝绳磨损情况，保证牢固度符合使用要求。液压缓冲器和弹簧未储能型缓冲器是电梯最常见的两种类型，要利用力学实验的原理，进行前后使用的对比，形成数据分析，排除安全隐患。

门锁是电梯的重要部分，需要确保安全才能投入使用，要全面注意电梯门安全触地的效果，以此为前提做好全面检测，保证电梯各项指标满足要求。

（2）机械振动检测技术。

影响电梯质量的因素非常多，最常见的是由于机械振动产生的安全影响，这也是电梯问题最常见的产生因素，如钢丝绳直径偏差、部件安装误差、导轨质量、受导向轮偏差、曳引机运转误差、曳引轮绳槽误差、部件安装误差等因素。大多数电梯安全事故都是由这些误差造成的。有关实验数据表明，电梯在运行时产生的振动对人的身体健康也会产生影响，因此对电梯必须予以高度重视，这就需要通过专业化的技术手段来精确检测电梯的振动，对其强度和频率进行精确的检测和验算。在具体实践中，检测人员通常采用专业的振动测试分析仪器对电梯的振动情况进行详细的检测分析，从而从源头上控制电梯的振动强度，保证电梯运行正常。大量的实验数据表明：电梯正常运行时的振动范围应该控制在15cm/s以内，纵向上的最大振动强度应该控制在25cm/s以内。这些安全数据在电梯的生产设计安装过程中必须严格遵守，另外当电梯在运行过程中发生事故时，第一时间要保证人员的安全，及时找到电梯的振动原因，根据原因采取有效措施，将震动的范围调整至安全范围之内。

（3）综合性能检测技术。

综合检测即将电梯内需要检测的项目、程序等综合到仪器，通过彼此之间的补充与配合，完成电梯的综合性能检测。通常情况下，电梯的综合检测多由便携式的综合检测设备完成。电子传感器作为检测设备的核心，其对电梯的检测工作十分关键。综合性检测设备的出现将多种电子传感器进行了集中与统一，及时将探测到的数据信息反馈到计算机中，便于技术人员对电梯安全性能进行综合评价。综合性检测技术由于自身快捷、精准等优势已经在电梯检测工作中被大范围使用，其数据探测功能为技术人员的维修工作提供了便利。

3. 电梯检验检测技术发展趋势

（1）低碳绿色环保化。

低碳、绿色、环保是当前全球各行各业发展的大趋势，电梯检验检测技术也应当顺应时代潮流，走在时代的前端。首先，应当积极研发、改进、创新、发展低损耗、环保低碳的新型设备。例如，某新式磁力线锤，不仅延长了使用寿命，还减少了污染。其次，应当建立并严格执行保养、校验制度，以使设备的使用寿命得到延长，降低损耗，节省资源。最后，还应当对相应设备的报废加以重视，分类处理，将可回收利用的零部件进行回收处理。

（2）安全低风险化。

当下，电梯检验检测过程中事故频发，经常导致工作人员遭受伤害或危及生命。对此，应当积极研发新式检测检验仪器与检验技术。例如，可研发各种新式仪器，使作业人员在检验时无须接触或靠近故障电梯，于安全区域或电梯外即可操作检测，保障人员安全，使其远离危险。

（3）智能自动化。

目前，科学技术快速发展，各国都在发展智能自动化设备，将其应用于电梯检验中替代人力进行危险作业，我国也应当积极参与其中，大力开发研制如高智能电梯检测机器人等专业智能自动化设备。另外，还可以应用先进的智能、电子、传感等技术，利用光学、振动、声学、机械等原理，研发出精准度更高、更自动智能化、更综合全面多功能的专业检测设备，实现检验检测的一站式操作。

（4）远程排障快速化。

电梯故障往往突发，不好预测。而使用人力通过摄像予以监控仅能在发生故障时再通知相应人员采取排障检测，效率较低，无法使受困人员迅速脱困故障电梯，存在事故风险。因此，应积极研发远程检测排障技术，通过预先安置于相应位置的先进仪器设备，完成检测、排障的远程化、快速化，以便及时发现电梯存在的故障隐患，提前进行处理。

第四节　电梯安全隐患排查

一、电梯设计制造时的注意安全事项

电梯根据用途的不同分为公用电梯和家用电梯两种，其中，公用电梯主要在办公楼、酒店宾馆等地方使用；家用电梯主要在住宅小区、别墅、复式建筑等地方使用。无论哪种电梯都是为城市居民工作生活提供更多方便，都颇受用户的喜爱。城市居民基本上每一天都离不开电梯，电梯安全性颇受人们关注。为了确保安全性，为工作生活提供更加方便的服务，在进行电梯设计制造时，一定要对设计理念以及各要素格外加以重视。

（一）安全性

无论是公用电梯还是家用电梯，在设计制造时都要把安全性放在第一位。无论是哪一种用途的电梯，其使用者仅仅只是了解电梯基本操作，对电梯专业知识基本上都不了解，缺乏一定的自我保护能力。尤其在家用电梯的使用者还包括老人以及儿童，他们的自我保护能力更加薄弱。因此，在电梯设计制造时，安全性是最重要的。

（二）舒适性

电梯的舒适性也是非常重要的，电梯的舒适性主要体现在电梯是否会出现失重以及超重的情况。如果电梯出现失重或者超重的情况，对于身体素质较弱的老人、儿童来说将会产生极度的不适。电梯产生失重或者超重最主要的原因就是速度太快，所一定采取措施对电梯速度进行有效的控制。在电梯速度控制方面，国内主要采用微机自动控制系统，一般将电梯速度控制在 0.3m/s。

（三）美观性

在电梯设计制造之中，除了要注意电梯的安全性和舒适性，美观性也很重要。电梯美观性的设计制造标准，首先，要根据用途来决定。公用电梯的美观性主要体现为大方、实用，但也可根据建筑管理者需求来进行；而家用电梯有所不同，因为家用电梯一般出现在别墅以及复式住宅当中，因此更具个性化，艺术化。其次，电梯的美观性还要根据建筑整体风格、特性来确定，要与建筑的整体风格相吻合、相协调，无论是整体结构以及装饰灯等。

二、保障电梯安全性的设计制造原则

保障电梯安全性是设计制造中最重要的考虑因素。下文对保障电梯安全性的设计制造原则进行详细分析。

（一）电梯驱动模式的选择

驱动模式是电梯运行的基础，驱动模式是电梯安全性的重要因素。由此可见，电梯设计制造中，驱动模式的选择至关重要。驱动模式的选择要依据建筑的整体结构特点，电梯的类型来进行，也可以根据设计者的喜好，或者功能需求来定夺。国内广泛应用的电梯驱动模式主要有四种：直线电机驱动、液压驱动、链轮驱动、曳引驱动，四种驱动模式各具特色，设计者要根据要求的不同，做出不同的选择，从而保障电梯的安全性。家用电梯一般采用比较稳定的液压驱动、链轮驱动；公用电梯一般使用于楼层较高，且速度上有一定要求的场景，主要采用直线电机驱动。直线电机驱动是把电能直接转化为直线运动机械能，中间无须转化装置，因此相对较快，其结构组成主要包括直线电机初级、直线电机次级、平衡块、制动机以及钢绳。

（二）底坑与高度的设计制造原则

在进行电梯设计制造时一定要做到灵活多变、具体情况具体分析、因地制宜，因为建筑楼体的条件存在差异。底坑与顶层的设计制造原则对于保障电梯安全至关重要。在电梯设计制造当中，必备的条件就是底坑。底坑的深浅要求各不相同，公用电梯底坑相对较深，家用电梯底坑相对较浅，一般常规电梯底坑深度在15cm左右。由于一些建筑楼体是不存在底坑的，那么就需要将电梯位置相对调高，高度一般在10cm左右，从而形成底坑，对于其底部可以做相关的装饰，提高美感。电梯的高度有严格的标准，整体不得低于245cm，轿厢的高度不得低于200cm，只有这样才能保证电梯的安全性。

（三）运行速度的设计制造原则

为了确保电梯的安全性，其运行速度也是非常重要的一个因素。坐电梯时可能会遇到失重，电梯出现失重的最主要因素就是运行速度，如果速度过快就有可能出现失重的情况。在运行速度上，电梯用途不同要求也不一样，家用电梯的运行速度不宜过快，因为家用电梯的使用者包括老人、儿童等弱势群体。如果电梯运行速度过快，出现失重状况，很可能会出现安全隐患。一般家用电梯运行速度控制在0.3m/s，公用电梯的应用多为工作的年轻人，但是速度也不宜过快，一般控制在0.5m/s，只有这样才能保证电梯的安全性。

（四）环境设备原则

对于电梯环境方面的设计，需要结合集中式规划操作、方便的基本操作和后期功能检测模式、分层（区）规划模式以及中心分隔模式的内容，将有效的规划目标与基本规划章程相结合。对于集中式的规划操作设计，需要将运行设计的经费降至最低，并且集中规划模式要切合层间的规划模型。电梯设计还应遵循方便人们使用的规则，这方面的设计规则要求将电梯设计于较为显眼的地方，保证电梯不影响正常人们的正常出行，特别是要考虑早晚高峰的人流量，避免频繁出现"超重"情况而导致电梯出现故障。

（五）轿厢门设计原则

在电梯的使用当中，轿厢门是最容易出现故障的部位，因此在电梯设计制造当中必须加以重视。首先，利用安全光幕保护是大多数无轿门电梯所采用的措施，但是要考虑一旦光幕出现问题的解决方法。因此，为了防止光幕出现问题，保证安全性，一定要在电梯轿厢门两侧安装电器开关活动小扇。其次，轿厢门一定要安装机电连锁，杜绝有人误入井道而出现坠落的情况。最后，在轿厢之内安装电话分机十分必要，电梯一旦发生故障，可以及时进行求救。

三、电梯常见事故原因及预防处理措施

（一）电梯事故类型及特点

电梯事故分为人身伤害事故、设备损坏事故和复合性事故。

1. 人身伤害事故

电梯人身伤害事故主要分为以下几种：

（1）坠落。比如因层门未关闭或从外面将层门打开，轿厢又不在该楼层，造成受害人失足从层门处坠入井道。

（2）剪切。比如当乘客进入或踏出轿门的瞬间，轿箱突然起动，使受害人在轿门与层门之间的上、下门坎处被剪切。

（3）挤压。常见的挤压事故，一是受害人被挤压在轿厢围板与井道壁之间；二是受害人被挤压在底坑的缓冲器上，或是人的肢体部分（比如手）被挤压在转动的轮槽中。

（4）撞击。撞击常发生在轿厢冲顶或蹾底时，使受害人的身体撞击到建筑物或电梯部件上。

（5）触电。受害人的身体接触到控制柜的带电部分或施工操作中，人体触及到设备的带电部分及漏电设备的金属外壳而导致触电。

（6）烧伤。火灾事故中，容易发生烧伤事故。在使用电焊和气焊的操作时，

也易发生烧伤事故。

2. 设备损坏事故

电梯设备损坏事故多种多样，主要分为以下几种：

（1）机械磨损。常见的机械磨损有曳引钢丝绳将曳引轮绳槽磨大或钢丝绳断丝，有齿曳引机蜗轮蜗杆磨损过大等。

（2）绝缘损坏。常见的绝缘损坏有电气线路或设备的绝缘损坏或短路，烧坏电路控制板；电动机过负荷其绕组被烧毁。

（3）火灾。常见的火灾有使用明火时操作不慎引燃易燃物品或电气线路绝缘损坏，造成短路、接地打火引起火灾发生，烧毁电梯设备，甚至造成人身伤害。

（4）湿水。常见的湿水有井道或底坑进水，造成电气设备浸水或受潮甚至损坏，引起机械设备锈蚀。

3. 复合性事故

复合性事故是指事故中既有对人身的伤害，同时又有设备的损坏。比如发生火灾时，既造成了人的烧伤，也损坏了电梯设备。又如制动器失灵，造成轿厢坠落损坏、轿厢内乘客受到伤害等。

当前我国在用电梯中，20 世纪七八十年代生产的产品比重很大，安全性能等有很多方面需要改进。所以，目前我国发生的电梯事故有以下特点：

（1）电梯事故中人身伤害事故较多，伤亡者中电梯操作人员和维修工所占比例大。

（2）电梯门系统的事故发生率较高，因为电梯的每一运行过程都要经过开门动作两次、关门动作两次，使门锁工作频繁，老化速度快，久而久之，造成门锁机械或电气保护装置动作不可靠。

（二）电梯事故原因分析

电梯事故的原因，一是人的不安全行为；二是设备的不安全状态，两者又互为因果。人的不安全行为可能是安全教育或管理不够引起的；设备的不安全状态则是长期维修保养不善造成的。在引发事故的人和设备的两大因素中，人是第一位的，因为电梯的设计、制造、安装、维修、管理等，都是人为的。人的不安全行为，比如操作者将电梯电气安全控制回路短接起来，使电梯处于不安全状态，这个处于不安全状态的电梯，又引发人身伤害或设备损坏事故。

（1）民用电梯中存在早期生产的设备陈旧、安全设施不健全、非标准淘汰电梯数量多等问题，这些问题长期得不到解决。

（2）安装环节问题多，一些电梯生产企业重生产、轻安装，大多数电梯的安装是由与生产企业无直接关系的单位承担的，形成电梯安装与生产相割裂的局面，导致出现问题相互推诿，安装质量无保障。

（3）电梯维修保养单位或人员没有严格执行"安全为主，预检预修，计划保养"的原则。按规定，电梯应3年一中修、5年一大修，但实际上很少做到，早期高层建筑在设计上都是单部电梯，没有备用，造成过度使用，加速老化，甚至有些电梯十几年都从未维修保养过。一些电梯安全装置失灵，却仍在使用。

（4）管理人员非专业化，忽视对技术人员和电梯工的安全教育与培训，导致他们缺乏安全意识，疏于对电梯设备的管理。

（5）维修人员违章操作，安全意识淡薄。例如，层门开启而无人看守、不设标志、无防护，使人误入井道；检修期间未将控制开关转至"检修状态"，或将门开关连锁短接；门未关而轿厢运行伤人；机房、轿厢、轿顶呼应不够；等等。

（6）乘客的不安全行为，一些乘客的不文明行为，对电梯造成损害。例如，踢门、打门、扒门，随意按急呼梯按钮，破坏电梯设施；乱配电梯层门开锁钥匙；当电梯出现故障时惊慌失措、自作主张扒门、扒窗，这都是很危险的。

（三）电梯事故应急措施

（1）电梯运行中因供电中断、电梯故障等原因而突然停驶，乘客被困轿厢内时，应通过警铃、对讲系统、移动电话或电梯轿厢内的提示方式进行救援，不要擅自行动，以免发生"剪切""坠井"等事故。

（2）为解救被困的乘客，应在维修人员或在专业人员指导下进行盘车放人操作。盘车时应缓慢进行，尤其当轿厢轻载状态下往上盘车时，要防止因对重侧重造成溜车。当对无齿轮曳引机的高速电梯进行盘车时，应采取"渐渐式"，一步步松动制动器，以防止电梯失控。

（3）电梯运行中因机械和电气故障出现故障时，工作人员应要求轿厢乘客保持镇定，远离轿门，拨打求救电话或大声呼喊，等待救援。

（4）发生火灾时，应当立即向消防部门报警；按动有消防功能电梯的消防按钮，使消防电梯进入消防运行状态，以供消防人员使用。对于无消防功能的电梯，应当立即将电梯直驶至首层并切断电源或将电梯停于火灾尚未蔓延的楼层。

（5）发生震级或强度较大的地震时，一旦有震感应当立即就近停梯，乘客迅速离开电梯轿厢，地震后由专业人员对电梯进行检查和试运行，测试正常后方可恢复使用。

（四）电梯事故预防处理措施

电梯业的安全工作必须在"安全第一，预防为主"的安全生产方针指导下工作。

1.电梯事故是可以预防的

电梯事故的发生有时看似偶然，其实有其必然性。电梯事故有其发生、发展的规律，掌握其规律，事故是可以预防的。比如坠落事故，许多事故类型、发生原因都基本相同，都是在层门可以开启或已经开启的状态下，轿厢又不在该层时，误入井道造成坠落事故，如能吸取教训，改进设备使其处于安全状态，只有轿厢停在该层时，该层层门方能被打开，就可杜绝此类事故的发生。

2.预防电梯事故需全面治理

因为产生事故的原因是多方面的，既有操作者的原因，也有设备本身的原因，以及管理原因，有直接原因，也有间接原因和社会原因及历史原因。例如，电梯安装及维保工作交由不具备相应资质的单位或个人承担，而导致事故的发生，这就是社会原因。在我国，有的在用电梯出厂在先，国家标准出台在后，电梯产品不符合国标要求，这是发生事故的历史原因。所以，预防电梯事故必须全方位地综合治理。

3.预防电梯事故的措施

预防电梯事故最根本的是要做好教育措施、技术措施和管理措施三个方面的工作。

（1）教育措施。教育措施是指通过教育和培训，使操作者掌握安全知识和操作技能。目前实施的电梯作业人员安全技术培训考核管理办法，就是一项行之有效的教育措施。

（2）技术措施。技术措施是指对电梯设备、操作等在设计、制造、安装、改造、维修、保养、使用的过程中，从安全角度应采取的措施，这些措施主要包括以下几项。

①坚持设计标准，满足安全要求。

②产品质量必须符合国家标准。

③提高安装质量，坚持验收标准、试验标准和检验标准。

④有完好的安全装置和防护装置。

⑤做好维修保养工作，及时消除设备缺陷，对不符合安全要求的部件或电路，及时予以技术改造，使之符合安全要求。

（3）管理措施。管理措施是指国家和地方行政管理部门制定和颁布的有关安全方面的法律、法规、标准和企业单位制定的规章制度。

①建立、健全安全工作管理机构，明确安全管理人员的职责。

②坚持"安全第一、预防为主"的指导方针，建立、健全安全管理制度。

③定期组织学习有关法律、法规，使作业人员了解标准、掌握标准、执行标准。

④制订安全计划、开展安全活动，对电梯事故进行分析，总结经验，吸取教训。

第五章　起重机械

第一节　起重机械的定义和分类

一、起重机械的定义

起重机械，是指用于垂直升降或者垂直升降并水平移动重物的机电设备。起重机械分为额定起重量≥0.5t的升降机，额定起重量≥1t、提升高度≥2m的起重机，以及承重形式固定的电动倒链（俗称葫芦，下同）等。起重机械是现代各工业企业中实现生产过程机械化、自动化，减轻繁重体力劳动，提高劳动生产率的重要工具和设备。随着科学技术和生产的发展，起重机械在不断地完善和发展，先进的电气和机械技术逐渐在起重机上得到应用，其趋向是增进自动化程度，提高工作效率和使用性能，使操作更加简化、省力、安全可靠。起重机械由驱动装置、工作机构、取物装置和金属结构组成。起重机作业是间歇性的周期作业，其工作循环是取物装置借助金属结构的支撑，通过多个工作机构把物料提升，并在一定空间范围内移动，按要求将物料安放到指定位置，空载回到原处，准备再次作业，从而完成一个物料搬运的工作循环。从安全角度来看，与一般机械较小范围内的固定作业方式不同，特殊的功能和特殊的结构形式，使起重机作业时存在诸多危险因素。

二、起重机械的分类

（一）桥式类型起重机

1.桥式类型起重机的分类

桥式类型起重机分为桥式起重机、电动单梁起重机、龙门起重机、装卸桥和各种专用起重机等。

2. 桥式起重机的构造

桥式起重机由桥架、桥架主梁、驾驶室、大车运行机构、轨道五部分组成。

（1）桥架。桥式起重机的桥架是金属结构件，它一方面承受着满载的起重小车的轮压作用，另一方面又通过支承桥架的运行车轮，将满载的起重机全部重量传给了厂房内固定跨间支柱上的轨道和建筑结构。桥架的结构形式不仅要求自重轻，还要有足够的强度、刚性和稳定性。桥架还应考虑先进制造工艺的应用，达到结构合理、质量好和成本低的要求。

桥式起重机的桥架，是由两根主梁、两根端梁、走台和防护栏杆等构件组成。起重小车的轨道固定在主梁的盖板上，走台设在主梁的外侧。悬臂通常固定在主梁上，依靠焊在主梁腹板上的撑架来支托，其高低位置取决于车轮轴线的位置。走台的外侧设有栏杆，以保证检修人员的安全。同理，端梁的两个外侧也设有栏杆，为了使桥架运输和安装方便，常把端梁制成两段，分别与两根主梁焊接在一起，成为半个桥架，待运到使用地点以后，再将两个半桥架用高强度螺栓连接在一起，成为一台完整的桥架。

桥架的跨度，就是两根端梁中心线之间的距离。跨度的大小，是决定主梁高度的因素之一。

桥架的结构形式多样，有箱形结构、箱形单主梁结构、四桁架式结构和单腹板开式结构等。箱形结构具有制造工艺简单、节省工时、通用性强、机构安装和维修方便等一系列优点，因而是目前国内外常用的桥架结构形式。箱形单主梁结构是用一根宽翼缘箱形主梁代替两根主梁，因此减轻了自重，是较新型的结构形式。四桁架式结构的制造工艺复杂、耗费工时多、外形尺寸大，所以目前较少生产。单腹板开式结构的水平刚性和抗扭刚性都较差，而且在使用中上部翼缘主焊缝还有开裂现象，目前很少采用。

（2）桥架主梁。桥架是起重机的基本构件，双梁桥架由两个主梁和两个端梁组成。

主梁的结构形式多样，因为箱形结构的主梁具有整体刚性大，制造、装配、运输和维修条件好等很多优点，在国内外被广泛采用。主梁的材料多由普通的碳素钢或低合金钢制造。组成桥架的两个主梁，都制成均匀向上拱起的形状，其目的是增强主梁的承载能力，因为起重机在吊物时主梁会产生下挠。所谓下挠，就是主梁向下弯曲。因此，有了预制的上拱度，就可消除或减少小车在运行中的附加阻力和自行滑动。

随着使用年限的增加，桥式起重机主梁的上拱度会逐渐减小，直至消失，原始上拱度与剩下的上拱度之差，就是主梁上拱度的减小量。据粗略调查，起重机在经常满载情况下，使用 1～2 年后，上拱度会消失 20% 左右；使用 5 年后上拱度会消失 40% 左右；使用 10 年左右，一般开始出现下挠，所以，起重机在使用中应该定期进行检查测量，如果其下挠度超过规定的界限，应停止使用，及时修复。

（3）驾驶室。驾驶室是一个金属结构的小室，室内装有起重机各机构的电气控制设备及保护配电盘、紧急开关、电铃按钮和照明设备等。它是起重机驾驶员对起升机的各机构的运转进行操纵的地方，它可靠地悬挂在桥架靠近端梁附近一侧的走台下面，一般都设在无导电裸线的一侧。

对驾驶室的要求：从安全出发，应具有一定的强度，其顶部能承受 $25kN/m^2$ 的静载荷。开式驾驶室应设有不低于 1 050mm 的栏杆，并应可靠地围护起来。除流动式起重机外，驾驶室外面有走台时，门应向外开，没有走台时，门应向里开。驾驶室地面与下方地面、通道、走台等距离超过 2m 时，一般应设置走台。从保护驾驶员的健康和安全操作出发，用于高温、多尘、有毒等环境的起重机应采用封闭式驾驶室；工作温度高于 35℃ 的起重机，应设有降温装置；当工作温度低于 5℃ 时，应设有采暖设备，采暖设备必须安全可靠；对直接受到高温热辐射的驾驶室，应设有隔热层；驾驶室内的净空高度应不小于 2m，室内有适度的空间，并备有舒适而可调的座椅。驾驶室的构造与布置，应使驾驶员对工作范围具有良好的视野，并便于操作和维修。在驾驶室通往桥架走台的舱口门和通往端梁的栏杆门上均装有安全开关，在开启舱口门或栏杆门时，安全开关关闭，电源被切断，起重机无法工作，保证了操作者和检修人员的人身安全。

（4）大车运行机构。大车运行机构的作用是驱动桥架上的车轮转动，使起重机沿着轨道作纵向水平运动。大车运行机构由电动机、制动器、减速箱、联轴节、传动轴、轴承箱和车轮等零部件组成。大车运行机构常见的驱动方式有三种：集中低速驱动、集中高速驱动和分别驱动。目前，大车运行机构多采用分别驱动的方式。分别驱动的特点是大车的运行机构中，中间没有很长的传动轴，而在走台的两端各有一套驱动装置，左右对称布置。每套驱动装置由电动机通过制动轮、联轴节、减速箱与大车车轮连接。分别驱动与集中驱动相比较，具有下列优点：由于省去了很长的传动轴，减轻了自重，安装与维修也较方便。

（5）轨道。轨道是用作承受起重机车轮的轮压并引导车轮运行，所有起重机的轨道都是由标准的或特殊的型钢或钢轨制成，它们应符合车轮的要求，同时也应考虑到固定方法。桥式起重机常用的轨道有起重机专用轨、铁路轨和方钢三种。

中、小型起重机的小车常用 P 型铁路钢轨，也可采用方钢，大型起重机采用 P 型与 QU 型起重机专用轨；大车轨道采用 P 型与 QU 型起重机专用钢轨，这些轨道用压板和螺钉固定。

（二）门式起重机

1. 门式起重机的类型

门式起重机在起重运输机械中是一种应用十分广泛的起重设备。它主要用于室外的货场、料场，用来进行件货、散货的装卸工作。门式起重机种类繁多，特点各异。

按照整体结构形式，门式起重机可分为全门式、半门式、双悬臂门式和单悬臂门式四种类型；按照主梁形式，门式起重机可分为单主门梁式、双梁门式、铁路集装箱式和电站用启门门式 4 种类型；按照吊具形式，门式起重机可分为吊钩门式、抓斗门式、电磁门式、两用门式、三用门式和双小车门式 6 种类型。

2. 门式起重机的构造

门式起重机尽管种类繁多，但构造却大同小异，都由电气设备、小车、大车运行机构、门架和大车导电装置五大部分组成。抓斗门式起重机有时还设置煤斗车。

（1）门式起重机的电气设备。门式起重机的动力源是电力，靠电力进行拖动、控制和保护。门式起重机的电气设备是指轨道面以上起重机的电气设备，门式起重机的电气设备大部分安设在驾驶室和电气室内。

（2）门式起重机的小车。门式起重机小车一般由小车架、小车导电架、起升机构、小车运行机构、小车防雨罩等组成，以实现小车沿主梁方向的移动，取物装置的升降，以及吊具自身的动作，并适应室外作业的需要。小车形式根据主梁形式的不同而异，主要有：

①双主梁门式起重机的小车。双主梁门式起重机的小车形式，与桥式起重机小车形式基本相同，都属于四支点形式。

②单主梁门式起重机的小车。单主梁门式起重机的小车，分为垂直反滚轮式小车和水平反滚轮式小车两种。垂直反滚轮式小车又称为两支点小车，水平反滚轮式小车又称为三支点式小车。为了防止小车突发性倾翻，垂直反滚轮式小车和水平反滚轮式小车的车架尾部都设有刚性的安全钩。

③具有减振装置的小车。运行速度大于 150m/min 的装卸桥小车，为了减小冲击，设置了减振装置。这种小车为保证起动、制动时驱动轮不打滑，一般都采用全驱动形式，四个车轮均为驱动轮。

（3）门式起重机的大车运行机构。门式起重机的大车运行机构都是采用分别驱动的方式。车轮分为主动车轮和被动车轮。车轮的个数与轮压有关，主动车轮占总车轮数的比例，是以防止起动和制动时车轮打滑为前提而确定的。一般门式起重机的驱动分为 1/2 驱动、有 1/3 驱动、2/3 驱动或全驱动。

（4）门式起重机的门架。门式起重机的门架是指金属结构部分，主要包括主梁、支腿、下横梁、梯子平台、走台栏杆、小车轨道、小车导电支架、驾驶室等。门式起重机的门架可分为单主梁门架和双主梁门架。

①单主梁门架。单主梁门架由 1 根主梁、2 个支腿或 2 个刚性腿，或 1 个刚性腿加 1 个挠性腿、2 个下横梁、自地面通向驾驶室和主梁上部的梯子平台、主梁侧部的走台栏杆、小车导电滑架、小车轨道、驾驶室、电气室等部分组成。

②双主梁门架。双主梁门式起重机的门架主梁多为 2 根偏轨，两主梁间有端梁连接，形成水平框架。主梁一般为板梁箱形结构，也有桁架结构。其支腿设有上拱架，上拱架与下横梁形成一次或三次超静定框架。双主梁门式起重机不单独设置走台，主梁上部作走台用，栏杆、小车导电滑架皆安装在主梁的盖板上。桁

架式主梁若为四桁架式，走台铺设在上水平桁架上；若为"I"字梁式，走台设在两片竖直桁架的中间部位。

③门架中主梁的分段。门式起重机门架中的主梁，由于有悬臂，都比较长，可达60m左右。因为铁路运输和公路运输的条件所限，主梁在设计制造中常被分为两段甚至三段。一般来说，超过33m的主梁需分段，每段长度≤33m，分段处设有主梁接头。使用单位在安装起重机时，需要将主梁连接起来。箱形结构的主梁多采用连接板和高强度螺栓连接。被连接的主梁部分和连接板均需进行打砂处理。桁架式主梁可分段制作，主梁各杆件到使用现场再组装。

3.门式起重机的机构

门式起重机与桥式起重机一样，主要分起升机构和小车运行机构。

（1）门式起重机起升机构。

①门式起重机起升机构的主要形式及构成。门式起重机起升机构主要包括：吊钩门式起重机的起升机构、抓斗门式起重机的起升机构、电磁门式起重机的起升机构、三用门式起重机的起升机构和两用门式起重机的起升机构。

吊钩门式起重机的起升机构与桥式起重机的起升机构基本相同。

抓斗门式起重机的起升机构由四绳抓斗的开闭机构和抓斗的起升机构组成。它与吊钩起升机构的区别是四绳抓斗机构的钢丝绳缠绕倍率为1，无定滑轮，卷筒钢丝绳直接连到抓斗上，一个卷筒上的两根绳为开闭绳，另一个卷筒上的两根绳为起升绳。

电磁门式起重机的起升机构是在吊钩门式起重机的起升机构基础上发展起来的，它在减速器输出轴上加了惰轮，在卷筒旁设置一个带外齿的电缆卷筒，电磁吸盘挂在吊钩上，随之升降。电磁吸盘上设有电源插座，电缆一端插入电磁吸盘，另一端缠绕到电缆卷筒上，电缆随吊钩同步升降。为保证其同步性，要求速比匹配准确。

如果吊钩上不挂电磁盘，挂上马达抓斗就成为三用门式起重机的起升机构。只不过电磁门式起重机可挂电磁吸盘，而三用门式起重机既可挂电磁吸盘，又可挂马达抓斗。

两用门式起重机的起升机构是指吊钩起升机构和四绳抓斗机构的组合，这是两个独立的机构。

②门式起重机的起升机构的特点。门式起重机的起升机构与桥式起重机的起升机构形式类同，采用的零部件也基本相同。单主梁门式起重机的起升机构的布置，必须保证在小车不承载时小车自重的重心在主梁外侧，且重心到主轨道距离不少于150mm，并设有防止意外倾翻的安全钩。

（2）门式起重机小车运行机构。门式起重机的小车运行机构，分为双主梁小车运行机构和单主梁小车运行机构两种。

①双主梁小车运行机构。门式起重机的双主梁小车运行机构与桥式起重机小车运行机构相同。

②单主梁小车运行机构。单主梁小车分为垂直反滚轮式和水平反滚轮式，它们的小车运行机构类似。其运行机构由电动机、制动器、套装减速器、传动轴、联轴器、轴承箱、车轮、导向轮、垂直反滚轮、有安全钩的平衡梁、水平轮等组成。如果条件允许，空间不受限制，最好在套装减速器与电动机之间加一传动轴，这两种小车的主轨道上都有两个车轮，一个为主动车轮，一个为被动车轮，驱动机构只有一套。

（三）履带式起重机

1. 履带式起重机的分类

履带式起重机是起重机械中的一种，因其具有自重大、稳定性好、可不用外伸支腿、能在松软泥泞工作场地行驶、操作简易、维修方便等优点而被广泛用于建筑施工、铁路装卸等部门。履带式起重机是目前起重作业中不可缺少的起重机械。

2. 履带式起重机的构造

（1）履带式起重机的传动系统。传动系统的作用是将从动力源取得的动力，按需要分别传送给各工作机构，使之适应各工作机构的运行。传动系统一般分为机械式传动、液压传动、电—液传动等类型。

（2）履带式起重机的工作机构。履带式起重机的工作机构由起升、回转、变幅、行走以及辅助机构等部分组成，主要包括卷扬机构、回转机构和行走机构三部分。其中，卷扬机构又分主卷扬机构和起重臂卷扬机构；回转机构中包括回转台系统。

（3）起重臂卷扬机构。起重臂卷扬机构主要由蜗轮和蜗杆自锁机构、起重臂升降制动器、卷扬筒等组成。

（4）回转机构。回转机构主要由回转垂直轴、爪形离合器、回转制动器和回转大小传动齿轮等组成。回转垂直轴的上部花键上装有可上下滑动的爪形离合器，它能与垂直轴上可自由转动的齿轮、上端面的爪形离合器互相啮合。制动鼓装在爪形离合器处。回转垂直轴的下端装有回转小齿轮，它与回转台下部的大齿轮（俗称齿圈）互相啮合，处在与爪形离合器的同一位置上。同时，回转垂直轴上还安装有回转制动器。

（5）行走机构（机械式和液压式）。行走机械主要由行走垂直轴、行走水平轴、左右转向机构、履带机构和行走制动器组成。

（6）辅助机构由柴油发动机、主离合器、减速器、换向器和操纵机构等组成。

①柴油发动机。柴油发动机是起重机工作的原动力，柴油发动机的构造可参见有关内燃机构造图册。

②主离合器。主离合器又称总离合器，它是把发动机的动力传递给各工作机构的总闸。由于各工作机构阻力大，发动机起动时不易带动，所以需要用主离合器隔开，待发动机转速增高后，通过主离合器接上发动机，使发动机的动力传递到各工作机构中去。

③减速器。减速器的作用主要是降低转速，增大扭矩，使之适应起重机各工作机构所需要的转速与扭矩。减速器为普通圆齿减速，它由输入轴、中间轴、输出轴构成，每根轴上装有不同齿数比的啮合齿轮，以获得减速。输出轴除中部（箱内）安装有传动齿轮外，其两端（箱外）分别安装着输出传动齿轮和叶片泵。

④换向器。换向器的作用是把动力输入的单一方向改变为两个方向输出。换向机构主要由2根相互垂直的轴（换向水平轴和换向垂直轴）和3个锥形齿轮组成。

⑤操纵机构。操纵机构主要由液压操纵系统和电气操纵系统两大部分组成。液压操纵系统由油泵（叶片泵）、操纵阀、工作油缸、蓄油器、油管、油箱等组成，它的作用主要是操纵各工作机构进行工作。电气操纵系统主要由直流起动电

动机、发电机、调节器、蓄电池、辅助照明设备和音响设备等组成。

（四）门座式起重机

1.门座式起重机的分类

门座式起重机是以其门形机座而得名的。门座式起重机多用于造船厂、码头等场所。门形机座上装有起重机的旋转机构，门形机座实际上是起重机的承重部分。门形机座的下面装有运行机构，可在地面设置的轨道上行走。在旋转机构的上面还装有起升机构的臂架和变幅机构，四个机构协同工作，可完成设备或船体分段的安装，或者进行货物的装卸作业。门座式起重机通常由外部电网经软电缆供电，其四大机构一般均采用三相感应电动机分别驱动。

2.门座式起重机的结构

门座式起重机的门形机座又叫做门架，一般是用钢材焊接而成的。门架承受着本身重量、货物质量和风的载荷，此外，各种运动所产生的惯性力以及由此引起的力矩也均由门架承受。因此，门架必须有足够的刚性和强度。门架一般采用以下三种形式：

（1）八杆门架。这种门架顶部是钢质圆环，中部有8根由型钢或钢板焊制而成的支杆，下部的门座则用钢板焊成箱形结构。八杆式门架的特点是门架的重量轻、结构简单、制造比较方便。

（2）交叉门架。交叉门架的顶部通常是箱形断面的圆环，在这个圆环上装有圆形轨道及齿轮。交叉门架的中部常有两层水平放置的十字梁，用以支撑四条立腿。交叉门架上层的十字梁主要用来装置转柱的下支承座。交叉门架的构件少，刚性好，制造也比较简单，是目前用得较多的一种门架。交叉门架的十字梁及门腿都受到较大的弯矩，因此都采用较大的截面，这样的结果导致起重机的自重增加，增大了车轮的轮压。

（3）圆筒门架。圆筒门架的中间部分是大直径的钢筒。圆筒门架的顶面上装有相应尺寸滚动轴承和大齿轮，在大直径钢筒内部可装设登高用的电梯。圆筒门架的外形简单、自重轻、制造和安装都比较方便。圆筒门架各支腿支承力的大小和起重机部分在门架上的位置有关，特别是与臂架转过的角度有关。

3.门座式起重机的起升机构

起升机构由电动机、制动器、臧速器、卷筒和钢丝绳卷绕系统组成。对于起重量较大的起重机，除主起升机构外，还有副起升机构。主起升机构的起重量大，但起升速度较慢。副起升机构起重量较小，但起升速度较快。副钩的起重量一般是主钩起重量的25%左右。门座式起重机的取物装置可以是吊钩，也可以是抓斗。为了使门座式起重机用途广泛，通常把起升机构设计成双卷筒结构，每一个卷筒都用一台电动机来驱动。两只卷筒上的绳槽的方向是相反的，左边的卷筒作为支持绳卷筒，使用左旋钢丝绳，右边的卷筒用作闭合绳卷筒，使用右旋钢丝绳。取物装置的升降是通过改变电动机的转向来实现的。用抓斗作为取物装置时，把支持绳接到支持绳卷筒上，把闭合绳接到闭合绳卷筒上。采用吊钩作取物装置时，吊钩常用带有滑轮组的夹套支持着。在门座式起重机的卷筒与人字架顶端的滑轮间，装有超负荷报警器。当起吊的负载达到额定起重量的90%时，报警器即发出信号，提醒驾驶员应谨慎操纵。如果起吊的负载超过额定起重量时，能自动切断起升机构的电源并发出禁止性报警信号。在门座式起重机卷筒两端装有限制起升高度和下降深度的行程开关。当吊具起升到极限高度时，行程开关能自动切断起升的电源，但仍能执行下降的任务。为了使起升的货物悬于一定的高度，起升机构都装有制动器。起升机构的制动器一般是液压枪杆式，这种制动器是常闭式制动器，平时制动器的制动轮被紧紧地抱住，仅在需要起升或下降动作时，液压通过推杆松开制动轮，实现吊具的上升或下降。制动器应勤加检查，每周不得少于1次。吊运危险物品的起升机构，要设置2个制动器，确保制动安全可靠。

4.门座式起重机的变幅机构

在门座式起重机中，从其回转中心线至取物装置中心线的径向水平距离，称为工作幅度。利用臂架起伏来改变工作幅度的机构叫作变幅机构。门座式起重机是通过运行机构、回转机构和变幅机构三者联合动作来改变货物的位置，从而完成装卸任务的。门座式起重机的变幅机构的臂架是在负载情况下进行变幅的，称为工作性变幅机构。对于工作性变幅机构，除了要求能克服各种阻力外，还要求机构的刚性强、变形小，有高效率的传动能力，因为是在负载下变幅的，所以各种阻力显然要比空载变幅时大得多。门座式起重机的变幅机构一般由起伏摆动的臂架平衡系统、货物升降补偿装置和驱动装置三部分组成。

（1）臂架平衡系统和货物升降补偿装置。在变幅过程中，臂架系统的重心应不出现或极小出现升降现象。要实现上述要求，可采用绳索补偿法、组合臂架补偿法。目前，门座式起重机大都采用组合臂架补偿法的臂架平衡系统。组合臂架补偿法利用臂架端点在变幅过程中沿接近水平线的轨迹移动来保证其重心极小出现升降现象。组合臂架系统由臂架、象鼻架、刚性拉杆所组成。上述三种杆件与机架构成了一个平面四连杆机构。拉杆与象鼻架一端铰接，另一端铰接于回转部分的构架上，位置固定不变。载重绳绕过象鼻架端点上的滑轮，通过臂架端或鼻架尾部滑轮卷在起升机构的卷筒上。采用这种补偿机构后，臂架下方有较大的空间，有利于起重机各种机构的布置。尽管它具有结构复杂、重量较大等缺点，但其结构强度高、吊运速度快，因而得到普遍应用。门座式起重机在最大幅度时臂架的倾斜角一般为 40° ～ 50° ，在最小幅度时臂架的倾斜角一般为 75° ～ 85° 。

（2）驱动装置。门座式起重机臂架的驱动装置种类很多，常见的有齿条驱动装置、扇形齿轮驱动装置、液压驱动装置、螺杆螺母驱动装置。

①齿条驱动装置。齿条传动变幅驱动装置的齿条通过装于机房顶上的减速器直接带动臂架。齿条的齿形常制成针齿形状，因为在工作中齿条较易磨损，使得起动和制动时有冲击发生，很不平稳，所以各项安全设置应灵敏、可靠。必须每周检查齿条的磨损是否超过规定的允许值，否则就会发生臂架超过行程而坠落的危险。齿条传动变幅驱动装置能承受双向力，结构较小，因此比较紧凑，自重较轻，工作效率也很高。

②扇形齿轮驱动装置。扇形齿轮驱动装置的结构比较简单，可以完成臂架的起伏动作。这种结构只适用于配重置于臂架延长线上的臂架。在这种驱动装置中，齿轮是等速旋转的，因而臂架以等角速度起伏，但起吊货物的水平移动速度则随臂架倾斜角的增加而逐渐增加，也随管架倾斜角的减少而逐渐降低。扇形齿轮驱动装置只用在小型、低速起重机上。

③液压驱动装置。液压驱动装置的臂架用装于机房顶部的液压系统的活塞推杆直接推动。这种装置具有结构紧凑、自重轻、能承受双向力、工作平稳等特点。

液压传动中的构件如活塞、缸筒、推杆及各种阀门的制造和安装都要求有一定的精度，因此，需要熟练和高级技工才能完成这项任务。起重机驾驶员应该加强液压驱动装置的维护保养，确保液压驱动装置性能良好。液压驱动系统中除油泵外，还有驱动油泵用的电动机，盛放液压油的油箱、活塞、油缸、管道、阀门和仪表等。

④螺杆螺母驱动装置。螺杆螺母驱动装置能承受双向力，变幅过程比较平稳，且外形尺寸小、自重较轻。螺杆螺母驱动装置的缺点是由于变幅平稳所带来的效率较低。

5.门座式起重机的回转机构

门座式起重机的回转机构用来保证所吊重物沿圆弧进行水平移动,俗称分波。它与起升机构、变幅机构配合动作可使所吊重物到达幅度所及的空间范围。回转机构由回转支承装置和回转驱动装置两部分组成。

（1）回转支承装置。目前采用的回转支承装置有转盘式回转支承装置、转柱回转支承装置和定柱回转支承装置三种。

①转盘式回转支承装置。采用这种回转支承装置的起重机，其回转部分安装在一个大转盘上，转盘由滚动元件支承，与回转部分一起回转。根据滚动元件的结构不同，转盘式又可分为支承滚轮式、滚子夹套式和滚动轴承式三种。支承滚轮式是在转盘下面装置若干个滚轮，滚轮压在圆形轨道上，并由圆形轨道承担垂直负荷。在滚子夹套式装置中，转盘和底座上都装了轨道，滚动体可以是滚珠、滚柱或滚轮，它们置于两个轨道之间。滚动轴承式回转支承装置采用特制的滚动轴承替代滚动体和滚道，转盘就固定在轴承的旋转座圈上，其固定座圈则与起重机的门座相固接。

②转柱回转支承装置。转柱回转支承装置由倒锥形大支柱、支撑滚轮组成的上支座及轴承组成的下支座三部分组成。倒锥形大支柱的底部支承在底部轴承上，使底部轴承受垂直方向的压力。支承滚轮轨道装在转柱上或门座桁架上。水平滚轮一般装有偏心的轴套，只需转动滚轮的心轴，就可以调整水平滚轮与滚道之间的间隙达到所需要的数值。上、下支座都是承受载荷的部件，因载荷的数量很大，故应按规定时间给以保养，使这些部件得到充分的润滑。否则，磨损将加剧。

③定柱回转支承装置。定柱回转支承装置与转柱支承装置不同，它有一个与

起重机回转部分固定在一起的圆锥形罩。这个圆锥形罩覆盖在固定不转的圆锥形立柱上。上支座由圆锥形罩上端的圆柱内壁和圆锥形立柱上端延伸的圆柱部分构成。圆锥形罩的下端与定柱下部组成下支座，其滚轮数可适当增加以减小滚轮水平方向的轮压。

（2）回转驱动装置。门座式起重机的回转驱动装置由电动机、减速器、齿轮、制动器及电气操纵等部分组成。其驱动装置与驾驶室都设置在起重机的转盘上。电动机经减速器输出轴的小齿轮与装在门架上固定部位的大齿圈啮合。电动机转动时，小齿轮沿大齿圈滚动，带动整个转盘围绕回转中心回转，即起重机完成了回转运动。目前采用的回转驱动装置的结构有以下四种：

①立式电动机、立式圆柱齿轮减速器传动。

②立式电动机、立式行星减速器传动。这种形式的驱动机构结构紧凑，因此所占的面积较小，且效率较高，因而应用者日益增加。

③卧式电动机、圆柱及圆锥齿轮传动。这种驱动机构效率虽高，也有利于使用标准的减速箱，但占地面积较大，给设计人员带来了布置上的困难。

④卧式电动机、蜗轮减速器直接带动。这种传动方式布置比较紧凑、占地面积较小，但传动效率低，因此，目前已很少采用这种回转驱动机构了。

6.门座式起重机的运行机构

使门座式起重机在轨道上运行的机构叫做门座式起重机的运行机构。门座式起重机的运行机构一律采用分别驱动的方案，在门架的四条支腿下部装置了均衡台车，用以支承整台门座式起重机的重量。每辆均衡台车的车轮数较多，为了保证起重机能沿着轨道运行，要求有一半车轮由驱动机构来驱动。运行机构中的部件还可根据用途分为驱动部分和支承部分。属于驱动部分的有电动机、减速器、齿轮、制动器等部件，而均衡梁、销轴、车轮等组成的均衡台车则为其支承部件。

（1）驱动机构。门座式起重机采用分别驱动的方式会使其自重减轻、维修方便、工作可靠，但由于用的电动机、减速器、制动器的数量相应地有所增加，故造价有所提高。根据上面所提出的有一半车轮由驱动机构来驱动的要求，门座式起重机的四条支腿至少装有2套驱动装置，也可装置4套驱动装置，即在每一条支腿下都有一套驱动机构，称为全部驱动方式，这种方式有足够的驱动力。对于具有 2 套驱动装置的门座式起重机而言，其驱动装置的布置可有三种形式：第一种是把 2 套驱动装置安置在同一根轨道上的两条支腿上；第二种是把 2 套驱动装置安置在不同轨道与轨道中心线对称的两条支腿上；第三种是把 2 套驱动装置安置在成对角线的两条支腿上。在上述三种方式中，以采用对角驱动的方式为佳。这种布置方式可保证臂架转动时对角轮压之和变化不太大，使得整体的运行没有多大困难。

（2）均衡台车。在门座式起重机的四条支腿下，安装着的车轮数目相等。为了保证车轮承受的轮压比较接近，采用了均衡台车结构。均衡台车的车轮都是由铸钢制成的，车轮具有圆柱形的双轮缘，这对防止脱轨及延长其使用寿命有一定的好处。由于门座式起重机自重大，因此均衡台车的轴承应每周加钙基润滑脂一次，保证摩擦表面不致出现干摩擦的现象，这样对延长销轴及轴承的使用寿命是有利的。

（3）运行机构的检查。对运行机构的检查，其目的在于确保整台起重机的安全。一般要对门座式起重机的轮压进行检查，如果轮压超过规定或地基过软，就可能在整机运行中发生整机倾斜甚至翻倒的事故。门座式起重机一般位于露天场地上，当冬季到来时，轨道表面可能有露水甚至有冰，于是造成主动轮与轨道表面之间黏附力太小，不能克服各种阻力之和，使车轮原地打滑。这种情况一般出现在冬季清晨。

此时，可在轨道表面撒上一层干砂来增加主动轮与轨道表面的黏附力。运行机构的制动器应保证门座式起重机准确地停到所需位置，而且制动时间应尽可能地短，这样整台门座式起重机的滑移距离就会小一些。运行机构的制动器应天天检查，因为当制动器失灵时，行走中的门座式起重机往往因本身的惯性作用继续滑移，可能发生起重机设备事故或人身事故。特别要检查起重机的制动器电磁铁是否因振动而被卡住不动。此外，要检查电磁铁的线圈是否因雨水的关系而受潮。

（五）塔式起重机

塔式起重机常用于房屋建筑和工厂设备安装等场所，具有适用范围广、回转半径大、起升高度高、操作简便等特点。塔式起重机的起重臂安装在塔身上部，高出建筑物，并可安装在靠近建筑物的一侧，因此它的有效幅度要比履带式起重机和轮胎式起重机大得多。塔式起重机的起重高度一般为 40～60m，最大的甚至超过 200m，一般可在 20～30m 的旋转半径范围内吊运构件和工作物。塔式起重机在我国建筑安装工程中得到广泛使用，是一种主要的施工机械。

1. 塔式起重机的特点

塔式起重机是一种间歇动作的机械。它的基本特点是臂架与塔身形成一个角形的空间，直接靠近在建的构筑物或建筑物旁。这种形式能使它的有效工作幅度超过其他起重机械。塔式起重机与其他起重机相比较，具有以下特点。

（1）工作幅度大，工作面广。

（2）可吊高度高，吊运性能好。

（3）视野开阔。塔式起重机驾驶室随着建筑物上升而上升，驾驶员可以看到装配作业的全过程，因此有利于塔式起重机操作等。

2. 塔式起重机的金属结构

塔式起重机由下列基本构件组成：起重臂、塔身、塔帽和支架、平衡臂、回转平台、底座、套架等。由于结构形式不同，其组成部分也不一样。

（1）起重臂。起重臂主要有压杆式、小车式两种。压杆式起重臂的载荷始终在起重臂的顶端，随着起重臂仰角的变化而变幅，起重臂始终受压，故称为压杆式起重臂。小车式起重臂的载荷由在起重臂上行走的小车担负，靠小车行走进行变幅，这种起重臂既受弯又受压。压杆式起重臂的结构形式可分为实腹式、桁架式两种；按其断面形状又可分为三角形、四边形；在全长上又可分成等截面、变截面。起重臂的长度决定了塔式起重机的工作范围及有效幅度。压杆式起重臂与小车式起重臂的水平宽度约等于起重臂长的 1/10 左右，起重臂垂直高度约等于起重臂长的 1/30 左右。不论采用压杆式起重臂，还是采用实腹式或桁架式起重臂，都要求设法减轻起重臂的重量，增加起重量，这对起重机的使用有重要意义。

（2）塔身。塔身按照受力状况可分为中心受压、偏心受压两种。上回转装置的起重机，塔身为偏心受压，此时除风载荷引起的弯矩外，起重力矩或平衡重力矩都使塔身受弯，整个塔身相当于偏心受压杆件。上回转装置的塔身，其高度可以随着建筑物升高而升高，整个塔身就做成许多标准节段在施工中进行逐节安装。下回转装置的起重机，塔身为中心受压，但严格地讲纯粹中心受压的塔身是没有的，由于风载作用使塔身受弯，这就相当于偏心受压了。下回转装置的塔身，其高度往往固定不变，整个塔身由一段、二段、三段拼接出来。

下回转装置也可通过下加节来提高起重机的起升高度，但由于不能附着，所能增加的高度也是有限的。塔身与塔臂一样可分成实腹式、桁架式两种。实腹式实际上是用于上回转装置塔身的标准节段中。桁架式结构用得较多，几乎所有形式的塔身都采用桁架式结构，现代塔式起重机的塔身，绝大多数采用桁架式。桁架式塔身的腹杆体系有单斜杆、单斜杆加横杆、十字交叉腹杆和 K 形腹杆。单斜杆体系挡风面积最小，制造简便，用得最多，最经济。塔身联结方法一般有法兰联结、销轴联结、剪切螺栓联结、轴瓦式联结、高强度螺栓联结。

（3）塔帽和支架。塔帽和支架的结构形式很多，主要与起重臂及变幅、回转支承的位置有关。塔帽和支架是起重臂和平衡臂的支承结构。起重臂一端直接支承在塔身上或间接支承在塔身上，另一端就通过拉绳与塔帽或支架联结。因此，塔帽或支架所受的荷载，除风荷载外，主要是由起重臂或平衡臂的拉绳传来的荷载。塔帽或支架高度与起重机的参数（起重能力与幅度）以及起重臂拉绳、平衡臂拉缩的吊点位置有关。高度过大，对塔帽或支架结构本身不利，用钢量也有所增加；塔帽或支架过低，对拉绳、起重臂和平衡臂结构受力不利。塔帽或支架在起重臂平面内主要受单向或双向拉绳之力，拉绳内力来自起重臂或平衡臂，塔帽或支架在垂直于起重臂平面方向内的力，则主要是风力。因此，塔帽或支架常做成空间桁架结构或门式结构。

（4）平衡臂和回转平台。平衡臂和回转平台的功能相似，都是放置平衡重和起升机构的。设置平衡重的目的，是利用平衡重引起的后倾力矩来抵消塔式起重机的一部分前倾力矩，从而减轻塔身的负载。平衡重的设置应使起重机在工作状态下和非工作状态下，塔身的弯矩都要尽可能小，平衡重数量要尽量压缩，以减轻起重机重量和减少塔身压力。平衡臂长度与回转平台尺寸和平衡重数量及其位置有关，一般情况下，平衡臂长度约为幅度的 1/3 ～ 1/2。原则上要求平衡臂（回转平台）长度尽可能短。平衡臂最常用的是反三角形桁架结构形状，也有采用平面桁架形结构的，以使其结构简单、制造方便。回转平台除了放置平衡重外，其功能与平衡臂相同。

此外，平衡臂与回轮平台还承受塔帽支架与起重臂传来的力。回转平台与塔帽支架、起重臂一起相对塔身（或底座）进行回转，因此，回转平台的受力情况与构造都比平衡臂要复杂。

（5）底座。底座的作用是把大齿圈以上的荷载传到地面上去。底座有固定式与活动式两种。固定式底座一般用在建造高层建筑的塔式起重机中，活动式底座则用在建造较低建筑物的塔式起重机中。活动式底座就是带有行走装置的一种基础底板，行走轮有 4 只、8 只、12 只或 16 只等。轻型塔式起重机一般只有 4 只行走轮，轮距 2～3m，结构较简单，塔身支承在横梁上，由横梁将力传给纵梁，纵梁再与行走轮联系起来。中型塔式起重机的行走装置一般采用 8 只行走轮，轮距 3～5m，塔身坐落在底座上。从底座 4 个角伸出 4 条支腿与行走轮联结，支腿与底座用铰连接，便于拆装与运输。为了保持 4 条腿的正确位置和起重机的稳定性，可在底座两侧或四侧加设撑杆，在行走时不致转动。底座与支腿用钢板拼焊成箱形和工字结构，下回转起重机的底座要与回转大、小齿圈联结，其联结的一面端面需平。

（6）套架。自升塔式起重机一般都有一只套架，套架的作用是在自升过程中支承结构以上部分的重量，通过套架将负重传给塔身来实现自升（顶升时的传力作用）。套架是一种空间桁架结构，其外形与塔身基本一致，塔身是圆筒形，套架也做成圆筒形，塔身是四边形，套架也做成四边形。套架的受力比较复杂，在使用过程中，要求套架不仅要有足够的强度，还要有一定的刚性。

第二节　起重机械的工作原理和特点

一、工作原理

起重机械通过起重吊钩或其他取物装置起升或起升加移动重物。起重机械的工作过程一般包括起升、运行、下降及返回原位等步骤。起升机构通过取物装置从取物地点把重物提起，经运行、回转或变幅机构把重物移位，在指定地点下放重物后返回到原位。

起重机械的工作机构包括起升机构、运行机构、变幅机构和旋转机构等。起升机构是用来实现物料的垂直升降的机构，是任何起重机不可缺少的部分，因而是起重机最主要、最基本的机构。起升机构由以下部分组成。

驱动装置：电动机；

传动装置：减速器、联轴器、传动轴等；

制动装置：制动驱动装置、制动器架、制动元件等；

取物缠绕装置：取物装置（吊钩、抓斗、起重电磁铁以及各种专用吊具等），动滑轮组、定滑轮组，卷筒组，钢丝绳等。

运行机构是通过起重大车或起重小车运行来实现水平搬运物料的机构，可分为轨行式运行机构和无轨行式运行机构（轮胎、履带式运行机构），按其驱动方式不同，运行机构分为轨行式和牵引式两种。轨行式运行机构除了铁路起重机以外，基本都为电动机驱动形式。轨行式运行机构由驱动装置（电动机）、制动装置（制动器）、传动装置（减速器）和车轮装置四部分组成。车轮装置由车轮、车轮轴、轴承及轴承箱等组成。运行机构采用无轮缘车轮，是为了将轮缘的滑动摩擦变为滚动摩擦，此时应增设水平导向轮。车轮与车轮轴的连接可采用单键、花键或锥套等多种方式。

起重机的运行机构按驱动方式分为集中驱动和分别驱动两种形式。集中驱动是由一台电动机通过传动轴驱动两边车轮转动的运行机构形式，集中驱动只适合小跨度的起重机或起重小车的运行机构。分别驱动是两边车轮分别由两套独立的、无机械联系的驱动装置驱动的运行机构形式。

变幅机构是臂架起重机特有的工作机构。变幅机构通过改变臂架的长度或仰角来改变作业幅度。

旋（回）转机构是使臂架绕着起重机的垂直轴线作回转运动，在环形空间运送、移动物料。起重机通过某一机构的单独运动或多机构的组合运动，来达到搬运物料的目的。

二、工作特点

第一，起重机械通常结构庞大，机构复杂，能完成起升运动、水平运动。例如，桥式起重机能完成起升、大车运行和小车运行 3 个运动；门座起重机能完成起升、变幅、回转和大车运行 4 个运动。在作业过程中，常常是几个不同方向的运动同时操作，技术难度较大。

第二，起重机械所吊运的重物多种多样，载荷是变化的，有的重物重达几百吨乃至上千吨，有的物体长达几十米，形状也很不规则，有散粒、热熔状态、易燃易爆危险物品等，吊运过程复杂而危险。

第三，大多数起重机械，需要在较大的空间范围内运行，有的要装设轨道和车轮（如塔吊、桥吊等）；有的要装上轮胎或履带在地面上行走（如汽车吊、履带吊等）；有的需要在钢丝绳上行走（如客运、货运架空索道），活动空间较大，一旦造成事故，影响的范围也较大。

第四，有的起重机械需要直接载运人员在导轨、平台或钢丝绳上做升降运动（如电梯、升降平台等），其可靠性直接影响人身安全。

第五，起重机械暴露的、活动的零部件较多，且常与吊运作业人员直接接触（如吊钩、钢丝绳等），存在许多偶发的危险因素。

第六，作业环境复杂。从大型钢铁联合企业，到现代化港口、建筑工地、铁路枢纽、旅游胜地，都有起重机械在运行。起重机械的作业场所常常会遇有高温、高压、易燃易爆、输电线路、强磁等危险因素，对设备和作业人员形成威胁。

第七，起重机械作业中常常需要多人配合，共同进行。一个操作，要求指挥、捆扎、驾驶等作业人员配合熟练、动作协调、互相照应。作业人员应有处理现场紧急情况的能力。多个作业人员之间的密切配合，通常存在较大的难度。

起重机械的上述工作特点，决定了它与安全生产的关系很大。如果在起重机械的设计、制造、安装使用和维修等环节上稍有疏忽，就可能造成伤亡或设备事故，一方面造成人员的伤亡，另一方面也会造成很大的经济损失。

三、起重机械制造工艺特点

（一）关联性

在起重机械制造过程中，产品的研究分析、方案的设计及加工制造过程等环节，彼此之间并非毫无关系，甚至可以说联系非常紧密，一环扣着一环，上一步的生产工作对下一环节影响较大。若其中任何一个环节出现问题，轻则涉及其上下环节，严重地会对整个生产过程产生不可逆转的影响，严重损害了企业的利益。因此，企业应加强管理，保证每一环节操作的顺利进行。

（二）系统性

在我们日常生活中，任何事物的出现并不是毫无依据，同样，正因为生产过程需要某项技术，它才会出现。此外，在起重机械制造过程中，一项技术的存在，必定和其他相关技术构成一个体系，不仅不会影响每项技术优势的发挥，互相还具有促进作用，保证生产工作的顺利进行。

第三节　起重机械检验及常见安全隐患

一、起重机机械设备安全检验技术相关研究

起重机械是现代工业生产不可缺少的设备，被广泛地应用于各种物料的起重、运输、装卸、安装和人员输送等作业中。起重机械大大减轻了工人体力劳动强度，提高了劳动生产率。有些起重机械还能在生产过程中进行某些特殊的工艺操作，使生产过程实现机械化和自动化。起重机械是建设工程施工最重要的机械设备之一，也是专业技术、安全可靠性要求非常高的机械设备。作为一种危险系数相对较高的设备，起重机械的产品质量会直接影响作业现场所有设备与人身的安全性。在起重机械制造的过程中，检验技术在其中起着非常重要的作用。检验技术的质量控制，不仅仅在起重机械制造中具有极大的影响作用，其在后期的使用也会直接影响起重机械的后续使用。在建筑行业发展的过程中，高质量的起重机械有助于促进行业的发展。

（一）起重机械检验的要求

起重机械的检验工作需要在其策划、构造、检查、安装试验以及自查等工作流程的基础上有序开展，对于不同的零部件以及出现的不同问题进行不同方案的检验，并依据其具体构造结合有关的检查技术以及规范，进行检测与评估。

（1）对拼接缝隙进行检测，不能有裂缝现象发生，需要进行相关的探伤检测，完成之后不能出现不可改的变形与裂缝。

（2）对于多摩擦的零配件，按照标准严格检测外表磨损。

（3）对于零配件与焊接缝隙，各个链接部位也要进行标准的大小检测。

（4）对于专用零部件，必须进行符合标准的专门检测。

（5）对于表层具有防腐材料的部件，必须进行防腐性能的相关检验等。在实际的工作中必须对各部件，按照其不同的检验方法，在规范、科学的检验下，逐一进行检验。

（二）起重机的检验流程

（1）确认检验条件。检验检测人员到达现场后，需要对检验现场的条件进行确认，一旦条件没有达到检验工作的要求，就要立即终止检验工作，并出具相关说明。

（2）审查相关资料，确认检验结果。检验人员按照相关要求逐项对起重机进行资料核查、现场监督或实物检查，确认结果，判断是否符合检验要求。

（3）填写检验记录。检验人员根据现场检验结果记录检验数据并填写原始记录。

（4）判定检验结论。根据流程中的检验内容以及填写的检验记录，对检验结论进行全面、系统的判定，其结果分为合格与不合格两种。

（5）出具检验意见书。当完成上述检验流程后，检验人员应对发现的问题根据其严重程度在现场出具特种设备检验工作联络单或特种设备检验工作意见通知书，然后由使用单位相关的检验和管理人员在联络单或通知书上签字。

（三）起重机质量的影响因素

1. 识别不到位

识别是监控加工过程的关键点，也是有效控制起重机质量的基础。在目前情况下，许多机械制造单位对特殊生产过程缺乏认可，在实际加工过程中，一些生产部门对其还不够了解。产品无法通过后续监控或测量验证，因此产品使用后无法显示问题。

例如，生产的某种产品需要具有防腐蚀效果，并且涂漆操作可以在产品的表面上进行，涂料的喷涂具有一定的特殊性，因此喷涂工艺应作为特殊的生产工艺。在另一种产品的生产过程中，涂装只是为了使产品的外观看起来更加美观，因此，涂料喷涂在这种产品上，并不能认定为特殊生产工艺。

2. 生产工艺控制不到位

起重机的质量还与其生产工艺控制密切相关。只有满足技术要求，使用在特定生产条件下运作的综合设备，改进具体的操作程序，才能生产高质量的产品。然而，在特殊的生产过程中，影响质量的因素很多，如设备过程能力指数、操作员技能水平等，筛选出这些工艺的生产标准，对操作员进行技能培训，才能提升产品质量。

3. 起重机检验的常见问题

在起重机械的检验中，常见的问题包括：缓冲器与止挡装置不搭配引发脱轨事故；限位器发生失灵现象；电气线轮存在隐患；操作人员无证上岗；实际工程中缺乏相应的安全管制设备；检验机制不合理、检验制度不健全、缺乏监管重视度；小型工作单位缺乏专门的检验部门；检验方法存在不科学、不合理性等。

4. 塔式起重机存在的风险

通过对塔式起重机的现场检验，综合数据结果分析，塔式起重机发生的常见故障或存在的安全隐患主要包括：限位器失效，钢丝绳断丝，标准节螺栓松动，制动器磨损，起重量、幅度、高度限位器失效等。

5. 升降设备存在的隐患

起重机的主要升降设备包括吊钩、钢丝轮、滑轮卷筒、吊笼等。升降设备存在的常见问题包括吊钩由于负荷超载出现损坏断裂或是裂纹变形，因此必须对其进行定期的检查，根据磨损情况、裂纹状态与使用时间进行对比，进行相应的退火处置。钢丝绳与轮滑在使用过程中因负荷与超载以及磨损，经常会发生钢丝断裂轮滑脱节等现象，因此必须在选定钢丝绳的过程中进行相应的型号检验，做好相应的安全试验，使其与环境、工作状态相适应。检验中若发现卷筒筒壁磨损程度为原来的 20% 或出现裂纹状况，必须更换卷筒，并且清理相关杂物，对卷筒与钢丝绳采取润滑措施。

6. 减速器常见故障

在起重机中常见的减速器故障包括减速器齿轮及轴发生损毁和减速器出现漏油。减速器的齿轮漏油原因包括：通气口设计不合理，高压致使润滑油外溢；箱体缺乏精确结合，密封不严使得减速器漏油；使用过程中缺乏维护，致使漏油现象发生。齿轮的损毁通常是由于选型不合理、制动驱动不同步、缺乏相应的润滑措施等。

7.车轮轨道的隐含问题

安装不规范、两侧车轮直径包含偏差、桥架变形、传动机不同步等问题通常会导致起重机轮缘与轨道侧面发生挤压与碰撞，进而导致车轮啃轨。因此，必须对车轮轨道进行水平直线检测，允许合理性的偏差；检查主动轮的磨损情况并及时进行更换。若车轮发生啃轨现象，极易导致电动机被烧毁，相应的传动轴发生扭转，甚至引发严重的脱轨现象，因此，必须进行合理的定期检查，以防范风险。

8.制动器常见事故

制动器在工作过程中由于承受的荷载与冲击力较大，极易在接连部位发生磨损，导致制动无效。此外，各零部件之间的配合出现偏差，相应的润滑工作不到位都易引发制动器故障。因此，必须加强制动器的检查工作，做好定期的检查、维护、保养与润滑工作。

9.其他风险

除了上述主要的风险外，起重机在检验过程中面临的风险还包括电气设备与供电系统发生故障。常见的起重机电气故障主要是指电机的损坏、电气元件存在问题。电阻受热过大会导致温度过高，电阻的连接处老化断裂。工作时的各种交流接触器频繁交换，使得串联电阻不平衡，引发起重机超载负重或工作时间过长，致使电机受损。而电气元件受损是指由于交流接触器质量差、机械性能差、吻合性差、线圈易发热、易融化、易烧毁等导致电气系统短路，甚至设备损毁。

（四）起重机机械制造检验内容及技术质量控制

1.技术资料监督检验与质量控制

在起重机机械制造质量检验中，技术资料是开展起重机机械制造质量检验的重要依据，同时也是起重机机械制造安全技术的重要文件。在技术资料的监督检验中，主要从以下几方面开展监督审查工作。

（1）被检产品的各项参数是否和图纸上的参数相符。

（2）起重机械制造的各项图纸是否符合国家的相关标准和规定。

（3）制造过程中的各种工艺的技术文件是否符合相关的规范要求。

（4）电气线路的布置图是否符合相关的标准和要求。在技术资料的监督检验过程中，检验工作人员应该充分发挥职能作用，切实做好审查工作。

2.外购件质检

受到市场经济发展的影响，专业化的生产规模已经形成，起重机械制造企业需要针对金属结构进行加工，而电动、传动装置等相应的零部件则需要向专门生产的厂家购买。因此，检验人员在外购质检的时候，需要确认结构材料、主要零部件材料是否符合设计图纸与工件文件的技术性要求，并检查材料的标记，确保主要结构材料与主要零部件实际使用并不存在误差。

与此同时，还需要审查主要机械零部件与机构的规格型号是否与设计图纸相符，检验质量是否合格。如果在检验的过程中发现制造单位存在入库、领料、下料记录等方面有偷工减料、以次充好的情况，如实际材质型号规格与工艺图纸不相符，就需要予以纠正。

3.焊接质量的检验

在起重机械制造环节中，焊接质量的好坏直接关系整个起重机械的使用安全和性能。所以在质检过程中务必要将这个环节的监督检查重视起来。质检人员在质检过程中对制造单位的工艺文件和焊接工艺是否符合实际的生产需要进行审查，要求制造企业配置焊接平台、自动保护焊等设备来保证焊接的质量。在焊接的过程中，不能有漏焊、气孔、严重咬边、夹杂、弧坑、裂缝、熔瘤等外观质量上的缺陷，在主要的部件焊接点附近要有施焊焊工的代号钢印，焊接完成后及时抽查检验并记录，对于有严重缺陷指出拍照留证，并根据监检联络单要求重新整改。

4.组装质量的检验与质量控制

组装是起重机械制造中焊接完成后进行的一个重要环节，其对于起重机械设备的整体质量及安全保障也是有很大关系的。为了确保起重机械设备投入使用后的安全性，组装焊接过程不能出现任何的差错与失误，因此质量检验人员在组装质量检验过程中，应尽量使用平行法进行检验，同时，要对拼装成形后的主要受力结构的几何尺寸进行重点审查，以确保符合技术资料文件的标准和要求。

5. 电气、安装装置的质量检验与质量控制

在电气、安装装置的质量检验过程中，首先，质检人员要以电路的布置图为检验依据，对实际的电气部件及电气保护设施等进行比对核查，对于不符合电路布置图的电气设置要进行重点审查，以避免给起重机械设备的使用留下安全隐患。其次，要检查贵重照明变压器的实际情况，看其是否符合国家的有关标准。此外，电气设备的装置应合格，以防止因接触不良而引起短路。

6. 整机性能的质量检验

由于大部分起重机械在制造完成后并不能进行整机的性能检验，出厂后都只是半成品。所以，整机的实验项目就成为不可忽视的一项质量检验环节，它对起重机械的质量与安全性能等方面起着重要作用。在实际生产环境不受过多限制的情况下，完成起重机械的组装工作后，可以做整机的试验工作，保证实验项目的使用性能，并结合检验验收，从中发现问题、解决问题，防患于未然，最大程度保证起重机械制造在整个过程中的质量安全控制。

7. 检验结果数据的处理

为保证检验的效果与质量，首先，应当建立良好的检验质量管理体系，评价和处理监督检验结果数据。其次，在检验的时候有必要在现场采集数据，同时还需要根据相应的要求来分析和处理这些数据。最后，将评价的结论送予相关部门进行处理，促使检验结果更为精确。与此同时，检验人员需要注意的是，对检验工作需要进行归纳和总结，找出影响质量的因素，促使制造单位采取有效的措施。

二、起重机机械设备安全检验结果相关研究

在我国的机械生产和设备的设计过程中，安全问题越来越受到重视。在我国的机械设计过程中都会充分考虑设备的安全性能，以及设备运行过程中可能出现的安全问题。因此，在设备的设计过程中应该对相应的安全防护措施加以维护，以保障设备的安全运行，保护操作设备的工作人员的人身安全。机械安全也是企业安全管理部门的工作重点，因此，机械安全在企业的设计方面也是格外受到重视。

（一）起重机械的工作特点

综合起重机械的工作特点，从安全技术角度分析，可以将起重机械的工作特点概括如下。

（1）起重机械通常具有庞大的结构和比较复杂的机构，能完成一个起升运动、一个或几个水平运动。例如，桥式起重机能完成起升、大车运行和小车运行三个运动；门座起重机能完成起升、变幅、回转和大车运行四个运动。起重机械在作业过程中，常常是在几个不同方向的运动同时操作，技术难度较大。

（2）所吊运的重物多种多样，载荷是变化的。有的重物重达几百吨乃至上千吨，有的物体长达几十米，形状很不规则，还有散粒、热熔状态、易燃易爆危险物品等，使吊运过程复杂而危险。

（3）大多数起重机械需要在较大的范围内运行，有的要装设轨道和车轮（如塔吊、桥吊等），有的要装设轮胎或履带在地面上行走（如汽车吊、履带吊等），还有的需要在钢丝绳上行走（如缆索起重机），活动空间较大，一旦造成事故，影响面会很大。

（4）有些起重机械需要直接载运人员在导轨、平台或钢丝绳上做升降运动（如升降平台等），其可靠性直接影响人身安全。

（5）暴露的、活动的零部件较多，且常与吊运作业人员直接接触（如吊钩、钢丝绳等），存在许多偶发的危险因素。

（6）作业环境复杂。从大型钢铁联合企业，到现代化港口、建筑工地、铁路枢纽、旅游胜地，都有起重机械在运行，其作业场所常常伴有高温、高压、易燃易爆、输电线路等危险因素，对设备和作业人员形成威胁。

（7）作业中常常需要多人配合，共同进行一个操作，要求指挥、捆扎、驾驶等作业人员配合熟练、动作协调、互相照应，作业人员应有处理现场紧急情况的能力。多个作业人员之间的密切配合，存在较大的难度。为了保证起重机械的安全运行，国家将它列为特种设备加以特殊管理，许多企业都把管好起重设备作为安全生产工作的关键环节。

（二）起重机械的现状

1.设备资料不齐全

在起重机的检验过程中常常会出现起重机的产品标志和《起重机运输机械编制方法》规定的不一致的情况。起重机的工作级别按照《起重机械设计规范》的规定会分为A1～A8等几个级别，但是有的起重机在购置的时候没有标明级别，厂家将起重机笼统地分为轻、中、重三种型号。个别使用单位还存在对起重机的管理记录不到位的问题。

2.起重机的设置不合理

在起重机的制作过程中缺乏对某些部件的设置。《起重机械安全规程》要求：起重机必须具备失压保护功能，失压保护是由启动按钮开关和接触器联合进行的。但是在起重机上就根本没有启动按钮这一部件，在进行启动的时候经常用紧急开关来代替。久而久之就会对紧急开关产生磨损，影响起重机在紧急情况下的反应能力，从而带来安全事故。

3.忽略了接地线的安装

《起重机械安全规程》明确规定：驾驶室与起重机本身用螺栓联接时，联接的地点不少于两处。现实情况中，起重机中工作人员往往关注的是接地的电气设备的质量是否符合规范，却忽视了接地线的连接问题，从而在起重机工作的时候往往会伤害到驾驶员的个人安全。

4.设计不标准

在起重机的各个部件中，总路线接触器的安装会被许多设计人员忽略，因此，在制作的时候也不会留给安装人员过多的空间进行总路线接触器的安装。当前的起重机电气配套产品的质量不容乐观，各个操作系统的接触点容易黏糊。这样的情况下就给起重机的工作带来了不利影响。

（三）起重机机械设备安全技术检验内容

起重机主要由6个部分构成，包括起升系统、运行系统、变幅系统、回转系统、金属结构以及电气控制系统。由于起重机具有体积庞大、零部件众多的特点，在运行过程中存在一定的安全风险，需要对其进行全面的安全技术检验。在具体的检验工作中，需要对所有的项目进行细致的检验，需要消耗大量的时间与精力，造成一定的资源浪费。因此，在进行起重机安全技术检验时，需要根据各个项目的危险程度对其进行划分，对检验工作进行有效的简化，使检验工作获得更好的可操作性。一般情况下，对于起重机运行安全性影响较小的项目可以不进行定期检验，只需要在进行大修后或进行全面检验时对其进行检验，以便获得更高的检验工作效率。而对于关键检验项目，必须做好定期检验，定期检验通常每年进行一次，同时还要进行不定期抽检。

（四）起重机机械设备安全技术检验要点

1. 安全技术检验项目的确定

在进行起重机机械设备安全技术检验时，检验项目主要分为常规检验项目与特殊检验项目。第一，常规检验项目。常规检验项目一般为国家规定的安全技术检验项目以及企业制定的检验规划中的项目，主要包括金属结构检验、安全措施检验及试运行检验。金属结构检验的目的是检验结构中的连接、焊缝等位置的安全性能。安全措施检验的目的是检验矩形制动、超载保护、缓冲器以及保护装置等的安全性能。试运行检验的目的是检验起重机静载、空载以及动载状态下的安全性。第二，特殊检验项目。特殊检验项目主要是在常规检验中难以实现或存在疑惑点的项目，检验中需要使用焊缝无损伤检测仪器、化学材料分析仪器以及金属构型检测仪等仪器。

2. 安全技术检验流程

在确定起重机机械设备安全技术检验内容后，需要明确检验流程，编制科学合理的检验规划。首先，保证检验人员在工作中的人身安全。在进行起重机机械设备安全技术检验时，需要全面检查地面环境的安全性，尽量避免出现高空作业环节，有效防止可能存在的风险。与此同时，还要保证检验工作在所有设备断电的情况下进行，避免因设备问题影响人身安全。其次，在实际检验过程中，应确保检验结果能够真实反映出起重机的真实运行状态，并且要保证完成所有重要的检验项目。此外，为了不对建筑工程施工进度造成不利影响，必须不断提高检验工作效率，避免因起重机无法及时恢复运行而影响施工进程。

3. 采取必要的电气保护措施

在起重机的低压总电源回路中，需要设置一个开关，此开关能够切断所有动力电源，并且可以切断电气隔离装置。在起重机的总电源回路中，需要为其设置一级短路保护，在通过一组滑线为多台起重机供电的情况下，所有的起重机都需要设置总电源短路保护装置。与此同时，在起重机中设置总电源的失压保护装置，一旦出现电源供电中断的情况，可以将总电源回路断开，在需要恢复供电时，必须在采用手动操作的情况下才能将总电源回路接通。此外，起重机中还要设置零位保护装置，在运行中遇到突发状况时，出现失压以及运转后，需要及时恢复供电。这时需要将控制器手柄归零，将起重机中的电动机启动，防止电动机出现误启动。

（五）提升起重机机械设备的安全检验技术的措施

1.起重机机械设备的安全检测

首先是一般测试。定期检测是指检测人员根据国家公布的安全技术检测方案开展的各种企业内部检测，包括金属结构检测、安全措施检测等。金属结构检测主要包括连接检测、焊缝检测和结构安全性能检测。安全措施装置检测分为矩形制动装置检测、过载保护装置检测、缓冲装置检测、保护装置检测等。测试运行检测主要包括静态负载检测、空负载检测和移动负载检测。其次是特殊测试。特殊测绘师采用特殊仪器对常规检测过程中的困难点和可疑点进行深入检测，检测过程中用到的仪器是金属成分检测仪器、焊缝无损检测仪器、化学材料分析仪器等。

2.起重机检验流程

在确定控制内容后，必须对控制过程进行有效的规划和准备。在检查过程中，检查重点应放在以下几个方面：检查人员在检查过程中的人身安全；地面环境的应放在安全检查；避免高空作业，以防检查过程中发生危险。在检查过程中，应确保设备关机。首先，进行静态检查，以确保没有问题，从而进行动态监控。其次，在检验过程中，应能使检验结果充分显示起重机状态，检查过程中不应缺少主检查元件。最后，为了提高检验效率，需要充分考虑不同类型的检验方法，并根据实际情况灵活调整。

（六）起重机机械设备安全评价

1.做好起重机整体评价

在完成起重机机械设备安全技术检验工作后，所有的检验项目都能够及时获得检验结果。但是，起重机的整体安全性是否满足相关安全标准的要求，还需要进行科学的分析与评价，所有检验项目合格的起重机不一定完全满足安全标准的要求，这是由于在实际的使用过程中可能存在自身结构以及安装质量等方面的问题。在一些关键检验项目中，如果出现问题，就会导致起重机整体安全性无法满足安全标准要求。在这种情况下，可以不再对起重机进行检验，如果继续检验，可能会引发安全事故。在进行安全技术检验时，其他项目的检验结果不能作为判断起重机整体是否合格的关键项目，虽然一些检验项目的检验结果存在不合格的问题，但检验工作仍然可以继续进行，只有综合参考所有检验项目的检验结果，才能将其作为起重机整体评价的依据。

2. 做好起重机寿命评价

在完成起重机机械设备安全技术检验工作后，发现有不合格的项目，需要进行维修与整改，确保其能够满足使用标准。如果在安全技术检验中出现整体不合格的情况，需要以检验结果为基础，对起重机的使用寿命进行评价。通过起重机的使用寿命评价，可以判断起重机是否有维修与改造的价值，并根据评价结果选择相应的处理方法。起重机的寿命评价一般可以从设计寿命、技术寿命以及经济寿命三个方面来进行。第一，设计寿命。起重机设计寿命的评价需要根据其理论强度以及相关参数进行。但是，在起重机的设计中，可能存在没有全面考虑相关因素的情况。例如，起重机在使用过程中可能出现超载运行或吊重摆动等问题，导致现场检验出的各项数据与现象无法进行有效预估。因此，起重机的设计寿命并不能作为判断使用寿命的标准。第二，技术寿命。对于起重机而言，技术寿命是指通过其技术性能以及目前的使用状态来判断的起重机安全使用期限。技术寿命的评价方法具有较强的科学性，但仍然无法对起重机的安全使用寿命进行准确的评价。第三，经济寿命。对于起重机而言，经济寿命是指从经济方面对其使用寿命进行评价。例如，通过对比起重机大修费用以及日常维护费用，就能够确定起重机是否需要进行报废处理。因此，在对起重机进行整体寿命评价的过程中，需要将设计寿命、技术寿命以及经济寿命三个方面的评价结果结合在一起，得出综合性的评价结果。

3. 妥善处理检验不合格的起重机

在起重机机械设备安全技术检验与评价完成后，如果出现起重机无法满足安全标准要求的情况，需要对其进行妥善的处理。根据起重机不合格程度的不同，采取的处理方式也存在一定的差异。一般情况下，对于无法满足安全标准要求的起重机，可以采取以下几种处理方式：第一，在起重机整体检验结果严重不合格的情况下，通过对其进行全面的分析与评价，如果已经没有维修与改造价值，需要对其进行直接报废处理。第二，在起重机整体检验结果不存在严重不合格问题时，需要对其进行有效的维修与整改，在完成不合格项目的整改后，可以进行监督使用。

三、起重设备安全隐患及管理

近年来，作为提高劳动生产率必不可少的物流运输设备，起重设备具有现代经济建设发展中改善物料运输条件的特点，它能够实现自动化、机械化。由此，起重设备的使用范围越来越广，但是由于使用单位对起重设备的理解和操作管理水平不相同，容易导致设备故障，甚至安全事故。

（一）起重设备安全事故

起重设备是一种危险因素较大的特种机械设备，如果在安装、使用、维护中的安全管理不到位就容易发生安全事故。与起重设备相关的安全事故主要有：

（1）重物坠落。吊具或吊装容器损坏、物件捆绑不牢、挂钩不当、电磁吸盘突然失电、起升机构的零件故障（特别是制动器失灵、钢丝绳断裂）等都会引发重物坠落。

（2）起重机失稳倾翻。起重机失稳有两种类型：一是由于操作不当（如超载、臂架变幅或旋转过快等）、支腿未找齐或地基沉陷等原因使倾翻力矩增大，导致起重机倾翻；二是由于坡度或风载荷作用，使起重机沿路面或轨道滑动，导致脱轨翻倒。

（3）挤压。起重机轨道两侧缺乏良好的安全通道或与建筑结构之间缺少足够的安全距离，使运行或回转的金属结构机体对人员造成夹挤伤害；运行机构的操作失误或制动器失灵引起溜车，造成碾压伤害等。

（4）高处跌落。人员在离地面大于 2m 的高度进行起重机的安装、拆卸、检查、维修或操作等作业时，从高处跌落造成的伤害。

（5）触电。起重机在输电线附近作业时，其任何组成部分或吊物与高压带电体距离过近，感应带电或触碰带电物体，都可以引发触电伤害。

（6）其他伤害。其他伤害是指人体与运动零部件接触引起的绞、碾、戳等伤害，包括液压起重机的液压元件破坏造成高压液体的喷射伤害；飞出物件的打击伤害；装卸高温液体金属、易燃易爆、有毒、腐蚀等危险品，由于坠落或包装捆绑不牢破损引起的伤害等。

（二）起重设备安全事故发生的主要原因

1. 起重机设计制造缺陷

当前，我国起重机制造企业众多，尤其是近几年，随着建筑行业的快速发展，对起重机需求加大，涌现大量起重机生产厂家。起重机对生产技术和技术人员要求较高，但是有些私有企业在机械设计和生产技术上能力不足，技术水平不高，缺乏相应质量保障体系。有些生产厂家，甚至存在设计图纸来源不正规的现象，导致起重机械存在先天不足。这种起重机在使用过程中，很容易出现问题，导致安全事故发生。

2. 违章指挥、违章作业

对起重机事故进行分析，发现因为违章指挥、违章作业而导致的安全事故占据着起重机事故的 80% 以上。进行工程建设过程中，部分建设单位违反了安全管理规定，并且违反了建设强制性标准，对合同期进行随意压缩。部分施工单位为了赶工期，对起重机进行使用的过程中，不按照规定进行拆除和安装，促使起重机荷载系数发生变化，从而导致疲劳破坏。通常情况下，违章指挥作业基本发生在起重机械安拆过程中。

3. 起重机自身的质量问题

若起重机在出厂时就不合格，或者已经超出了其预定的使用年限，其在作业的过程中就是带"病"作业，存在很大的安全隐患，也很容易酿成事故。现在起重机的市场不够完善和规范，其中不乏一些没有生产资质的小厂，有的起重机生产企业甚至连设计图纸都不具有，这就使起重机在生产时便得不到保证，存在较大的安全隐患。

4. 人为方面的因素

人为因素中包括很多方面，最主要是工人的操作规范和自身的安全意识。起重机作业属于特种作业的一个方面，其要求具备一定的专业素养和水平，在作业的过程中以及整个安装拆卸的过程，都需要严格按照操作规程进行操作。但因为近几年我国建筑行业的快速发展，使整个市场在起重机械的需求量方面呈直线上涨的趋势，这一现象让一些人觉得自己只要会操作就可以上岗，因此整个行业内真正具备起重机械操作技能的专业人员很少，多数是一些只懂皮毛的作业者，而且这些人还经常在不具备上岗资质的条件下进行单独作业，对起重机械进行实际的安装和操控，这样就很容易在操作过程中产生失误，碰到一些棘手的状况，他们也不知道如何应对和处理。特别是在对起重机进行安装和升顶的作业时，这个过程本身就存在很多的风险因素，一旦有不规范的操作，就会发生严重的安全事故。

5. 施工现场实际的安全管理

如果施工方不重视对现场的起重机进行安全方面的管理，不依据国家相关的安全制度及要求对从事作业的起重机进行质量检查、定期保养等工作，就会使起重机带"病"上岗，或者存在质量不过关的现象，久而久之就会累积不安全的因素，从而埋下安全事故的隐患。

6. 环境方面的因素

很多施工现场都是野外或露天荒地，经常会出现大风、暴雨、雷电等极端天气，而且有些施工现场的地基还很松软，这些问题都使施工现场的整体条件变得很恶劣，也会对起重机械在使用条件上提出更高、更严格的要求。一旦在施工现场出现安全管理不到位，或对从事作业的起重机安全质量把控不到位的现象，就很容易引发安全事故。

（三）起重机安全管理对策

1. 淘汰旧设备、引进新设备

设备归属的部门要经常性开展设备的检查工作，要对一些老化的零部件，国家明文禁止使用的部件和机器，已经超过使用寿命的部件和机械，没有质量合格证、特种设备许可证、耗能严重、经济效益差的零部件和机械设备进行淘汰或者替换，不能任其使用，因为这些存在问题的零部件和机械设备存在严重的安全风险和隐患。

2. 施工现场平面布置中应注意的问题

在编制起重设备的安装方案时，最先需要考虑的就是设备的定位。在对建筑起重机进行定位布置时，一定要综合考虑周边的环境、工程的要求和特点、本地区的地质状况、自然环境等，不仅要考虑到在施工的过程中可能对周边的环境产生的影响，保证不能碰撞周边的输电网等，还要考虑起重机在安装和拆卸的过程中是否会对周边的环境和设施产生影响。除此之外，如果塔吊的塔身与建筑物在水平距离上超过了说明书的规定范围，必须重新依照当地的历史风向、风压、塔吊自身最大的使用荷载等因素联系塔吊的生产厂家重新进行改良或者制作，还要让有关部门重新进行验收和检测；若将塔吊的基础布置在深基坑的侧面，就要对基坑支护受塔吊基础的影响程度进行充分的分析和考虑，尽量避免因地基不稳造成的基坑滑移而使塔吊基础产生倾斜。

3. 总承包单位需重视的问题

（1）编制完善的施工方案。

以现场的施工环境为基础，严格参照说明书和厂家给出的机械图纸，编制适合本次施工的完善的专项施工方案，而且此方案一定要符合国家规定的审批程序，具备相应的审批手续。在施工开始前，要根据此方案对作业人员进行全员、完整的安全交底和技术交底。

（2）对从业人员加强安全方面的培训和教育。

一般情况下，对整个工程是否能进行安全生产，最大的影响因素就是施工人员的技能高低和其安全意识。不管哪个行业的施工，珍爱生命永远是不变的主题。从下到上建立起岗位自信，增强岗位责任心，对刚入行和刚入场的工人进行完整的安全教育，结合历年的实际案例，促使其从工作初期就养成遵规守纪的习惯，以增强安全意识；对已经入行且有过起重机械安装、操作、拆卸方面经验的工人，要结合其持有证书的年审，对其进行不定期的业务培训，必要时还可以开展知识竞赛，帮助工人巩固知识，从而规范其操作行为和技能，提升其在故障排除和解决方面的能力；对于企业中的管理干部，要促使其自觉学习国家相关的法律法规和制度，参照行业内的标准，不断提升业务能力和领导能力。

4.严格建筑起重设备使用管理

加强对起重机"一体化"公司的履职情况检查，落实起重机"一体化"公司的主体责任。起重机使用单位要建立和完善起重机管理制度，加强起重机的检查，配置具备相应素质的机械管理员。起重机"一体化"公司必须建立完整的设备管理台账，按照规定进行设备转场的维修和设备的大修。施工总承包单位应加强施工现场建筑起重设备的管理，检查企业资质、人员资格、专项方案、安装验收、使用登记等相关制度的执行情况。并监督"一体化"公司维修保养人员对设备维修保养的执行情况。监理单位必须按照《建筑起重机械安全管理规定》的要求，认真履行对起重机的监理职责，编制建筑起重设备的监管细则，对进场设备、作业人员、企业资质、专项方案等监督核查，对安拆、定期保养、事故处置等关键环节进行旁站，并如实记录。

5.对起重机管理人员的要求

起重机在建筑领域是非常重要的设备，对我国建筑领域的发展提供了非常大的建筑动力，因此要求工作人员要合理地使用起重机，正确地对其进行操作，其中机械的工作人员在上岗之前还要对所使用的起重机的结构、技术性能以及安全操作等相关规程进行掌握。在起重机的运行中，基层的设备人员是这一机械设备的直接管理者，所以说基层设备管理人员自身职业素质的高低也会直接影响起重机的正常运行。领导也要对起重机的管理人员实行奖罚制度，这一制度的实行也是为了更好地促进起重机的安全运行，更好地为我国建筑领域贡献自己的力量。

6.完善安全管理制度

从建筑施工单位的角度来看，应该以《建筑机械使用安全技术》等为依据，结合项目建设的实际情况，制定完善的安全管理制度，出台明确的操作规程。在施工现场，施工单位应该具备机械安全管理维修制度、安全技术交底制度、设备使用交接班制度，涉及物料提升机、施工电梯、塔式吊机等类型；在驾驶室内，施工单位应该具备操作规程、起重重量曲线图等。如果需要多种起重机同时运作，还必须制定交叉作业规程，确保操作人员严格执行操作规程，避免出现野蛮施工、违章指挥等现象。操作人员在操作起重机前要观察作业环境和条件，按照流程进行作业前的检查工作，禁止出现酒后作业、疲劳作业的现象。另外，施工单位应该对机械设备的使用进行定期检查或抽检，保证规章制度落到实处。

7. 强化使用过程的实体检查

起重机在使用过程中可能会出现安全装置失效，连接螺栓松动，机构、零部件磨损，结构开焊、锈蚀及变形，连接销轴脱落等隐患，因此强化日常检查尤为重要，它可以有效发现存在的隐患和问题，使这些问题及时得到解决。施工单位切不可太过依赖、相信租赁单位对实体的检查，必须要靠自己去监督检查以保证其真实性、可靠性，必要时施工单位也可以委托优质的专业检测单位对使用的起重机进行实体检查。

8. 安装单位的选择

起重机的安装必须选择拥有省级质量技术监督部门提供的专业能力认证书的专业队伍，在此基础上选择时，还必须选择有较强安装能力以及高级安装资格的施工队伍，以便形成制作、安装、测试于一体的工作模式。在安装前确定安装单位，和安装单位共同完成特种设备开工申请，还需要对安装队伍的施工建设方案、安装设备，安装步骤、技术特点及要求以及安装过程中的隐藏工程检查记录和自检报告进行说明和记录。此外，必须确定自检报告符合安全使用许可的要求，才能投入使用。自检验收合格后，还需要把包括起重机械技术资料、安装资料、检验报告等资料在内的各种资料进行审核整理存储。特别是后期工作中进行的检验、维修、改进和事故记录等报告也要存入起重机械安全资料管理档案中。

9. 加强检测力度

接卸设备存在较大的特殊性，针对这一点，国家对其作出专门规定，相关部门要对起重机作出定期检查，检查工作主要由具备相应资格的单位负责。对机械设备做出相应检验，负责人员要充分掌握机械设备实际情况，了解机械基本性能及使用过程中经常出现的问题等，提升设备使用单位对机械设备的应用程度和管理力度，促使施工现场使用的起重机检测力度得到进一步提升。加强检验管理，保障起重机检测率达到100%，机械检测合格后，才能投入使用。检测过程中，遵循相关规范，针对起重机的使用和管理作出强制性检测，安排专业人员对其进行管理，提高起重机安装质量、机械性能安全性，避免起重机出现故障。

第六章 场内机动车辆

第一节 场内机动车辆的定义及分类

一、场内机动车辆的定义

根据《特种设备目录》，场内机动车辆是指除道路交通、农用车辆以外仅在工厂厂区、旅游景区、游乐场所等特定区域使用的专用机动车辆。

（一）场内机动车辆的特点

场内专用机动车辆往往兼有装卸与运输的功能，并可配备各种可拆换的工作装置或专用属具，能机动灵活地适应多变的物料搬运作业场合，经济高效地满足各种短距离物料搬运作业的需要，在现代生产过程中占据着越来越重要的地位。随着场内专用机动车辆应用范围的扩大和环境保护、劳动安全卫生要求的提高，人们对废气净化、作业视野、车辆的振动与噪声、易燃易爆场所的防爆等问题日益重视，相应的技术规范亦日益完善。采用车辆搬运货物是伴随着人类生产生活的进步而发展的，具有悠久的历史。搬运机具的进步是由简单到复杂、从单一到系统、由零散到单元集装化的过程。随着现代社会的发展，场内专用机动车辆的普及率越来越高，已从港口、码头进入了整个社会，成为当今社会不可缺少的工具。20 世纪 80 年代后，随着工厂自动化（FA）、柔性加工系统（FMS）和计算机集成制造系统（CIMS）的兴起，自动导向车辆系统（AGVS）作为联系和调节离散型物流系统的关键设备，其技术得到了迅速发展，应用范围迅速扩大。AGVS的种类繁多，实现了利用计算机对车辆的控制和信息通信。自动导向车除具备自动导向运行、认址、避让等基本功能外，还可实现原地转向、横向侧移。场内专用机动车辆的特点主要有以下几点。

（1）工作环境差异大，工况恶劣。场内专用机动车辆施工和作业的环境千差万别，面临的气候条件和地理地质条件相差悬殊，因此，场内专用机动车辆的性能和质量必须具有广泛的环境适应性。

（2）同类场内专用机动车辆的规格差别很大。例如，履带式推土机的驱动功率从 40kW 到 1 000kW；单斗液压挖掘机容量从 0.02m^3 到 34m^3；平衡重式叉车起升重量从 0.5t 到 42t 等，这是由不同的工作对象和不同类型的工程对施工和作业的不同要求所决定的。

（3）机具有多种可换工作装置。为了降低产品成本并满足各种工程施工和作业的要求，需要在同一种底盘上更换不同的工作装置，以实现不同类型的施工和作业。例如，在同一台单斗液压挖掘机底盘上，可以更换正铲、反铲、抓斗、起重装置、破碎锤、桩锤、钻孔机等上百种不同的工作装置。又如在叉车门架（货叉架）上可配备各种叉车专用属具，如吊钩、夹持器、旋转夹等。有些类型车辆上，在同种底盘上可以同时安装两种工作装置，如挖掘装载机即在轮式底盘后端安装反铲挖掘装置，在前端同时安装装载装置，既可做挖掘机使用，又可做装载机使用。

（4）各类产品之间具有使用成套性。一般的工程施工和搬运作业均包含多道工艺程序，用一种车辆往往无法全部完成，必须使用相应的不同车辆，进行不同工序的连续作业，完成全部的工程施工和作业。只有各机种的功能和作业率科学地匹配，才能合理而又经济地进行连续施工和作业，达到提高工作效率、缩短生产周期、降低运营成本的目的。

（二）场内机动车辆的发展趋势

（1）零部件专业化生产正在扩大和发展。场内专用机动车辆品种多，单一品种生产批量相对较少。通过优化设计，可提高主要零部件的通用化率，增大其生产批量，提高质量，降低生产成本。目前，场内专用机动车辆通用零部件市场正在日益扩大和发展，主机厂自制率正在逐步降低，一般在 40% 以下。

（2）安全保护装置日臻完善。为保护驾驶员的人身安全，防翻滚驾驶室在推土机、装载机等行驶作业车辆上应用得越来越普遍。各种电子报警装置也在日益发展完善，利用远程控制和无人驾驶车辆进行特殊环境的施工和作业的技术也得到了发展。

（3）产品向大型化和微型化两极发展。从提高经济效益出发，矿山、电站等工程规模越来越大；从减轻劳动强度和节约劳动力出发，城市、厂矿和农村等各种场所也需要各种类型的场内专用机动车辆。这就决定了场内专用机动车辆一方面要向大型化发展，另一方面要向微型化发展。

（4）提高车辆的安全性，降低维修费用。如采用电子监视和故障诊断系统，使车辆在故障发生之前便可得到预警，提醒驾驶员停机检修，防止事态受延和恶化。

（5）节约能源，提高作业效率。如采用自动负荷调节装置，以适应外载荷的变化，充分而有效地发挥发动机的输出功率。

（6）降低车辆的噪声、振动和减少尾气污染。

（7）应用人机工程学原理，使车辆操作安全、可靠、舒适。

（8）发展专用车辆及属具，拓展使用领域；产品进一步向多样化、系列化方向发展。场内专用机动车辆作为一种技术密集型的产品，随着科学技术的不断发展和新技术的应用，有广阔的发展空间。场内专用机动车辆虽然品种繁多，但仍需以市场需求为导向，按不同使用环境和用户要求发展新品种。产品的开发应融合各相关或新兴学科的机理，采用综合与系统的观点和计算机辅助设计/制造一体化（CAD/CAM）的手段，利用新技术、新材料和新制造工艺方法，切实提高产品质量水平。

二、场内机动车辆的分类

场内机动车辆可按不同的特征进行分类。

（一）按照动力特点分类

按照动力特点分类，场内机动车辆可分为手动车辆和机动车辆。手动车辆是靠人力运行的车辆，它比较简单，本书不再赘述。机动车辆是靠动力源供给能量，由原动机驱动实现运行的。根据原动机的不同，场内专用机动车辆可分为：

（1）内燃车辆。内燃车辆由内燃机（包括柴油机、汽油机和代用燃料发动机）驱动。

（2）电动车辆。电动车辆由电动机驱动，由蓄电池供给能量或由电网供给能量。

（3）内燃电动车辆。内燃电动车辆它由内燃机带动发电机，再由电动机驱动。

（二）按照产品功能、结构特征分类

（1）工业搬运车辆。工业搬运车辆由自行轮式底盘与工作装置或承载装置组成，主要用于码头、车站、仓库、各类企业的内部运输和装卸等工作，包括各类叉车、牵引车、搬运车、跨车等。

（2）挖掘机械。挖掘机械用以开挖土方和装卸爆破后的石方。

（3）铲土运输机械。铲土运输机械是指通过行走装置与地面相互作用产生驱动力而对地面土壤进行铲掘、平整，并进行短距离运输的工程机械，包括推土机、装载机、铲运机、平地机、翻斗车等。

（4）工程起重机械。工程起重机械是指通过吊钩的垂直升降运动和水平运动的复合运动，按工程要求转换重物位置的工程机械，包括汽车式起重机、轮胎式起重机、履带式起重机、塔式起重机等。

（5）压实机械。压实机械用以强化介质（土壤和混合物料等）的密实程度的工程机械，包括压路机和夯实机两大类。

（6）桩工机械。桩工机械是指用以完成桩基础工程的工程机械，包括打夯机、钻孔机等。

（7）装修车辆。装修车辆用于对建筑物内部和外部进行装潢修饰，包括地面修整机、屋面施工机械．装修用升降平台等。

（8）凿岩机械。凿岩机械是指对母岩和母矿凿孔供装药爆破用的工程机械，包括凿岩机、破碎锤等。

（9）气动工具。气动工具是指在工业生产辅助作业过程中，用于取代手工操作并以压力空气为动力源的工程机械，包括回转类、冲击类以及其他气动工具等。

（10）路面机械。路面机械是指用于对公路稳定层和路面层进行修筑和维护保养，包括稳定层施工机械、沥青路面施工机械、水泥路面施工机械、养护机械等。

（三）工业搬运车辆的分类和型号

（1）固定平台搬运车。固定平台搬运车是指载货平台不能起升的搬运车辆。固定平台搬运车一般不设有装卸工作装置，主要用于货物的近距离搬运作业。

（2）牵引车和推顶车。车辆后端装有牵引连接装置，用来在地面上牵引其他车辆的工业车辆称为牵引车；车辆前端装有缓冲牵引板，用来在地面上作推顶其他车辆的工业车辆称为推顶车。

（3）平衡重式叉车。平衡重式叉车是指具有载货的货叉（或其他可更换的属具）的车辆。货物相对于前轮呈悬臂状态，依靠车辆的重量来平衡车辆。

（4）侧面式叉车。侧面式叉车是指进行侧面堆垛或拆垛作业的车辆。车辆的货叉架可相对于车辆的运行方向横向伸出和缩回。

（5）三向堆垛式叉车。三向堆垛式叉车是指门架正向布置、货叉能在车辆的运行方向及两侧进行堆垛及拆垛作业的车辆。

（6）前移式叉车。前移式叉车是指具有前、后可移动的门架或货叉架的车辆。当门架或货叉架处于外伸位置时，货叉上的货物处于悬臂状态。

三、场内专用机动车辆制造许可规则

为了规范机电类特种设备制造许可工作，确保机电类特种设备的制造质量和安全技术性能，根据《特种设备安全监察条例》的要求，生产场内专用机动车辆的厂家必须取得制造许可后方可正式销售车辆。

（1）国家市场监督管理总局负责全国场内专用机动车辆制造许可工作的统一管理。

（2）生产厂家必须具有一批能够保证正常生产和产品质量的专业技术人员、检验人员，应任命至少一名技术负责人，负责本单位场内专用机动车辆制造和检验中的技术审核工作。

（3）制造许可方式为制造单位许可的，制造许可的程序为：申请→受理→型式试验→制造条件评审→审查发证→公告。制造单位取得特种设备制造许可证后，即可正式制造、销售取得许可的特种设备。

（4）取得特种设备制造许可证的单位，必须在产品包装、质量证明书或产品合格证上标明制造许可证编号及有效日期。制造许可证自批准之日起，有效期为 4 年。

（5）制造单位拟承担制造许可证范围内相同种类、类型、形式特种设备的安装、改造、维修与保养业务时，可以与制造许可证同时提出申请，由符合相应规定的评审机构按规定进行评审。

第二节　场内机动车辆检验分类及注意事项

一、场内机动车辆检验分类

（一）首次检验

首次检验是指在使用单位进行自行检查合格的基础上，由特种设备检验机构在场内机动车辆首次投入使用前或者改造后进行的检验。《中华人民共和国特种设备安全法》规定，特种设备使用单位应当在特种设备投入使用前或者投入使用后 30 日内，向负责特种设备安全监督管理的部门办理使用登记，取得使用登记证书，登记标志应当置于该特种设备的显著位置。

（二）定期检验

定期检验是指在使用单位进行经常性维护保养和自行检查合格的基础上，由特种设备检验机构对纳入使用登记的在用场内机动车辆按照规定周期（每年 1 次）进行的检验。改造是指改变原场内机动车辆动力方式、传动方式、门架结构、车架结构、车身金属结构之一的，或者改变场内机动车辆原主参数的活动。场内机动车辆的改造应当由取得相应制造许可证的单位实施。

（三）改造流程

从事场内机动车辆改造的单位，在进行改造施工前，应当按照规定向使用所在地的特种设备安全监督管理部门书面告知，告知后方可改造。改造后，原铭牌不变，同时增加新的场内机动车辆铭牌，铭牌至少包括从事改造的单位名称、改造日期、许可证编号及相关变化的信息。从事改造的单位应当在场内机动车辆改造后，由从事改造的单位自检，自检报告应当移交使用单位存档。场内机动车辆改造完成后应当进行首次检验，合格并且变更使用登记后方可投入使用。

（四）型式试验

车辆型式试验是指在制造单位完成产品全面试验验证合格的基础上，型式试验机构对场内机动车辆是否满足安全技术规范要求而进行的技术审查、样机检查、样机试验等，以验证其安全可靠性所进行的活动。制造单位首次制造的、境外制造在境内首次投入使用的、安全技术规范提出新的技术要求的场内机动车辆，应当进行型式试验。

二、场内机动车辆检验中的检验规程

在对场内机动车辆进行检验的过程中，工作人员一定要全面遵守规程。具体检验中，主要的规程有 6 部分：第一，明确场内专用机动车检验的目的；第二，全面遵从相关的检验依据来进行检验；第三，做好每一个项目的详细检验；第四，根据具体的检验内容与检验项目来合理确定检验方法；第五，对具体的检验数据进行处理；第六，认真、准确填写检验报告。

三、场内机动车辆检验过程中的注意事项

（一）注意实际的检验类别

在对场内机动车辆进行检验的过程中，主要的检验类别分两种：验收检验、定期检验。

（1）验收检验。验收检验是指在新的场内机动车辆尚未投入实际应用时的质量验收，通过对各个部件实际条件、机动车辆的试运行效果等各方面的检验来确定其是否合格，只有保障合格的情况下才可以将相应的场内机动车辆投入实际应用。

（2）定期检验。在场内专用机动车辆投入到实际的作业应用之后，随着作业总量和时间的不断增加，机动车辆内的部件将会出现程度不同的磨损情况，其使用性能随之降低，严重情况下甚至会对其安全性造成影响。因此，在具体的应用过程中，应该对场内专用机动车辆做好定期检验工作。对于一些设备故障和性能降低会导致安全事故的机动车辆，每使用一年都应该进行一次大修，在大修之后并验收合格的情况下才可以继续投入使用。

（二）注重检验工作人员的专业水平

在进行场内机动车辆的检验过程中，检验人员的专业水平对检验效果和维修质量都起着决定性的作用。因此，在具体的检验过程中，一定要对其专业水平加以重视。

（1）检验人员应该对场内机动车辆的组成和原理做到全面了解，且具备足够的专业知识与专业经验。

（2）检验人员需要熟练掌握并运用常规的检验操作技能。

（3）检验人员应该对相关检验仪器的应用原理、应用方法以及应用指标等各方面内容做到全面掌握。

（三）注重检验仪器的质量和精度控制

在对场内机动车辆进行检验的过程中，通常需要使用检验仪器获取相关检验数据，所以检验仪器的质量及其精度直接影响到检验质量与精度。在具体的检验过程中，一定要对检验仪器的质量和精度进行严格控制。具体检验中，应通过以下4个方面控制好检验仪器质量与精度。

（1）在检验仪器的选择过程中，一定要选择正规生产厂家的仪器设备，保障所有质量检测证书齐全，并在使用之前做好相应的检测，在保障其质量的基础上才可以投入使用。

（2）在检验仪器的应用过程中，除了要保障仪器质量之外，还要使其所有的指标都和实际的检验规程以及检验标准相符。

（3）在每一次开始检验之前，操作人员都应该对仪器做好调整，以此保障其检验精度，待所有项目都调整好后，才可以应用这些仪器设备进行场内机动车辆的检验。

（4）注重检验过程的合理控制。在具体的检验过程中，一定要将"有效"原则作为主要依据，以此保障整个检验过程科学合理。具体检验过程中，应该通过以下4个方面做好整个过程的控制。

①对于新颁布的检验标准以及检验规定，应该做到严格执行，使其在具体的检验过程中得到全面贯彻。

②在具体的检验过程中，应该保证所有的数据测定都与被检验内容和项目的

实际要求相符合。

③检验过程中应该注意做好检验环境的控制，保障检验环境与实际的要求标准相符，避免环境问题对检验结果的不利影响。

④应用到的检验方法一定要科学规范，评价也应该做到客观、公正，应将获得的检验数据作为评价依据，不可出现随意评价或盲目评价的情况。

（四）做好检验技术的控制

在具体的场内专用机动车辆检验过程中，最重要的一项内容就是做好对检验技术的控制，具体的注意事项如下。

（1）发动机：保证发动机性能良好，运转平稳，不出现熄火、异常响动和启动异常等情况。同时保证发动机的牢固性和可靠性，不可以出现松动、脱落和破坏情况。整体发动机应保持完整，不可出现漏水、漏油和线路问题等。

（2）传动系统：保障离合器的完全分离与平稳接合，不可存在异常响动和打滑现象。在离合器的安装过程中，应该保障其与原来车辆中的相关技术要求相符。变速器变速杆应做到适当安装，变速器与分动器不可出现缺油、漏油和异常响动情况，且应该保障油温达标。对于中间支撑、万向节和平衡轴传动链条等，应该使其螺栓构件保持完整并齐全，润滑效果良好，使用过程中不可出现松动、抖动和异常声响情况，驱动桥位置不可以出现漏油情况。对于液力传动形式的机动车辆，在发动机启动过程中一定要使其档位处于空挡；对于静压传动形式的机动车辆，在发动机启动过程中一定要使其保持在制动状态。

（3）行驶系统：保障车辆架构足够稳定，不可出现开裂和锈蚀；螺母和铆钉等不可缺少，卡子应保持齐全，钢板弹簧片应保持整齐，驱动桥、转向桥和车架之间的连接应保持紧固。同时，保障其减振性能良好，前后桥质量完好，不可出现变形和裂纹，车轮横向和径向的摆动量需要达标。

（4）转向系统：保障转向的轻便灵活，在行驶中不可出现摆振、阻滞、抖动和跑偏等现象。如果道路平直，车辆应保证直线行驶，且在转向后能够自动回正。避免转向机构出现缺油、漏油情况，托架应固定牢固，不可对转向垂臂和横直拉杆等转向零件进行焊接拼凑。对于配合构件，应注意做好松紧度控制，并保障其润滑效果良好。例如，在进行液压转向机的检验过程中，应注意控制好其灵敏度、速度以及相应调节效果。

（5）制动系统：保证制动装置和相应的技术条件相符。场内机动车辆的行车制动通常采用双回路或多回路的形式，如果一些管路失去了作用，其制动效应控制在规定制动效应的30%以上。同时，注意驻车制动器的安装，有效满足实际的行程要求。如果自动调节装置的实际情况允许，驻车制动机在2/3行程内所产生的制动效应与规定相符。如果制动操作装置属于棘轮形式，具体操作中，操纵杆的往复拉动次数应控制在3次以下。

（6）灯光、仪表和电器：所有的灯光开关都应该保障其牢固性，并且开启和关闭自如，不可由于车辆振动而致开关开启和关闭。开关位置应该与驾驶员位置靠近，前照灯近光不可以炫目。里程表和车速表需要有效设置，各种指示灯和水温表、电流表、油压表、电压表等的设置都应该与具体的规定相符。如果车辆装载的是危险品，警报器和指示灯应该安装在驾驶室内。

四、加强场内机动车辆现场检验的措施

（一）做好场内机动车辆安全检验与维护保养工作

为了避免场内机动车辆安全事故的发生，检验人员需要做好检验工作，在开始工作前，应对所投入的场内机动车辆提前进行检查，确保所有场内机动车辆通过检验机构的检查，并取得牌照证书后，方可正式将其投入使用。同时，检验人员还要注重对场内机动车辆的日常维修与保养工作，树立责任心，定期检测场内机动车辆的状态，随时发现内外部故障及潜在的隐患，采取针对性措施妥善解决。另外，检验人员也应提升法律观念与责任意识，制定科学的现场检查制度，严格监管运行的全部场内机动车辆，使其按照相关操作规范；合理开展作业，避免发生问题，影响工作进度，建立、健全场内机动车辆安全管理规章制度，并认真执行。

（二）加强场内机动车辆驾驶人员的培训力度

场内机动车辆驾驶人员属于特种作业人员，必须持证上岗。拥有高水平的操作技术可以降低场内机动车辆安全事故发生的概率，因此，聘用的场内机动车辆驾驶人员需经过专业部门技术培训，并取得相关培训合格证书。相关人员在现场须重视驾驶人员的技能，在驾驶人员持证上岗后，方可开展作业。为了避免驾驶人员出现身体或技术方面的问题，相关部门要定期组织场内机动车辆驾驶人员进行体检，并安排驾驶人员参加每四年一次的复证培训，及时更新、巩固理论知识，提高技术能力，从而为安全作业提供强有力的保障。同时，驾驶人员应该具备责任意识与学习精神，通过不断学习，认真学习并领会理论知识，全面了解场内机动车辆的性能与具体情况，并能融会贯通，灵活运用到实际工作中，通过不断积累驾驶经验，强化自身专业技能，更好地服务单位。工作期间，驾驶人员应该严格遵循操作规则，科学合理驾驶，切忌超速、超载与疲劳驾驶。驾驶人员不可违背安全法则，进行违章作业，要忠于职守、尽职尽责，遵纪守法，平时通过观看了解一些事故的影像资料，从中汲取教训，以此来不断警醒自己。驾驶人员还应时刻保持清醒的头脑，防止事故发生，本着对自己生命负责、对企业安全生产负责的态度正确对待每一项作业任务。另外，驾驶人员在日常作业中，应具有及时排除安全隐患的能力，确保场内机动车辆的安全和正常运行，更应熟练掌握故障与安全事故出现的应对策略，一旦发生紧急情况，能够做到及时反应、妥善处理，尽量将损失降到最低，尽快帮助单位恢复正常作业，保障生命财产安全，保证单位工作任务顺利完成。

（三）营造良好的场内机动车辆运行环境

良好的运行环境能够促进场内机动车辆的安全作业，因此在工作期间，现场负责人应与场内机动车辆驾驶人员进行沟通与交流，使其充分了解驾驶场内机动车辆的运输需求，从而有序地开展各项作业。驾驶人员应该提前勘测工作现场，熟悉周围环境，判断场内机动车辆途经道路的情况，从而合理驾驶。另外，为了提升运行指挥的科学性，相关人员需要根据工程实际的顺序与数量，选择合适类型的场内机动车辆进行作业，在特殊位置要设置醒目的警示标志，并做好隔离工作，杜绝安全隐患，确保安全有序地开展作业。同时，保洁人员还应在工作区域做好卫生工作，从而营造一个畅通无阻、安全良好的运行环境，避免为场内机动车辆的行驶带来不利影响。

五、场内机动车辆事故分析及预防措施

（一）事故的原因分析

1.场内机动车辆存在安全问题

机动车辆的长期使用，会导致磨损，出现刹车失灵等严重安全问题。如果场内机动车辆本身存在安全问题，再好的驾驶员也无法保证驾驶的安全。场内机动车辆本身存在安全问题是发生事故的一项重要原因，相关负责人必须按时对车辆进行安全检查，保证车辆没有安全隐患，减少事故的发生。

2.对场内机动车辆的使用不恰当

（1）堆物过高遮挡驾驶员视线时，不按安全操作规程驾驶，导致车辆或者货物撞击和挤压车辆行驶路线上的人员。

（2）超速驾驶或车速过快使驾驶人员反应不及，导致翻车或撞人。特别是进出厂房、仓库、生产现场倒车转弯时速度过快；在过道口、交叉路口装卸作业区域、人员稠密地段没有减速慢行。

（3）装载的货物超过规定的承载能力，导致车辆翘起后货物倾翻，产生间接伤害。

（4）违规载人，包括叉车货叉上违规站人，叉车违规载人，车尾违规站人。

（5）疲劳驾驶，频繁作业致使驾驶员疲劳后出现错误操作或反应迟钝引发事故。

（6）车辆起步停车不规范，起步没有观察周围情况并且鸣号，起步伤害周边人员，停车不熄火、不拔钥匙，导致车辆被无关人员驾驶引发事故，坡道停车不拉手刹引发溜车撞击人员导致伤害。

3.人员管理缺位

场内机动车辆作业人员都应持证作业，事故单位往往对无证人员作业未能进行有效监管，无证作业更加容易引发事故的道理不必赘述。目前的事故调查处理中，对于无证人员作业导致伤害事故都依法追究了刑事责任。另外需要强调的一点是，对于指派这些无证人员进行作业的单位和个人也同样违法，同样会被追究刑事责任。此外，使用单位对于从业人员能力的保持和提升未能尽责，作业人员多数为外来务工者，他们的文化、技术素养和自律能力水平参差不齐，企业对其

安全作业技能和安全意识培训不足。从业人员在追求经济效益和效率的情况下，往往容易牺牲安全需求。

4. 车辆管理欠缺

首先，是无证使用车辆，投入使用的场内机动车辆都应经过检验机构的监督检验并办理注册登记后使用。其次，车辆的安全不能充分保证，尤其是制动系统和转向系统的缺陷，为车辆埋下安全隐患。最后，在车辆租用环节中，没有安全责任方面的书面协议和规定，责任和义务划分不明确，租用无证车辆，引发事故。

5. 使用单位现场安全管理松懈

使用单位没有配备专职或者兼职的场内车辆安全管理人员，或者配备了上述人员，但是在现场对违章行为、作业环境中的安全隐患没有监督执行和发现整改的能力，导致违章行为和安全隐患演变为事故。

（二）事故预防措施

1. 加强使用单位的日常安全管理

建立健全安全生产规章制度及安全操作规程；加强员工的安全生产教育培训、设置安全管理组织机构并配备专职特种设备安全管理人员，管理人员、作业人员经市场监管部门培训考核合格后持证上岗工作，严格执行各类设备安全操作规程，杜绝违章操作；加强车辆的日常检查和维护保养，保证车辆的安全；在场内机动车辆安全检验合格有效期满前1个月向特种设备检验机构提出申请，进行检验，并对检验发现的问题及时进行整改，消除安全隐患。

2. 完善场内硬件设施

对场内道路进行硬化，防止雨天因道路泥泞而导致事故的发生；拓宽机动车道路，提供较好的作业环境；在道路旁设置安全警示牌，时刻提醒驾驶员注意行车安全，防止因长期驾驶而产生的疲倦、大意心理。

3. 定期对专用机动车辆进行检查

在长时间使用车辆的情况下，车辆零部件将不可避免地会出现磨损问题，此时，必须全面检查机动车辆，尤其是制动系统等关键部位更是需要作为重点进行检查，以保证机动车能够满足安全行驶的相关要求，避免因没有及时发现机动车辆安全问题而导致的安全事故；提升安全意识。场内负责人对场内的一切事项进行负责，因此，其必须具有良好的安全意识，也要对机动车安全问题引起重视，在日常管理中做好人员的教育培训，在所有人员都对该项工作形成正确认识的基础上避免事故的发生。

4.提高安全管理措施

使用单位要注意机动车安全问题，做好对日常管理人员的教育培训工作，提升全体人员的安全意识，可以从以下几个方面来提高：

（1）完善特种设备安全管理制度。制订相应的规章制度，如岗位责任制度，保证所有人员持证上岗；设备定期检修制度，严禁特种设备"带病"作业。做好维护保养和定期检查工作，发现并消除设备安全隐患，保证设备安全可靠。

（2）进一步加强特种设备作业人员的安全技术培训力度，使他们具有更好的责任意识和自我保护意识，提高操作技能和安全知识水平。

（3）加强企业安全意识，特别是操作特种设备等特殊工种的要求，同时转变观念，使特种设备安全管理制度化、规范化。

（4）特种设备的安全监察机关和检验检测机构应和企业主动对接，及时消除特种设备事故隐患，保证设备安全运行，减少事故的发生。

第三节　场内机动车辆常见安全隐患

一、场内机动车辆常见安全隐患

第一，灯光失效。平衡重式叉车应当设置前照灯、制动灯、转向灯等照明和信号装置；其他叉车应根据使用工况设置照明和信号装置；观光车辆应当设置前照灯、制动灯、转向灯等照明和信号装置。

第二，喇叭失效。场内机动车辆应当设置能够发出清晰声响的警示装置。

第三，无安全带或安全带损坏。座驾式叉车的驾驶人员位置上应当配备安全带等防护约束装置；观光车辆则要求每个座位配备安全带。

第四，驻车制动工作不可靠或者驻车制动失效。

第五，充气轮胎胎壁破裂割伤。

第六，充气轮胎胎面花纹磨损超标。

第七，蓄电池车辆紧急断电装置失效。该装置在电路失控时，驾驶人员应当能方便地切断总电源。

第八，同一轴上的轮胎规格和花纹不一致。

第九，司机无证驾驶。

第十，新购置场内机动车辆未及时申请首次检验和办理注册登记。

二、场内机动车辆监察管理的重点以及法规要求

（一）使用单位的基本要求

使用单位应遵守《场内专用机动车辆安全技术监察规程》和《特种设备使用管理规则》的规定，同时还应当符合以下要求。

（1）取得营业执照，个人的场内机动车辆也要先去注册后才可以使用。

（2）对其区域内使用的场内机动车辆的安全负责。

（3）根据场车的用途、使用环境，选择适应使用条件要求的场车，并且对所购买场内机动车辆的类型负责。

（4）购置观光车辆时，保证观光车辆的爬坡度能够满足使用单位行驶线路中的最大坡度的要求，并在销售合同中予以明确。

（5）场内机动车辆首次投入使用前，向产权单位所在地的特种设备检验机构申请首次检验。

（6）检验有效期届满的1个月以前，向特种设备检验机构提出定期检验申请，接受检验，并且做好定期检验相关的配合工作。

（7）流动作业的场内机动车辆使用期间，在使用所在地或者使用登记所在地进行定期检验。

（8）制定安全操作规程，至少包括系安全带、转弯减速、下坡减速和超高限速等要求。

（9）场内机动车辆驾驶人员取得相应的特种设备作业人员证，持证上岗。

（10）按照要求进行场内机动车辆的日常维护保养、自行检查和全面检查。

（11）叉车使用中，如果将货叉更换为其他属具，该设备的使用安全由使用单位负责。

（12）在观光车辆上配备灭火器。

（13）履行法律、法规规定的其他义务。

（二）作业环境

（1）场内机动车辆的使用单位应当根据本单位工作区域的路况，规范本单位场内机动车辆的作业环境。

（2）观光车行驶的路线中，最大坡度不得大于 10%（坡长小于 20m 的短坡除外）；观光列车的行驶路线中，最大坡度不得大于 4%（坡长小于 20m 的短坡除外）。

（3）场内机动车辆如果在《中华人民共和国道路交通安全法》规定的道路上行驶，应当遵守公安交通管理部门的相关规定。

（4）因气候变化原因，使用单位可以采取遮风、挡雨等措施，但是不得改变观光车辆非封闭的要求。

（三）观光车辆的行驶线路图

使用单位对观光车辆行驶线路的安全负责。使用单位应当制定车辆运营时的行驶线路图，并且按照线路图在行驶路线上设置醒目的行驶线路标志，明确行驶速度等安全要求。观光车辆的行驶路线图，应当在乘客固定的上下车位置放置明确标识。

（四）日常维护保养和检查

1. 一般要求

（1）使用单位应当对在用场内机动车辆至少每月进行 1 次日常维护保养和自行检查，每年进行 1 次全面检查，保持场内机动车辆的正常使用状态；日常维护保养和自行检查、全面检查应当按照有关安全技术规范和产品使用维护保养说明的要求进行，发现异常情况应当及时处理，并且进行记录，记录存入安全技术档案；日常维护保养、自行检查和全面检查记录至少保存 5 年。

（2）场内机动车辆在每日投入使用前，使用单位应当按照使用维护保养说明的要求进行试运行检查，并且进行记录；在使用过程中，使用单位应当加强对场内机动车辆的巡检，并且作出记录。

（3）场内机动车辆出现故障或者发生异常情况，使用单位应当停止使用，对其进行全面检查，消除事故隐患，并且进行记录，记录存入安全技术档案。

（4）场内机动车辆的日常维护保养、自行检查由使用单位的场内机动车辆作业人员实施，全面检查由使用单位的场内机动车辆安全管理人员负责组织实施，或者委托其他专业机构实施；如果委托其他专业机构进行，应当签订相应合同，明确责任。

2. 日常维护保养、自行检查和全面检查

使用单位应当根据场内机动车辆的具体类型，按照有关安全技术规范及相关标准、使用维护保养的要求，选择日常维护保养、自行检查、全面检查的项目。使用单位可以根据场内机动车辆的使用繁重程度、环境条件状况，确定高于本规程规定的日常维护保养、自行检查和全面检查的周期和内容。

3. 有关项目和内容的基本要求

（1）在用场内机动车辆的日常维护保养至少包括主要受力结构件、安全保护装置、工作机构、操纵机构、电气（液压、气动）控制系统等的清洁、润滑、检查、调整、更换易损件和失效的零部件。

（2）在用场内机动车辆的自行检查，至少包括整车工作性能、动力系统、转向系统、起升系统、液压系统、制动功能、安全保护和防护装置、防止货叉脱出的限位装置（如定位锁）、载荷搬运装置、车轮紧固件、充气轮胎的气压、警示装置、灯光、仪表显示等，以及《场内专用机动车辆安全技术监察规程》定期（首次）检验的项目。

（3）在用场车的全面检查除包括前项要求的自行检查的内容外，还应当包括主要受力结构件的变形、裂纹、腐蚀，以及其焊缝、铆钉、螺栓等的连接，主要零部件的变形、裂纹、磨损，指示装置的可靠性和精度，电气和控制系统功能的检查，必要时还需要进行相关的载荷试验。

（五）场内机动车辆使用管理相关知识

1. 场内机动车辆使用单位机构和人员要求

场内机动车辆使用单位符合以下条件时，需设置专门的安全管理机构，并逐台落实安全责任人。

（1）使用 10 台以上（含 10 台）大型游乐设施的，或者 10 台以上（含 10 台）

为公众提供运营服务的非公路用旅游观光车辆的。

（2）使用特种设备（不含气瓶）总量大于 50 台（含 50 台）的。

2. 场内机动车辆使用单位人员资质要求

（1）安全管理负责人（需设置安全管理机构的，要取证）。

（2）有以下情况者，需配备专职安全管理员，并取证：各类特种设备总量 20 台以上。

（3）作业人员，取证且证在有效期内，保证每台车至少一人。

3. 场内机动车辆技术档案要求

使用单位应当逐台建立特种设备安全与节能技术档案，安全技术档案至少包括以下内容。

（1）使用登记证。

（2）特种设备使用登记表。

（3）特种设备的设计、制造技术资料和文件，包括设计文件、产品质量合格证明（含合格证及其数据表、质量证明书）、安装及使用维护保养说明、监督检验证书、型式试验证书等。

（4）特种设备的安装、改造和修理的方案、图样，材料质量证明书和施工质量证明文件，安装改造维修监督检验报告，验收报告等技术资料。

（5）特种设备的定期自行检查记录和定期检验报告。

（6）特种设备的日常使用状况记录。

（7）特种设备及其附属仪器仪表的维护保养记录。

（8）特种设备安全附件和安全保护装置校验、检修、更换记录和有关报告。

（9）特种设备的运行故障和事故记录及处理报告。

使用单位应当在设备使用地保存以上（1）（2）（5）（6）（7）（8）（9）规定的资料原件，以便备查。

4. 场内机动车辆使用登记和变更

（1）使用登记。

①场内机动车辆在投入使用前或者投入使用后 30 日内，使用单位应当向特种设备所在地的直辖市或者设区的市的特种设备安全监管部门申请办理使用登

记。办理使用登记的直辖市或者设区的市的特种设备安全监管部门,可以委托下一级特种设备安全监管部门(以下简称登记机关)办理使用登记;对于整机出厂的场内机动车辆,一般应当在投入使用前办理使用登记。

②流动作业的场内机动车辆,使用单位应当向产权单位所在地的登记机关申请办理使用登记。

③国家明令淘汰或者已经报废的场内机动车辆,不符合安全性能或者能效指标要求的场内机动车辆,不予办理使用登记。

(2)变更登记。

按台(套)登记的场内机动车辆改造、移装、变更使用单位或者使用单位更名、达到设计使用年限继续使用的,按单位登记的场内机动车辆变更使用单位或者使用单位更名的,相关单位应当向登记机关申请变更登记。

办理场内机动车辆变更登记时,如果场内机动车辆产品数据表中的有关数据发生变化,使用单位应当重新填写产品数据表。变更登记后的场内机动车车辆,其设备代码保持不变。

①改造变更。场内机动车辆改造完成后,使用单位应当在投入使用前或者投入使用后 30 日内向登记机关提交原使用登记证、重新填写使用登记表(一式两份)、改造质量证明资料以及改造监督检验证书(需要监督检验的),申请变更登记,领取新的使用登记证。登记机关应当在原使用登记证和原使用登记表上作注销标记。

②单位变更。场内机动车辆需要变更使用单位,原使用单位应当持使用登记证、使用登记表和有效期内的定期检验报告到原登记机关办理变更;或者产权单位凭产权证明文件,持使用登记证有效期内的定期检验报告到原登记机关办理变更。登记机关应当在原使用登记证和原使用登记表上作注销标记,签发特种设备使用登记证变更证明。

③更名变更。使用单位或者产权单位名称变更时,使用单位或者产权单位应当持原使用登记证、单位名称变更的证明资料,重新填写使用登记表(一式两份),到登记机关办理更名变更,换领新的使用登记证。2 台以上批量变更的,可以简化处理。

④不得申请单位变更的情况。

有下列情形之一的特种设备，不得申请办理单位变更：

A. 已经报废或者国家明令淘汰的。

B. 进行过非法改造、修理的。

C. 无出厂技术资料的。

D. 检验结论为不合格或者能效测试结果不满足法规、标准要求的。

E. 停用。场内机动车辆拟停用 1 年以上的，使用单位应当采取有效的保护措施，并且设置停用标志，在停用后 30 日内填写特种设备停用报废注销登记表，告知登记机关。重新启用时，使用单位应当进行自行检查，到使用登记机关办理启用手续；超过定期检验有效期的，应当按照定期检验的有关要求进行检验。

F. 报废。对存在严重事故隐患，无改造、修理价值的场内机动车辆，或者达到安全技术规范规定的报废期限的，应当及时予以报废，产权单位应当采取必要措施消除该场内机动车辆的使用功能。场内机动车辆报废时，按台（套）登记的特种设备应当办理报废手续，填写特种设备停用报废注销登记表，向登记机关办理报废手续，并且将使用登记证交回登记机关。

非产权所有者的使用单位经产权单位授权办理场内机动车辆报废注销手续时，需提供产权单位的书面委托或者授权文件。

使用单位和产权单位注销、倒闭、迁移或者失联，未办理场内机动车辆注销手续的，使用登记机关可以采用公告的方式停用或者注销相关特种设备。

G. 使用标志。第一，场内机动车辆使用登记标志与定期检验标志合二为一，统一为特种设备使用标志；第二，场内专用机动车辆的使用单位应当将车牌照固定在车辆前后悬挂车牌的部位。

第七章　大型游乐设施

第一节　概述

一、定义

大型游乐设施，是指用于经营目的，承载乘客进行游乐的设施，其范围规定为设计最大运行线速度大于或者等于 2m/s，或者运行高度距地面高于或者等于 2m 的载人大型游乐设施。

二、分级表

大型游乐设施分类表见表 7-1。

表 7-1　大型游乐设施分类表

类别	主要运动特点	类型	主要参数		
			A 级	B 级	C 级
创意动画	纸上的鱼在水里游				
观览车类	绕水平轴转动或摆动	观览车系列	高度 ≥ 50m	50m > 高度 ≥ 30m	无
海盗船系列	从缓慢摆动到急速摆动		单侧摆角 ≥ 90°，乘客 ≥ 40 人	90° > 单侧摆角 ≥ 45° 且乘客 < 40 人	无
观览车类其他型式			回转直径 ≥ 20m，乘客 ≥ 24 人	单侧摆角 ≥ 45°，且回转直径 < 20m，且乘客 < 24 人	无

表 7-1（续）

类别	主要运动特点	类型	主要参数		
			A 级	B 级	C 级
滑行车类	沿架空轨道运行或提升后惯性滑行	滑道系列	滑道长度≥800m	滑道长度<800m	无
滑行车类其他型式	速度≥50km/h 或轨道高度≥10m	50km/h >速度≥20km/h，10m >轨道高度≥3m	无	无	无
架空游览车类	全部类型	轨道高度≥10m，单车（列）乘客≥40 人	10m >轨道高度≥3m，单车（列）乘客<40 人	其他	无
陀螺类	绕可变倾角的轴旋转	全部类型	倾角≥70° 或回转直径≥12m	70° >倾角≥45°，12m >回转直径≥8m	其他
飞行塔类	用挠性件悬吊并绕垂直轴旋转、升降	全部类型	运行高度≥30m，乘客≥40 人	30m >运行高度≥3m，乘客<40 人	其他
转马类	绕垂直轴旋转、升降	全部类型	回转直径≥14m，或乘客≥40 人	14m >回转直径≥10m，运行高度≥3m，乘客<40 人	其他
水上游乐设施	在特定水域运行或滑行	全部类型	无	高度≥5m 或速度≥30km/h	其他
无动力游乐设施	弹射或提升后自由坠落（摆动）	滑索系列	滑索长度≥360m	滑索长度<360m	无
无动力类其他型式	运行高度≥20m	20m >运行高度≥10m	其他	无	无
赛车类、小火车类、碰碰车类、电池车类	在地面上运行	全部类型	大于10m	无	全部

三、安全标准

（一）安全保险措施

游乐设施在空中运行的乘客部分，其整体结构应牢固可靠，重要零部件宜采取保险措施。

吊挂乘客部分用的钢丝绳或链条数量不得少于两根，与坐席部分的连接，必须考虑一根断开时能够保持平衡。

距地面 1m 以上封闭座舱的门，必须设有乘客在内部不能开启的两道锁紧装置或一道带保险的锁紧装置。非封闭座舱进出口处的拦挡物，也应有带保险的锁紧装置。

必须设有自动或手动的紧急停车装置，以防游乐设施在运行中动力电源突然断电或设备发生故障，危及乘客安全。

游乐设施在运行中发生故障后，应有疏导乘客的措施。

（二）乘客安全束缚装置

当游乐设施运行时，乘客有可能在乘坐物内被移动、碰撞或者会被甩出、滑出时，必须设有乘客束缚装置。对危险性较大的游乐设施，必要时应考虑设两套独立的束缚装置，可采用安全带、安全压杠、挡杆等。

束缚装置：应可靠、舒适，与乘客直接接触的部件有适当的柔软性。束缚装置的设计应能防止乘客某个部位被夹伤或压伤，应容易调节，操作方便。

安全带：可单独用于轻微摇摆或升降速度较慢的、没有翻转、没有被甩出危险的设施上，使用安全带一般应配备辅助把手。对运动激烈的设施，安全带可作为辅助束缚装置。

安全压杠：游乐设施运行时，可能发生乘客被甩出去的危险时，必须设置相应型式的安全压杠。安全压杠本身必须具有足够的强度和锁紧力，保证乘客不被甩出或掉下，并在设备停止运行前始终处于锁定状态。

（三）对安全栅栏、站台的安全要求

安全栅栏应分别设进口、出口，在进口处应设引导栅栏。站台应有防滑措施。

安全栅栏门开启方向应与乘客行进方向一致（特殊情况除外）。为防止关门时对人员的手造成伤害，门边框与立柱之间的间隙应适当，或采取其他防护措施。

边运行边上下乘客的游乐设施，乘客部分的进出口不应高于站台 300 mm。其他游乐设施乘客部分进出口距站台的高度应适宜，便于乘客上下。

（四）其他安全要求

游乐设施应在必要的地方和部位设置醒目的安全标志。安全标志分为禁止标志（红色）、警告标志（黄色）、指令标志（蓝色）、提示标志（绿色）四种。

凡乘客可触及之处，不允许有外露的锐边、尖角、毛刺和危险突出物等。

游乐设施通过的涵洞，其包容面应采用不易脱落的材料，装饰物等应固定牢固。

乘客部分必须标出定员人数，严禁超载运行。

游乐设施是在特定区域内运行、承载游客游乐的载体，一般为机械、电气、液压等系统的组合体。同所有机电产品一样，游乐设施也可能产生故障，产生故障时会造成游客恐慌、受困以及其他危险事故。

1. 游乐设施常见故障

（1）突然停机。

（2）机械断裂。

（3）高空坠落。

2. 故障产生的原因及预防

游乐设施多由几个系统组合而成，故障产生的原因很复杂，大多是由维修保养不当或不及时造成。因此，故障的预防重在加强日常的维护保养，并定期进行检验检测。

3. 应急要点

（1）乘客在游玩过程中出现身体不适，感到难以承受时应及时大声提醒工作人员停机。

（2）出现非正常情况停机时，乘客千万不要轻易乱动和自己解除安全装置，应保持镇静，听从工作人员指挥，等待救援。

（3）出现意外伤亡等紧急情况时，乘客切忌恐慌、起哄、拥挤，并及时疏散。

4. 专家提示

（1）乘客游玩时首先要认真阅读游客须知，听从工作人员讲解，掌握游玩要点，高血压、心脏病等患者不要游玩与自己身体不适应的项目。带领未成年人游玩时起好监护作用。

（2）任何游乐设施都有相应的安全保护装置，出现设备故障时，游客应保持镇定、听从指挥，等待救援。只有这样，才可以降低事故的严重程度，甚至避免人身伤害事故的发生。

第二节　大型游乐设施的结构及主要零部件

一、观览车类游乐设施

观览车类游乐设施的运动特点为乘客部分绕水平轴转动或摆动，主要有观览车、海盗船、大摆锤等。

（一）观览车（摩天轮）

运动形式：通过驱动装置的摩擦轮带动转盘旋转，吊厢悬挂在转盘外侧支撑架上，随着转盘转动使吊厢在旋转过程中作圆周升降运动；观览车的运行速度比较慢，一般为 15 ～ 18m/min，以方便乘客在连续运行的情况下能便捷和安全地上下。

传动方式：电动机→减速机→摩擦轮→转盘→吊厢绕主轴旋转。

大型观览车一般称为摩天轮，根据传动方式分为摩擦轮观览车、柱销齿轮观览车、液压马达传动观览车，一般中、小型观览车采用前 2 种传动方式。观览车吊厢分为封闭式和非封闭式两种。目前，大多数观览车辆都采用封闭式吊厢。

观览车绕水平中心轴转动，其相对运行速度应不大于 0.3m/s，以便于在不停机的情况下，乘客能比较方便地上和下。

摩擦轮传动观览车主要由驱动电动机带动链轮，通过传动装置带动轮胎转动，轮胎由弹簧施加压力压紧在转盘的摩擦盘上，通过轮胎与摩擦盘的摩擦力带动观览车运行。

柱销齿轮传动观览车由电动机带动减速器，减速器带动柱销齿轮，齿轮与齿条相啮带动转盘转动。

液压马达传动观览车由液压马达带动小齿轮，小齿轮与大齿轮啮合带动转盘转动。

观览车一般由驱动装置、立柱、转盘、吊厢、站台、控制室、安全栅栏和备用发电机等组成。驱动装置一般由电动机和液压马达组成。

立柱有双支承形式、单支承形式（又称悬臂式，如花篮式观览车）。

转盘根据结构形式分为有钢索式、桁架式和桁架钢索式等。钢索式的特点是滚道盘与主轴之间通过钢索相连接；桁架式的特点是通过桁架从主轴出发延伸，最后外圈桁架形成大的转盘。另外，还有无轮辐式观览车，中间没有任何支承，摩天轮自身并不转动，转动的是沿轨道旋转的吊厢。转盘能正反转，通过液压系统过压保护装置在停电或故障状态下疏导乘客。

吊厢有全封闭形式和半封闭形式，即全封闭吊厢一般分为啤酒桶形和水滴形；半封闭吊厢一般在单支承形式的观览车上用得比较多。吊厢的主要受力结构件由钢材制成，封闭吊厢的材料一般用的是铁皮、玻璃钢、有机玻璃等。吊厢门有两道锁，吊厢门、窗有防护栏杆，吊厢吊挂轴有保险措施。

站台供乘客上下，它的构造方法有钢结构、砖混结构。控制室包括安放设备的控制台，控制台应有广阔的视野，能够方便操作人员观察设备的运行状况，以便及时控制设备的运行。

安全栅栏是设备运行区域与周围乘客通道的有效隔离，可以有效阻止乘客的一些不安全行为。备用发电机是一种应急救援装备，在设备处于停电状态下，可以快速启动设备，对乘客进行疏散。

（二）海盗船

海盗船由安装在乘客座舱底部的驱动轮胎搓动船体主梁，提升船体的摆幅，摆动到一定角度后，驱动电源断电，最后由制动系统对船体进行减速并制停。因船头上有一个"海盗"的装饰而得名为海盗船。

海盗船一般由乘客座舱、支架、悬架系统、动力系统、站台、操作室、安全栅栏等组成。乘入座舱一般由槽钢做成船体骨架，玻璃钢座椅安装在骨架上，船舱头部一般安装玻璃钢制成的海盗或龙头。支架主要以钢管焊接和法兰螺栓连接，支架顶部一般为人字形的焊接结构件，其通过法兰与4个主立柱连接，主立柱的另一端与设备通过预埋铁板焊接或地脚螺栓连接。悬架系统一般由吊耳、吊挂轴、吊挂臂组成。吊耳一般用厚钢板切割而成，它在支架加工前就焊接在支架主横梁上，通过吊挂轴与下部的吊挂臂进行连接。吊挂臂主要是由方管和槽钢焊接而成的桁架结构。动力系统一般由槽钢做成矩形底座，底座上安装有电动机、带轮和轮胎。底座的一端通过铰接与基础预埋件相连，另一端通过销轴与气缸或液压缸连接，而气缸的另一端则与基础预埋件铰接。海盗船安全装置主要有：座舱船体吊挂轴两道保险钢丝绳、座舱摆角限位装置、船体外侧挡杆、安全压杠、安全带、制动装置、安全压杠锁紧装置、安全栅栏等。

（三）大摆锤

大摆锤运动时一般由主电动机驱动吊臂带动座舱摆动，座舱同时做自旋转运动，吊臂摆动到设计摆角后，驱动电源断电，座舱随着自重缓慢降低摆动角度，运行末期，控制系统通过电制动逐渐降低并制停座舱，设备在起动及停止时伴有上下乘客平台的降落与起升。

大摆锤一般由支架、吊挂系统、旋转动力系统、座舱、摆动动力系统、站台和操作控制系统等组成。吊挂系统由一根方管或圆管制成的吊挂臂和座舱组成，吊挂臂下端通过对接法兰和座舱的回转支承外圈连接在一起，吊挂臂上端通过法兰与支架横梁旋转筒连接。旋转动力系统由直流电动机、减速器齿轮箱、内啮合齿轮副和回转支承构成。座舱由 6 个座椅框架和 6 个连接臂通过法兰连接组成，每个座椅框架上安装有多个座椅，每个座椅上安装有安全压杠和安全带。摆动动力系统由两个直流电动机串联连接同步运行，直流电动机通过减速器连接齿轮与安装在支架横梁上回转支承的齿轮啮合。站台由固定平台和活动平台两部分组成。固定平台是钢筋混凝土制成的基础平台；活动平台是由 4 个可升降的小平台构成的 1 个内圆外方的整体平台。每 1 个小平台上面铺设有花纹板，下面有槽钢制成的支架，平台的外侧通过铰接与方管制成的支架连接，内侧通过铰链与气缸（液压缸）连接，气缸（液压缸）的另一端与基础支架通过铰链连接。设备开始运行前气缸（液压缸）收缩，站台下降；设备运行结束后，气缸（液压缸）顶升，站台上升至水平。大摆锤安全装置主要有座位安全压杠、束腰安全带、座位安全挡块及裆部安全带、安全压杠锁紧装置、吊臂铅锤限位、吊臂摆角限位、平台顶升限位、平台下降限位、外部确认按钮、压杠锁紧限位、座舱旋转定位限位等。

二、滑行车类游乐设施

滑行车类游乐设施的运动特点：车辆本身无动力，由提升装置提升到一定高度后，靠惯性沿轨道运行；车辆本身有动力，在起伏较大的轨道上运行。滑行车主要分为悬挂式过山车、激流勇进、疯狂老鼠、滑行龙、太空飞车等。

（一）悬挂式过山车

悬挂式过山车的运动原理：当乘客入座后，由站内操作人员压紧安全压杠，系紧安全带，确定符合开机运行条件后，由操作人员启动设备运行，站台制动装置、推进系统、轨道提升电动机先后自动开启运行，此时活动平台下降，列车驶出站台，并通过提升链条牵引至轨道提升段最高点后释放，列车沿着轨道惯性滑行，最终进入轨道缓冲区后减速并停止，再由站前、站内推进系统驱动车辆至停车位，站内活动平台提升，乘客下车。悬挂式过山车由滑行导轨、立柱、列车、提升系统、推进系统、制动系统、站台、安全装置等组成。

（1）滑行导轨分为高速俯冲下滑段、高空翻转的立环段、螺旋推进的螺旋段等部分。滑行导轨由一对主钢管组成，通过方管制成的托架与主支承结构焊接在一起，主支承结构再通过法兰和立柱或龙门架连接。

（2）立柱由钢结构组成，根据轨道的走向结构的不同，有的对轨道起支承作用，有的对轨道起吊挂作用；有的是龙门架，有的是人字架。

（3）列车由多辆车组成，每辆车并排坐 2 位乘客。乘客坐在吊椅上，吊椅顶部与轮桥连接，轮桥两侧各安装有一组轮系，每组轮系含行走轮、下导轮。每组轮系均从 3 个方向即上侧、下侧、内侧包住轨道，轮桥之间通过连接器十字铰接。

（4）提升系统由直流电动机驱动链条将列车提升到顶端（最高处），直流电动机固定在提升段的顶部。

（5）推进系统在站台装有多组推进轮，将列车从站台推进到提升段。

（6）制动系统一般设有两组，每组有多套制动装置，一组设置在站台，另一组设置在站台外缓冲区。每套制动装置均有气囊，通过气动系统控制气囊充气实现制动。

（7）站台由两部分组成，一部分是钢结构的活动站台，在座椅的正下方，过山车起动前站台下降，进站停稳后升起来，方便乘客上下；另一部分是固定站台。

活动站台两侧的电气系统由各个部分的控制系统组成，有进出口门控制系统、升降站台控制系统、推进电动机控制系统、提升电动机控制系统、制动控制系统等。

（8）必须具备的安全装置：安全压杠、压杠与电气的连锁系统、安全带、安全把手、轨道及站台上可靠的制动装置、车辆止逆装置、车辆连接器保险装置、防止两列（辆）车碰撞的自动控制装置等。

（二）激流勇进

激流勇进的运动原理：主水泵首先启动，把水从水池抽到第一提升段附近的水槽内，当水槽水位满足船安全出发条件后，船从站台出发，顺着水流前行到第一提升段并下滑，再进入第二提升段后下滑，最后回到站台。整个过程中，船的运动受到船体防撞自控系统的保护，船在两个下滑段如果由于故障而导致未能顺利冲到水道底部，防撞自控系统就会停止提升电动机的运行，阻止后来船俯冲而发生船体相撞事故。

激流勇进由水道、站台、船、泵站、第一提升段、第二提升段、制动系统及控制系统等部分组成，并由水道将各机构连接成一体。水道为矩形截面的钢筋混凝土结构，由低水道和高水道组成。站台是上下乘客的地方，它建在低水道的中间位置，是乘客上下船的通道，水道底部装有多个制动闸。站台上设有控制台，用于控制水泵运转及船的进出。

船由玻璃钢制成，船体底部安装轮子用于控制运行方向及在滑道上行驶，船体坚固结实，外形美观。船主要由前后导向轮、滑行轮、船体、安全把手、座椅等组成，是承载乘客的载体。前后导向轮的主要作用是保证船体沿着水道的走向安全前行。滑行轮在船体下滑时，能确保船体安全平稳地沿着滑道急速下滑。船体不得设置安全带，以防发生意外时，乘客在船内不能及时解开安全带而溺水，但船内必须设置安全把手。船体座舱前后端还设置了软体，防止乘客在下滑时磕伤。装在底盘侧面的 4 个轮子的主要作用是控制船的方向，起导向作用。船体的止逆装置装在行走轮系上。供水系统一般安装在第一提升段底部，运行时水泵向水道内供水，以维持水道内足够流量的水推动船只向前运行。第一提升段由提升段和下滑段组成，其作用是将船从低水道提升到高水道。第二提升段也由提升段和下滑段组成，其作用是将船提升到最高点，然后顺着滑道快速下滑。

制动系统由各自独立的制动闸组成。制动闸由电磁阀起动，靠压缩空气驱动气缸迫使船停靠，也有用手动转动转向盘控制船停靠的。

控制系统主要由电气配电柜及操作控制台组成，电气配电柜安装在主水泵近端，操作控制台安装在站台内，由操作人员操作控制设备运行。安全装置有止逆装置、把手、防撞自控系统、水位监测系统、船体前后缓冲装置、安全救援通道、安全栅栏等。

三、架空游览车类游乐设施

架空游览车类游乐设施的运动特点为沿架空轨道运行，主要有太空漫步、爬山车等。

（一）太空漫步

太空漫步的运动由直线运动和旋转运动组成。直线运动的动力源分为人力和机械两种。人力运动是通过人对脚踏施力，脚踏带动链轮，链轮通过链条带动安装在中间传动轴端部的链轮，链轮带动安装在同一根轴上的齿轮转动，齿轮与安装在底盘中心轴端头的齿轮啮合，中心轴下端安装着链轮，链轮通过链条带动安装在车身底盘后端的链轮运动，链轮与安装在传动轴上的齿轮副连接，从而带动行走轮沿轨道向前运动。

机械运动是电动机带动安装在输出轴上的链轮运动，链轮通过链条带动安装在传动轴上的链轮运动，链轮带动传动轴运动，传动轴带动行走轮运动。旋转运动是动力通过转向盘传给与转向盘连接的倾斜的旋转轴，倾斜的旋转轴通过联轴器传给垂直的旋转轴，垂直的旋转轴的下端安装有小齿轮，小齿轮与大齿轮啮合，而大齿轮又通过传动轴与链轮连接，链轮通过链条与安装在车身底盘中间固定的链轮连接，从而使车身上半部绕底盘中心旋转。太空漫步由站台、控制柜、轨道、车辆4大部分组成。站台是乘客上下车、操作台防护、车辆存放及检修的场所；控制柜具有对所有车辆进行电气系统控制及保护的功能；轨道具有支承车辆、引导车辆前进方向、给车辆供电的功能；车辆具有承载乘客游乐的功能。车辆由人工动力系统、机械动力系统、回转运动系统、支承轮、导向轮、防倾翻轮、行走轮、座椅、防撞缓冲装置和音响等组成。

人工动力系统与传统的架空脚踏车一样，由脚踏和链轮链条组成。机械动力系统由电动机和链轮链条组成。回转运动系统由转向盘、连接轴、万向节、齿轮副和链轮链条组成。导向轮、防倾翻轮、行走轮构成一套轮组，导向轮、防倾翻轮、支承轮也构成一套轮组，两组结构相同，区别在于行走轮的轮组是安装在动力输出轴上的。座椅由玻璃钢材料制成，配有玻璃钢顶、不锈钢压杠和安全带。防撞缓冲装置具有机械的和电气的两套装置。另外，座椅下面安装有小型音响，通过电脑板控制能播放悦耳的音乐。

安全装置有安全压杠、把手、防撞自控系统、安全带、车辆前后缓冲装置、安全栅栏等。

（二）爬山车

爬山车的多辆车上都装有独立的驱动机构，减速电动机通过链条使外侧后轮转动。车辆行进时，车上前桥的驱动销轴带动隐藏在路轨下面的导向同步器一起行驶。轨道弯曲时，导向同步器沿着轨道偏转，通过前桥的转向销轴，偏转角度传递到前桥转向器，使车轮自动转向，从而实现自动驾驶。车辆间通过拉杆连成一列车，与火车相似，车与车之间保持相同的间距。爬山车主要由爬山车车体、路轨、顶棚、电气控制系统等组成。

爬山车车体由车厢前、后桥，大、小链轮等部分组成。车厢由机架、玻璃钢壳等组件组成；前桥有驱动和转向两个销轴，与隐藏在路轨下面的导向同步器两轴套分别匹配；后桥通过减速电动机带动大、小链轮使外侧后轮转动。路轨由钢管、角钢、扁钢等制作而成，轨道走向设置采用比较紧凑的方式，从地面盘旋而上再盘旋而下，尽量利用场地的面积和空间。顶棚由星架、垂直支承、棚架柱、玻璃钢装饰板等组成。

电气控制系统由电气控制柜（含隔离变压器、检测装置）、小车电气保护装置、灯饰等组成，其作用是将 AC380V 变为 DC48V 电压输送到路轨上，检测小车运行圈数，并控制操作时间、灯饰等。安全装置有把手、安全带、车辆间两道保险钢丝绳、安全环链、安全栅栏等。

四、陀螺类游乐设施

陀螺类游乐设施的运动特点为座舱绕可变倾角的轴做回转运动，主轴大都安装在可升降的大臂上。陀螺类游乐设施主要分为旋转飞椅、极速风车、双人飞天等。

（一）旋转飞椅

旋转飞椅是用挠性件把座椅吊挂在转伞架上，通过传动机构旋转转伞架，在旋转的同时，液压升降装置使转伞架上的座椅整体作上升和下降以及变换倾角运动，来回升降，游客犹如坐降落伞般在天空飞翔飘荡，惊心动魄。旋转飞椅一般具有吸引游客的飞行外观造型和音响，是一项较刺激、适合青少年游乐的项目。

旋转飞椅的运行是通过传动机和支撑机架带动转伞架旋转，在转伞架上采用挠性连接方式吊挂座椅，在支撑机架上的液压升降装置作用下，转伞架的滑行架沿导向弯轨运动，使座椅在升降过程中作倾斜的旋转运动。旋转飞椅的传动方式：电动机→减速机→回转支承→液压升降装置→沿导向弯轨运动→转伞架吊挂座椅旋转且升降运动。

（二）极速风车

极速风车的运动原理：立柱等整体由液压缸缓慢升起，到一定角度后，大臂做旋转运动，而座舱臂一方面绕自转中心做旋转运动，同时又在重力的作用下做无规则的自由翻滚运动。极速风车主要由机座、立柱、大臂（含承重臂、旋转座、平衡臂）、6臂自转筒、连接筒、座舱臂、站台、液压系统、气动系统和电气控制系统等组成。极速风车的结构：立柱下端与机座由销轴铰接，上端通过回转支承与旋转座连接，机座用预埋螺栓固定在设备基础上；液压缸下端用销轴与机座铰接，上端与立柱用销轴铰接；承重臂的一端与6臂自转筒之间通过内齿式回转支承连接，承重臂的另一端与旋转座连接，旋转座的另一端与平衡臂连接；6臂自转筒经连接筒通过回转支承与6条座舱臂连接，每条座舱臂上有由5张座椅组成的座舱；每2条座舱臂有一套由气动控制的防乘客上下时座椅摆动的装置。

站台用钢构件或混凝土制成，站台与水平面有一定的倾斜度，站台四周设有安全栅栏，站台一侧设有操作室。

液压系统由液压站、升降液压缸和液压马达等部件组成。

气动系统由空压机、气动旋转头、气控阀、锁紧气缸、升降气缸等部件组成，用于控制座椅压杠的升降与锁紧。

电气控制系统由供配电系统、PLC 控制系统和直流调速系统组成。极速风车的安全装置包括立柱的限位装置、大臂的定位装置、液压系统的油温报警和超压保护装置、防液压缸快速下降装置、座舱的安全压杠和安全带、座椅压杠锁紧装置、压杠锁紧系统的连锁控制系统、发电机等。

（三）双人飞天

双人飞天的运动过程：设备起动后液压泵向液压马达和液压缸供油，液压马达带动小齿轮运动，小齿轮与大齿轮啮合，带动整个转盘转动，在转盘转动的同时，液压缸顶升，大臂前端拾起，整个转盘倾斜运转。

双人飞天主要由站台、转盘、升降装置、液压传动装置和控制系统等组成。站台一般是砖混结构的圆环形平台，起上下吊椅的作用。转盘的主体是由圆管焊接或用螺栓连接成的桁架结构。转盘中心是一个圆形盘，四周是钢结构的辐条，辐条的根部通过螺栓与转盘中心圆盘连接，辐条的另一端用螺栓连接圆管，而圆管中间吊挂吊椅。升降装置由大臂和液压缸组成，大臂的后端通过销轴铰接固定在地面支座上，前端焊接有一个圆柱形或方形支座，支座与转盘又通过回转支承连接，液压缸下端固定在地面上，另一端通过销轴与大臂后端铰接。液压传动装置由液压马达和齿轮副构成，液压马达与小齿轮连接。小齿轮与大齿轮的控制系统通过控制液压泵站的电磁阀使设备完成旋转和升降的动作。双人飞天的安全装置有安全带、安全挡杆、限位装置、座椅吊挂二次保险钢丝绳、锁紧装置。

五、飞行塔类游乐设施

飞行塔类游乐设施的运动特点：悬挂式吊舱且边升降边回转，吊舱用挠性件吊挂。飞行塔类主要有太空梭、跳伞塔、摇头飞椅、观览塔、青蛙跳等。比如，跳伞塔是乘客座舱（伞体吊篮）沿竖直方向做上下往复运动的设备，跳伞塔主要由支承结构、玻璃钢伞体吊篮、传动部件、制动系统和电气控制系统等组成。

（一）太空船

太空船是一种以跳跃为主题的现代高科技游乐设备，座舱采用压缩空气为动力，沿着竖直的立柱轨道高速弹射上升，随即像自由落体跌落下降，时而作连贯的跳跃上升、下降运动，使乘客在超重和失重的过程中体验到惊险与刺激。该设备外观造型优美独特，色彩艳丽，矗立空中，占地面积小，采用全气压驱动，是一种挑战人体极限、年轻人十分喜爱、比较刺激的游乐项目。

（二）跳伞塔

跳伞塔的支承结构由底座、中间立塔等组成。底座和立塔是这套设备的基础部件，用以保证相关部件的相对位置，支持全部设备的安全运转。底座是用 H 形钢制成的焊接与螺栓连接的复合结构，以满足运输条件以及便利安装的要求。中间立塔的内部安装有工作平台及楼梯，工作人员由地面经梯子可达平台进行传动部件及电路部件的检查及维护工作。

1.玻璃钢伞体吊篮

伞体吊篮不设座椅，乘客站立式。吊篮可乘坐 2 个大人和 1 个小孩。为了乘客的安全，跳伞的中间骨架设有防护栏杆，伞门装有手拉式和脚踏式两重锁，确保乘客的安全，只有在伞体外的管理人员才能控制脚踏式锁。伞体可拆成伞罩、中间骨架及吊篮三部分，便于运输和堆放。整个伞体吊篮造型优雅华丽、赏心悦目。

2.传动部件

座舱的运动是由曳引电动机带动动滑轮通过钢丝绳及定滑轮使乘客座舱沿竖直方向做上下往复运动。曳引电动机质量上乘可靠、起动平稳、停车舒缓，令乘客乘坐舒适。

3.制动系统

座舱的制动由变频器的电气制动系统及曳引电动机抱闸制动共同配合完成，制动平稳可靠。

4.电气控制系统

（1）电气控制系统主要包括 30 个接近开关，6 个限位开关预防故障冲顶，3 个操作人员控制台。系统保护装置齐全，操作方便快捷，可充分保证设备运行的安全、可靠和稳定，使游戏的安全性得到最大限度的提高。

（2）系统经可编程序控制器（PLC）控制各变频器。各座舱曳引电动机分别由 6 个变频器单独驱动，在运行模式下，座舱的升降运动由控制系统自动控制；座舱的上升（下降）速度分两级，在低（高）处为快速上升（下降），当升（降）

至离塔顶（地面）约 3m 时，则变为低速上升（下降）；升降曳引电动机带有可靠的电磁制动装置，控制电路也设有预防故障冲顶保护，使设备运行安全可靠。

六、转马类游乐设施

转马类游乐设施的运动特点：座舱安装在回转盘或支承臂上，绕垂直轴或倾斜轴回转，或绕垂直轴转动的同时有小幅摆动。转马类游乐设施主要有转马、转转杯等。

（一）转马

从传动结构来分，转马可分为上传动和下传动形式。

上传动工作过程：起动后由电动机带动减速器的输入轴，减速器的输出轴则通过联轴器带动小齿轮转动，小齿轮通过啮合驱动安装在主轴上的大齿轮或回转支承齿圈运动，使主轴通过桁架内外两侧的支柱带动整个转盘旋转。桁架旋转时安装在主轴顶部的大锥齿轮开始旋转，安装在桁架上的曲轴内侧端的小锥齿轮通过与大锥齿轮啮合，带动曲柄轴旋转，曲柄轴旋转时带动拉杆上下运动。因为拉杆下面固定着木马，所以木马就做上下运动，同时，木马下端的拉杆还通过套筒固定在转盘上，故木马又随同转盘一起做旋转运动。因此，木马的旋转运动和上下运动合在一起就形成了木马跳跃式的运动形态。

下传动工作过程：转盘底部电动机通过带轮带动小齿轮，小齿轮通过啮合驱动安装在主轴上的大齿轮带动转盘转动，转盘下面安装着曲轴，曲轴的端头安装着轮胎，顶杆安装在曲轴上，顶杆上安装着木马，转盘旋转带动轮胎转动，轮胎转动带动曲轴转动，曲轴转动带动顶杆上下运动，顶杆带动木马上下运动。转马主要由支柱、转盘、顶棚、木马、驱动机构、传动机构、操作控制台等组成。其安全装置主要有安全带、扶手等。

（二）转转杯

转转杯的工作过程：电动机带动小齿轮旋转，小齿轮与大齿轮啮合带动大齿轮旋转，大齿轮通过回转支承与大转盘固定在一起，大转盘跟随大齿轮旋转而转动。小转盘的旋转工作原理与大转盘类似，另外小转盘的回转支承及减速电动机固定在大转盘的钢结构上，在实现自身旋转的同时随大转盘一起旋转。

转转杯一般由底部支承座、大转盘和支承架、小转盘和支承架、转杯、旋转动力系统和控制操作室组成。底部支承座是由槽钢和铁板焊接而成的"十"字结构，相互间用高强度螺栓连接。转盘和支承架由钢架结构组成，上面铺一层合金花纹板，大转盘中心位置通过大转盘回转支承与底部支承座连接在一起。小转盘和旋转支座由钢架结构组成，通过回转支承固定在大转盘的钢结构上，实现小转盘自转的同时随大转盘一起转动，运转时可自由旋转，也可由乘客手动转动手轮使旋转支座固定在小转盘的钢结构上，旋转动力系统分为大转盘的旋转系统和小转盘的旋转系统。大转盘的旋转系统是由减速电动机连接小齿轮和与之相啮合的回转支承的大齿轮组成。站台一般由角铁和花纹板制成，有 2 个阶区分进出口，在站台一端安装有操作室，操作室里安装操作系统。

七、自控飞机类游乐设施

自控飞机类游乐设施的运动特点：乘人部分绕中心轴转动并做升降运动，乘人部分大都安装回转臂上。自控飞机类游乐设施主要有自控飞机、弹跳机等。

（一）自控飞机

自控飞机的工作过程：电动机带动小齿轮旋转，小齿轮带动中心回转支承旋转，安装在回转支承上的上框架随之旋转，摇摆臂及气缸构成的运动机构随着上框架一起旋转，而安装在摇摆臂末端的座舱的上升运动由气动系统提供的压力气体顶升，其下降靠自身重力，每个座舱内的上升及下降按钮可以控制每个摇摆臂下的顶升气缸气路系统，乘客可以通过按压上升及下降按钮实现形似飞机的座舱做出升降动作，故名自控飞机。自控飞机一般由底部组件、回转支承、驱动系统、气缸及摇摆臂、座舱、控制系统、气动系统、站台等组成。

（二）弹跳机

弹跳机的运动形式：座舱通过升降气缸推动回转臂上升或下降，同时在旋转传动装置的驱动下，几个连在一起的回转臂一同回转。座舱在回转的同时，升降气缸可使回转臂上升或下降。回转一般都是机械传动（个别也有液压传动），而座舱的升降几乎都是气压传动。弹跳机必须具备的安全装置：座舱中设安全带、安全把手、安全压杠、升降限位装置、座舱牵引杆的保险装置、防升降气缸快速下降的保险装置、气压系统过压保护装置、停电或故障状态疏导乘客的措施。

八、赛车类游乐设施

赛车类游乐设施的运动特点：赛车沿地面指定线路运行。赛车的运动形式为车体承载乘客，由乘客沿着赛道自己操作驾驶。赛车的安全装置一般有安全带、道路两侧的防撞缓冲拦挡物、驱动和传动部分及车轮的防护装置、车体四周的防撞缓冲装置、线路的安全警示标牌等。

九、小火车类游乐设施

小火车类游乐设施的运动特点：小火车沿地面轨道运行。主要有小火车、恐龙危机、秦陵历险、野外探险等。小火车的运动形式：传动装置在驱动装置的驱动下，带动车辆行走轮转动，从而驱动列车前行。小火车速度一般小于 10km/h。小火车安全装置主要有乘人部分的进出口栏杆、安全把手、安全带、制动装置等。

十、水上游乐设施

水上游乐设施是指借助水域、水流或其他载体，在特定水域运行或滑行，为达到娱乐目的而建造的游乐设施。水上游乐设施主要有水滑梯系列、峡谷漂流系列、碰碰船系列，如水滑梯、峡谷漂流和碰碰船。

峡谷漂流的运动形式：启动水泵向特定的专用水道提供大流量水源，由于水道的落差，游客乘坐橡皮筏通过提升系统进入汹涌澎湃的水流，经过急弯险滩和变化莫测的河道漂流，惊险而刺激，犹如在大自然的河道中激流探险。峡谷漂流是一项青少年十分喜爱的游乐项目。峡谷漂流是由水道、供水系统、提升机构、橡皮筏、制动机构组成，橡皮筏通过提升皮带进入水道高位，水泵推动大流量的流水驱动橡皮筏在设定的水道中漂流，载人的橡皮筏沿水道通过急弯激流段漂流回到站台，制动机构固定橡皮筏方便游客上下。

水上游乐设施的使用场合：除游船类外，水上游乐设施一般使用于水上乐园。水上乐园里的水上游乐设施主要以水滑梯为主，常见的水上游乐设施有高速滑梯、彩虹滑梯（竞赛滑梯）、螺旋滑梯（敞开式或封闭式）、儿童滑梯、造浪池以及与滑梯相配套的游乐池。近年来，部分新建的主题水上公园还引进了国外惊险高空高速水滑梯，如龙卷风暴、魔力碗、水上过山车等。

乘客乘坐滑梯时一般需要先经楼梯到达十几米高的出发平台，然后借助滑梯内水流的作用力和乘客自身的重力滑行。部分滑梯还需使用橡皮筏才能滑行，并且对下滑乘客的姿势有要求，因此乘客应遵从操作人员的讲解，并在下滑过程中保持正确的滑行姿势。水滑梯系统由支承结构（支承立柱、支臂）、出发平台、玻璃钢构件、供水系统、落水池（截留区）、运载工具等组成。水滑梯系统自上而下分为起始端、滑行区、结束端、截留区、溅落区。

起始端：乘客进入滑梯的区域。

滑行区：乘客沿特定的滑梯表面滑行的区域。

结束端：滑梯末端供乘客准备停止滑行的部分。

截留区：滑梯末端供乘客停止的部分。

溅落区：供乘客从滑梯末端滑出落入缓冲、停止滑行的专用水域。

第三节　大型游乐设施安全保护装置

一、安全带、安全把手、安全压杠

安全带和安全把手单独使用时主要用于运行比较平稳、惯性很小，或虽然有一定速度，但运行的方向变化不是很突然，没有必要把乘客完全约束在座椅上的游乐设施。安全带和安全把手与安全压杠共同使用时一般安装在压杠护圈上或座位前，方便乘客平衡自己的身体，提供支承力。安全带主要由绳带、锁扣及长短调节器组成。绳带的宽度必须大于30mm，使其有足够的抗拉强度。锁扣的扣合应可靠，不能轻易滑脱。锁扣多采用插入式，即将绳带一端卡口插入绳带另一端有锁舌的插座，锁舌在弹簧的作用下伸入卡口内，开锁时只需压下锁扣的按钮抽出卡口即可，因此锁扣材料最好为钢制。长短调节器应有足够的摩擦力，防止安全带松散而未能有效系紧乘客。绳带式人体保护装置多用于赛车、碰碰车、自控飞机等高度较低、不翻滚的游乐设施，或作为安全压杠的辅助保险装置。

安全带的主要系法：一种是系在乘客的腰间；另一种是斜系胸前，即一端在肩上，另一端在腰间，其他还有3点或4点式安全带。安全带的长短应可调，使之正好贴在乘客的身上，如果太长，乘客的身体仍可挣脱出安全带而被甩出。

游乐设施的座舱内或乘客座位上设置的安全把手，有别于安全压杠和安全带，其不是被动强制性安全保护装置，而是主动性保护装置。对一般运动趋势有明显的预见性的游乐设施，安全把手可供乘客抓握用以在运动中稳定和平衡自己的身体，因此对乘客的乘坐安全来说也同样非常关键。有落水危险的船只必须设置安全把手，严禁设置安全带，安全把手除了有足够的机械强度外，其自身与座椅、安全压杠连接的可靠性也很重要，并且其表面必须光滑平整，不能对乘客的手掌造成伤害。

对于运行时产生翻滚动作或冲击比较大的运动的大型游乐设施，为了防止乘客脱离乘坐物，应当设置相应形式的安全压杠。安全压杠种类繁多，不同厂家的结构形式各异，常见的有护胸压肩式、压腿式、护胸压背式。护胸压肩式安全压杠常用于座舱会发生翻滚、颠倒及人体上抛等类型的游乐设施，诸如过山车等。

垂直发射或自由落体的跳楼机、乘客会倒悬的天旋地转等，其防护等级最高，此类大型游乐设施离地面较高，运动的惯性又较大，乘客在游玩该类游乐设施时有可能会脱离座位摔出座舱而受到意外伤害。为防止乘客脱离座位，必须用护胸压肩式安全压杠强制乘客坐在座位上。当乘客身体欲往上抬离座位时，压杠的挡肩部分将挡住肩膀，若身体要往前去，则压杠的护胸部分又挡住胸口，这样就将乘客限制在座位和靠背的很小活动范围内，防止意外受伤。一般此类安全压杠都设有安全把手，护胸压肩式安全压杠一般由压紧构件（如压杠臂）、执行构件、锁紧装置、保险装置几部分组成。

大型游乐设施越来越刺激，设备多自由度运转，为了防止压肩护胸式安全压杠在使用过程中失效，大部分大型游乐设施除设安全压杠外，还加设了辅助的独立安全保护装置，如辅助安全带等，有的压杠前端还加装了气动插销锁紧装置，有效地避免了锁紧装置失效后压杠自行打开的风险。

压腿式安全压杠主要用于不翻滚、不垂直上抛的小惯性运动的游乐设施，如自旋滑车、海盗船、美人鱼等设备。压杠在乘客腿部，不让乘客站起来离开座位，以免乘客摔出座舱。在危险性较大的游乐设施里，压腿式安全压杠一般和护胸压肩式安全压杠组合使用，有效地把乘客束缚在座椅范围内。

护胸压背式安全压杠主要用于运行速度大、瞬间加速度大且乘客无法用以上两种安全压杠束缚在一定乘坐空间内的游乐设施，如摩托过山车，而乘客若不使用此类安全压杠会造成意外伤害。

二、锁紧装置

锁紧装置是保障人体安全束缚装置（安全压杠、安全带）正常工作的重要组件，设备运行过程中，人体安全束缚装置必须有效锁紧，确保乘客被可靠地束缚在座位上。锁紧装置不允许在设备运行过程中被人为打开。游乐设施中锁紧装置有很多种，最常见的有棘轮棘爪型、液压锁紧型（缸筒类锁具）、齿条锁紧型、定位销杆类、舱门类等。棘轮棘爪型锁紧装置由棘轮和棘爪构成，锁紧时由弹簧推动爪压在棘轮之上卡住棘轮，使之只能向一个方向转动；打开时由凸轮推动棘爪离开棘轮。当操作人员将安全压杠往乘客身体方向按压时，棘轮转动，棘爪或者卡销卡入棘轮的底部，由于棘轮和棘爪有止逆作用，此时压杠不能往回转，也就是说压杠能挡住乘客的身体，不让乘客脱离座位。棘爪或卡销弹簧保证棘爪始终与棘轮接触，卡到棘轮后不松开。如果棘轮有很多个齿，则压杠可以继续往下压，直到爪卡到下一个棘轮位置。

液压锁紧型（缸筒类锁具）锁紧装置的安全压杠由液压缸进行锁紧，锁紧时由换向阀和单向阀控制油路，使液压油只向一个方向流动，由此控制压杠只能压紧；打开时，液压缸两侧油路连通，这样液压缸杆可向两个方向运动，安全压杆则可以开启。

齿条锁紧型锁紧装置主要由齿条、棘爪、执行元件（如气缸）和其他辅件组成。

三、止逆装置

滑行车类游乐设施（如激流勇进、疯狂老鼠、自旋滑车）在提升段是沿着斜坡被牵引的，一旦出现牵引链条断裂、牵引钩脱落、意外断电等故障时，为保证滑行车辆不下滑，均应设置防止乘客装置逆行的安全装置（止逆装置），同时该止逆装置的逆行距离设计应使冲击负荷最小，在最大冲击负荷时，应能使乘客装置止逆可靠。止逆装置一般分别在车辆底部和轨道提升段安装，包括止逆钩和止逆挡块等。

当滑行车沿斜坡向上牵引时，挡块绕链点顺时针转动不妨碍上升。当牵引链条断开时，车体由于自重而下滑，促使挡块逆时针旋转。由于齿条将挡块卡住，不能旋转，故车也不能下滑。

四、制动装置

为了使大型游乐设施安全地停止或者减速，大部分运行速度较快的设备都采用了制动系统，游乐设施的制动包括对电动机的制动和对车辆的制动。

对电动机的制动分为机械制动和电气制动（能耗制动和反接制动）两种方式。

对车辆的制动主要是机械制动方式。机械制动装置是接触式的，其主要由制动架、摩擦元件和松闸器三部分组成。其主要是利用摩擦副中产生的摩擦力矩来实现制动，或者是利用制动力与重力的平衡，使机器运转速度保持恒定。

制动装置分类如下：

按功能分为停止式和缓冲式。停止式，起停止和支持运动物体的作用；缓冲式（调速），起调节运动物体的运动速度的作用。

按工作状态分为常闭式（外力打开）和常开式（外力闭合）。游乐设施机械制动装置须采用常闭式。

按结构特征分为块式（板式）、盘式及带式块式（板式）。块式制动器结构简单，工作可靠，如短行程、长行程、液压块式制动器；盘式制动器沿制动盘方向施力，制动轴不受弯矩影响，径向尺寸小，制动稳定，它又分为点盘式、全盘式及锥盘式。

五、限位装置

游乐设施中绕固定轴支点转动的升降臂或绕固定轴摆动的构件，都应有极限位置限制装置。限位装置必须灵敏可靠。在液压缸或气缸行程的终点，应设置限位装置。

限位装置分为接触式和非接触式。

接触式限位开关在常用的低压电器中称为行程开关，一般有直动式、滚轮式、微动式等。

接触式限位开关是实现行程控制的小电流（5A 以下）主令电器，其作用与普通的控制按钮相同，只是其触头的动作不是靠手按动，而是利用机械运动部件的碰撞使触头动作，即将机械信号转换成电信号，通过控制其他电器来控制运动部件的行程、运动方向或进行限位保护。大型游乐设施中的接触式限位开关主要是对某些运动、提升的部件在某一位置起到限制的作用，如采用液压（气）缸升降的大臂，一般都要求设置限位装置，一方面定位准确，另一方面防止运动过位，如保护液压（气）缸冲底或者提升冲顶。

非接触式限位开关在常用低压电器中称为接近开关，当某一物体接近它的工作面到一定的区域范围内时，不论检测体是运动的还是静止的，接近开关都会自动地发出物体接近而"动作"的信号，而不像机械式行程开关那样需施加机械力才能发出信号，因此，接近开关又称非接触式行程开关。

接近开关是理想的电子开关型传感器，当检测体接近开关的区域时，开关能无接触、无压力、无火花迅速发出电气命令，准确反映出运动机构的位置和行程，若用于一般的行程控制，其定位精度、操作频率、使用寿命、安装调整的方便性和对恶劣环境的适应能力，是一般机械式行程开关所不能比拟的。它具有非接触触发、动作速度快、可在不同的检测距离内动作、发出的信号稳定无脉动、工作稳定可靠、寿命长、重复定位精度高及适应恶劣的工作环境等特点。

六、超速保护装置

采用直流电动机驱动或者设有速度可调系统时，必须设有防止超出最大设定速度的限速装置，超速保护装置必须灵敏可靠。观览车类中的大摆锤、飞毯、遨游太空大部分采用直流电动机驱动，常见的超速保护装置有旋转编码器、离心开关、测速电动机、直流限速器等。

七、缓冲装置（防碰撞装置）

可能碰撞的游乐设施，必须设有缓冲装置。

（1）同一轨道、滑道、专用车道等有两组以上（含两组）单车或列车运行时，应设防止互相碰撞的缓冲装置。缓冲装置的主要用途是座舱或车辆发生碰撞时缓冲、消耗碰撞物的动能，减轻座舱与碰撞物间的刚性力，进而避免游客撞伤、被橡胶管碰伤。

缓冲装置多用于滑行车系列游乐设施上，如疯狂老鼠、激流勇进、太空飞车，由于此类设备运行速度较快，运行过程中不允许车辆之间发生碰撞，因此必须控制车辆间隔，当游乐设施运行到危险距离范围内时，防碰撞装置便发出警报，进而切断动力源，制动器制动，使车辆停止运行，避免车辆之间的相互碰撞，防止游客撞伤、碰伤。

（2）非封闭轨道的行程极限位置必要时应设缓冲装置。缓冲装置种类有弹簧缓冲器、液压缓冲器、其他形式缓冲器（实体式橡胶、木材或其他弹性材料）。

弹簧缓冲器（蓄能）用于飞行塔类设备，如青蛙跳、滑行车类、架空游览车类、滑索（轻微碰撞）；液压缓冲器（耗能）用于速度较高、质量大的设备上，如太空梭；其他形式缓冲器用于速度较慢的设备，如碰碰车、赛车，车的前后均设有撞击缓冲装置，座舱前面有缓冲杠和弹簧，当本座舱撞击其他座舱时，本座舱弹簧起缓冲作用，当其他座舱撞击本座舱时，其他座舱前面的弹簧起缓冲作用，本座舱后面的橡胶管起缓冲作用，可大大减轻撞车对游客造成的人身伤害。

（3）升降装置的极限位置应设置缓冲装置。落地式的吊舱在着地支脚处应有缓冲装置。

（4）乘人装置运动时有振动、跳动运动的自控飞机类游乐设施，应设置相应的缓冲装置。

八、游乐设施电气保护

（1）电击保护：直接电击防护、间接电击保护。

（2）防雷与接地：雷电防护、接地保护。

（3）其他电气保护：过电流、过电压、欠电压、缺相、短路和过载保护。

九、游乐设施安全保护装置的使用和维护

（一）安全带的使用与维护

（1）使用前应确认安全带安装连接有无异常，带体有无破损，开启扣是否灵活可靠有效。

（2）检查扶手是否完好，安装连接是否牢靠，有无松动。

（3）使用时，操作人员应协助每个游客扣好安全带，注意将安全带头带有锁舌的一端，沿着身体往下拉安全带（注意安全带不能扭结），将锁舌插入卡扣

中，直到听到"咔哒"一声响后，往上提一提锁舌，以确认是否锁住，做到松紧适中并告诉游客双手抓紧扶手。对于儿童，其安全带的使用应尽量减少空隙，把安全带拉紧，以防儿童滑出造成危险。

（4）运行结束后，操作人员应协助游客解下安全带，其方法是左手拿安全带，用右手按压安全带卡扣的按钮，取下安全带并将其轻轻放置于座舱中，避免开启卡扣碰伤玻璃等。

（5）若发现安全带已破损，锁舌、卡扣已不起作用，必须立即更换新的安全带。

（二）安全压杠安全保护装置的使用与维护

（1）安全压杠各关节部位转动是否灵活。

（2）安全压杠安装连接是否牢固，底座的连接缝有无裂纹等。

（3）对于由油缸或气缸控制的安全压杠保护装置，还必须检查其控制系统是否正常，管路连接有无泄漏，压力表显示是否正常等。

（4）有关连接的销轴、螺栓螺母、弹簧等是否完好，有无异常。

（5）安全压杠测试，锁紧后无异常间隙和松动。

（6）使用时由操作人员为游客压好安全压杠后，必须检查安全压杠压下时，是否紧贴靠背，对压杠做向上反推检查，以确认压杠锁止到位。

（7）运行结束后，由操作人员松开安全压杠，引导游客安全离开座舱。

（8）检查发现安全压杠安装不牢、压紧松动、间隙大等异常情况时，应由维修人员进行检查维护，相对运动的部位，应定期加油润滑。对已修理后的安全压杠装置，必须经过严格检查并试验，确认合格后方可投入使用。

（三）锁紧安全保护装置的使用与维护

（1）安装连接是否牢固，有无松动。

（2）锁紧动作是否正常，松紧是否合适。

（3）对于气压或液压驱动的锁紧装置，还必须检查其管路有无泄漏，压力是否正常。

（4）使用时对安全带、安全压杠、安全门等锁紧装置应逐一确认其紧固是否到位，可靠有效。

（5）对发现的问题应及时找维修人员进行检查修理，对已修理后的锁紧装置，必须经过严格检查并试验，确认合格后方可开机运行。

（6）相对运动部位，应定期加油润滑。

（四）制动安全保护装置的使用与维护

（1）应逐一检查车辆的制动安全保护装置，其安装连接是否牢固，有无松动现象。

（2）有关连接的销轴、螺栓螺母、弹簧等是否完好，有无异常。

（3）制动系统管路有无泄漏，压力是否正常。

（4）各制动闸刹车片磨损是否在允许范围内，使用时应空载试机，检查各组制动装置是否动作到位、准确有效。

（5）发现问题应及时修理，未处理好前不得开机。

（6）各连杆关节转动部位应定期进行润滑。

（五）止逆（防倒退）安全保护装置的使用与维护

（1）安装于座底部的止逆（防倒退）钩连接是否牢靠，止逆（防倒退）钩销轴有无异常。

（2）止逆（防倒退）钩有无磨损，是否完好。

（3）安装于斜坡止逆（防倒退）齿条连接是否可靠，止逆（防倒退）齿磨损是否正常。

（4）止逆（防倒退）钩的复位弹簧状态是否良好，有无损坏脱落。

（5）使用时应逐一对车辆（座舱）进行试机检查：将座舱提升至轨道斜坡段任一位置，再切断电源，若座舱能被止逆（防倒退）钩钩住，则说明该装置性能可靠。

（6）发现问题应及时维修，并对止逆（防倒退）钩销轴定期加油润滑。

（六）运动限制安全保护装置的使用与维护

（1）该装置的限位开关，安装连接是否牢固。

（2）触点或阻挡块是否完好，有无变位，动作是否正常。

（3）试机检查该装置动作是否灵敏可靠，限位是否准确，运动的动作是否正常。

（4）试机运行中如发现运行过程有异常、限位不准确等，应及时安排维修人员进行检查维修或更换该装置。

（七）超速限制安全保护装置的使用与维护

（1）安装连接是否牢靠，有无移位。

（2）使用时应先试机（进行空运转），检查该项装置的性能是否可靠有效。

（3）由于该装置是一部精密仪器，一般不要移动，如有问题应请有关专业人员进行处理，问题解决后应重新试机（进行空运转）检查，确认符合有关安全规范的要求后，才能开机营业，否则严禁开机。

（八）防冲撞安全保护装置的使用与维护

（1）使用前检查该装置。

（2）安装连接是否牢固。

（3）缓冲防撞橡胶有无损坏变形。

（4）压缩弹簧弹性是否良好，弹力是否足够。

（5）导向杆有无弯曲变形。

（6）导向套应定期加油润滑。

（九）两道安全保护装置的使用与维护

游乐设施的两道安全保护装置，大多采用在销轴或拉杆连接的旁边，附设一条钢丝绳或采用双拉杆、双链条、双绳索等措施。因此，日常使用中一定要注意其连接是否牢固，是否完好，有无锈蚀破损等，一旦发现问题应及时更换处理。

（十）安全栅栏保护装置的使用与维护

安全栅栏保护装置虽然与其他安全保护装置比较，显得没有那么重要，但也不是可有可无的，它对维护游乐设施的现场秩序、确保游客安全具有不可替代的作用。因此，必须做好安全栅栏保护装置的维护保养工作，经常检查其各连接焊缝是否完好、栅栏柱与地脚板的连接有无松动、钢管表面油漆是否完好，并定期油漆翻新（不锈钢除外）。

第四节　大型游乐设施安全操作

一、游乐设施操作人员素质要求

（1）思想端正，责任心强。操作人员的工作责任心强与否，直接关系到游乐设施的安全使用。操作人员责任心强，工作认真细致，对游乐设施的安全隐患及时发现、及时处理，就会减少事故的发生。而操作人员责任心不强，工作不负责任，不注意隐患的存在或发现了也不及时处理，就会增加事故发生的概率。

（2）具有初中以上文化程度。现代游乐设施运用了很多科技常识，没有一定的文化程度很难理解游乐设施运作的基本原理和常识。操作人员连游乐设施的运作原理都不懂，就很难发现使用过程中存在的隐患。

（3）有爱岗敬业的精神，业务技能熟练。干一行爱一行，有敬业精神，对自己使用管理的游乐设施多了解、多钻研，提升业务技能，才能更好地操作和安全使用游乐设施。

二、游乐设施操作要求

游乐设施的工作人员应该熟悉游乐设施的性能及工作原理，如自控飞机（飞碟追击）的工作原理。

座舱升降：压缩机—储气缸—空气过滤器—油雾器—电磁阀（升降控制开关）—动作气缸—升降臂—座舱升降。

压缩机各部分的功能：压缩机（造气）、储气缸（存气）、空气过滤器（通过过滤器过滤空气中的水分）、油雾器（起雾化油的作用）、电磁阀（控制升降）、升降控制开关（由游客自控）、动作气缸（起升降作用，带动升降臂升降）。

座舱旋转：电动机—变速箱—传动齿轮（小齿）—传动链条—变速齿轮（大齿）—座舱旋转。

电动机各部分的功能：变速箱（第一级变速，减慢速度）、传动齿轮（小齿）通过传动链条带动变速齿轮（大齿，为第二级变速），带动构架转动。

游乐设施的工作特点包括以下几点。

（1）运用气压技术特性，快速灵敏，可控性高。

（2）每天做好营业前、营业中、营业后的检查工作。

（3）每天做好设备及环境卫生（添加燃料或润滑油）。

（4）空机试运转一次，确认一切运转正常才能营业。

（5）游乐设施运转时，操作人员严禁离开岗位，要密切注视游客动态。

（6）每天要填写好设备检查和运营情况登记表。

（7）遇到不正常情况或发现存在不安全因素，要紧急停机。

（8）遇到意外事故，应采取适当的应急措施。

三、游乐设施安全运营要求

（一）每天做好运营前的安全检查

进行安全检查前将"正在检修，严禁操作"的告示牌挂在控制台上，将"此项目正在检修，暂停接客"的告示牌挂在入口处。检查的内容应结合设备运行特点进行。

1. 一般情况的观察检查

（1）从外部观察是否有变形、龟裂、折损。

（2）各种轴承的供油、注油情况是否良好。

（3）各种开关及方向盘是否在规定的位置上。

（4）旋转部分的动作是否良好。

（5）是否有异常的臭味及声音。

（6）油、气压装置是否存在漏油、漏气的情况。

2. 电动机检查

（1）地脚螺栓有无松动。

（2）有无异常声响。

（3）温升是否正常。

（4）满载时运行应良好。

3. 安全带检查

（1）固定处是否牢固。

（2）有无断裂现象。

（3）锁扣是否灵活可靠。

4. 安全杠检查

（1）动作是否灵活可靠。

（2）锁紧是否可靠。

（3）有无损坏现象。

5. 吊厢门检查

（1）开关是否灵活。

（2）两道门锁是否可靠。

（3）有无损坏现象。

以上检查后，空机试运行 2 次以上，确认一切正常才能接待游客。

（二）营业中接待、检查

（1）操作人员必须微笑待客，向游客表示"欢迎光临"，验票后请客人进入机台，待游客人齐后，首先要关好入口处的闸门。

（2）提示游客在游乐中途请勿站立、请勿解开安全带、请照顾好自己的小孩、小孩坐内侧、大人坐外侧等注意事项，并逐一为游客检查和扣好安全带。

（3）使用礼貌用语，通过广播正确指导游客游乐并提示游客"游乐开始"。按预备警铃 2 次后启动设备。

（4）游乐设施运行时，操作人员严禁离开岗位，应该集中精神、注视全场、认真操作，利用广播向游客介绍游乐的方法。

（5）游乐设施运转过程中，要密切注视游客动态，发现有不安全因素应及时用广播等方法进行制止，必要时采用"急停"措施。

（6）游乐将结束前，应及时提醒游客机未停稳，请勿解开安全带和离开座位。当游乐设施停稳后，应迅速打开出口处闸门，帮助游客解开安全带，扶老携幼下机，送客离场。

（7）游客全部离场后，关好出口处闸门并及时巡场一周，检查是否存在遗留品，整理承载物，然后接待下一批游客。

（8）如果游客多，游乐机械运转时间较长，在每天运营到一定的时间，应暂停接客一段时间（10 ～ 15min），检查一下油温、压力、牵引（链条、牵引带）

等部位的情况，确认一切正常，无任何反常现象，才能重新开始接待客人。

（三）游乐设施操作服务用语

以"飞碟追击"为例。游客进场时：欢迎光临！请大家上飞碟后坐好，小孩坐内侧，大人坐外侧，请系好安全带。

开机前：游乐就要开始了，请坐好扶稳。游乐中途请不要站立、不要解开安全带，请照顾好您的小孩。

游乐中：操纵杆向前推，飞碟下降；操纵杆向后拉，飞碟上升。按下操纵杆上的按钮，可以追击前面的飞碟。

停机前：机未停稳，请不要解开安全带，请不要站立，等机器停稳后再下来。

送客：机已停稳，请大家解开安全带，带齐自己的物品，从出口处离场；欢迎再次光临，再见！

（四）营业后检查

（1）先将空气压缩机电源关上，然后切断总电源开关。

（2）打开所有压缩机缸底将剩气排掉。

（3）做好清扫机器和场内的清洁卫生工作。

（4）认真检查所属范围内有无遗留火种，如发现有火种应及时扑灭。

（5）做好班后"六关一防"（关门、关窗、关灯、关电源、关风扇、关用水装置，防火）工作。

（6）检查有没有客人留在场内。

（7）做好当日设备情况及运营记录，将一天的营业票数上交到指定点。

（五）在运营中应特别注意的事项

（1）开机前安全栅栏内不准站人，服务人员要让那些等待上机的乘客站到栅栏外面去，以免开机时刮伤。

（2）开机前服务人员必须逐个检查乘客的安全带是否系好（安全压杠是否压好），以避免在运行中出现事故。

（3）对座舱在高空中旋转的游乐设施，服务人员要负责疏导乘客，尽量使其均匀乘坐，不要造成过分偏载。

（4）节假日乘客过多时，要适当增加监护和服务人员，以免照顾不过来而发生事故。

（5）要准备好常用的急救工具及药品。

（六）在运营中应注意劝阻游客的事项

（1）劝阻乘客不要抢上，游乐设施未停稳前不要抢下，抢上抢下都容易摔倒摔伤。

（2）有人翻越安全栅栏时，要进行劝阻，翻越栅栏容易摔伤，出人身事故。

（3）不准超员乘坐。遇到此种情况时，服务人员要进行说服劝阻，超员时，操作人员不要开机。

（4）不准幼儿乘坐的游乐设施，要劝阻家长不要抱幼儿乘坐。幼儿可以乘坐但不能单独乘坐的项目，一定要有家长陪同乘坐。

（5）劝阻乘客不要穿戴长围巾乘坐游乐设施，留长辫的女乘客要戴上帽子或用手绢将辫子包好，以防围巾或辫子与运行的游乐设施绞在一起而发生事故。

（6）劝阻酗酒者不要乘坐游乐设施，酗酒者因喝酒过多头重脚轻，乘坐游乐设施很容易出问题。

（7）劝阻乘客不要将头、胳膊伸到座舱外面，以免碰到周围物体而致伤。

（8）禁止乘客在安全栅栏之内进行拍照，以防被运行的游乐设施撞伤。

四、紧急事故状态应采取的措施

（一）在游乐设施运营过程中发现有乘客发生触电事故应采取的应急措施

（1）立即断开机器电源总开关。

（2）停止运营、保护现场。

（3）将触电人员转移到合适的位置。

（4）采取人工呼吸等急救措施。

（5）迅速通知上级及医疗单位，协助将伤者送医救治。

（6）保护好现场，做好事故经过的记录。

（二）游乐设施运行过程中发生人员伤亡事故时，操作人员应采取的应急措施

（1）紧急停止游乐设施运行并关闭电源开关。

（2）挂牌暂停运营。

（3）协助将伤者送医院救治。

（4）通知上级相关部门。

（5）保护好现场，做好事故经过的记录。

（三）自控飞机类游乐设施在出现紧急情况时应采取的措施

（1）当座舱的平衡拉杆出现异常，座舱倾斜及底座舱某处出现断裂情况时，应立即停机使座舱下降，同时通过广播告诉乘客一定要紧握扶手。

（2）当游乐设施在运行中突然停电时，座舱不能自动下降，服务人员应迅速打开手动阀门泄油（液压升降系统），将高空的乘客降到地面。当游乐设施停止旋转后，座舱不能自动下降，亦可采用此办法将乘客降到地面。

（3）当游乐设施在运行中出现异常振动、冲击和声响时，要立即按动紧急事故按钮，切断电源，将乘客疏散，排除故障后，方可重新开机。

（四）观览车类游乐设施出现紧急情况时应采取的措施

（1）当乘客在上升过程中产生恐惧情绪时，要立即停车使转盘反转，将恐惧的乘客尽快疏散下来，不要等转完一周后再停下来，避免出现意外。

（2）当吊厢门未锁好时，要立即停车并反转，服务人员将两道门均锁紧后再开机。

（3）当运转中突然停电时，要及时通过广播向乘客说明情况，让乘客放心等待，立即采用备用电源（内燃机）或采用手动卷扬机构转动转盘，将乘客逐个疏散下来。

（五）转马类游乐设施出现紧急情况时应采取的措施：

（1）当运行中有乘客不慎从马上掉下来时，服务人员要立即提醒乘客不要下转盘，否则会发生危险，并立即停止运行。

（2）当有人将脚插进转盘与站台间隙中间时，要立即停车。

（六）陀螺类游乐设施出现紧急情况时应采取的措施

（1）当升降大臂不能下降时，先停机，确认无其他机械故障后，方可手动打开放油阀，使大臂徐徐下降。

（2）当吊椅（双人飞天）悬挂轴断裂时，因有钢丝绳保险设施，椅子不会掉下来，但要立即告诉乘客抓紧扶手，同时紧急停车，将吊椅慢慢降下。

（七）滑行车类游乐设施出现紧急情况时应采取的措施

（1）正在向上提升的滑行车，若设备或乘客出现异常情况，按动紧急停车按钮，停止运行，然后将乘客从安全走道疏散下来。

（2）如果滑行因故障停在提升段的最高点上（车头已经过了最高点），应将乘客从车头开始，依次向后进行疏散，注意一定不要从车尾开始疏散，否则滑行车可能会因车头重而向前滑移，造成事故。

（八）小赛车类游乐设施在出现紧急情况时应采取的措施

（1）当小赛车冲撞周围防护栏阻挡物翻车时，操作人员应立即赶到翻车地点，并采取相应的救护措施。

（2）小赛车进站不能停车时，服务人员应立即上前，扳动后制动器的拉杆，协助停车，以免进站冲撞等候的其他车辆和乘客。

（3）当车辆出现故障，操作人员在场中跑道内排除故障时，绝对不允许站台再发车，以免发生冲撞。故障不能马上排除时，要及时将车辆移到跑道外面。

（九）碰碰车类游乐设施在出现紧急情况时应采取的措施

（1）车的激烈碰撞使乘客胸部或头部碰到方向盘而受伤时，操作人员要立即按下停止按钮，采取相应的救护措施。

（2）突然停电时，操作人员要切断电源总开关，并将乘客疏散到场外。

（3）乘客万一触电时，要有急救措施。

第五节　大型游乐设施现场安全监督检查

一、大型游乐设施的安全状态检测

（一）游乐设施加强检测的重要意义

为保证游客体验，降低游戏风险，检测人员在设施检测环节需要加强检测，特别是采用无损检测技术和无线电设备进行数据传输，减少检测数据误差，提高设施的安全系数。对于没有设备故障和结构安全问题的游乐设施，游客在游玩过程中可以满足安全要求。目前，人们选择在公园里玩减压游戏，特别是大型游乐园，比如摆锤游戏，通常用来释放压力。为提高此类设施的安全系数，应注意检验质量。我国近两年虽未发生大型游乐设施安全事故，但检查人员不应降低检查要求。游乐设施的检验环节要绝对按照国家特种设备检验标准执行，特别是对焊接连接段、钢丝绳和传动装置的磨损和老化率的检验。游乐设施使用单位应注重设施安全使用和日常检测，以游客生命安全为工作理念，坚持安全第一的原则，注重检修过程和先进检测技术的应用。

（二）大型游乐场安全检测技术

1. 在线检测技术

在线检测技术是游乐设施运行状态的检测方法，检测人员可以在人机互动页面清晰地了解设备的运行状况。在线检测技术是 GPS 技术的一种，使用在线检测技术之后，检测人员可以实时监测游乐设施运行状态的效果，获得准确的运行状态数据，并对其进行分析，分析的结果和获得的数据都会储存在数据库之中，为后面的维护工作提供指导。此外，应用在线检测技术还能够科学地评定设备的安全问题。例如，通过使用层次分析法科学地分析过山车的安全性，找出影响过山车安全的影响因素，科学地评价过山车的安全性能，看其是否能够投入使用。

2. 虚拟样机技术

虚拟样机技术是利用计算机技术模拟出游乐场的设施，带来不同的感官体验。通过在大型游乐园设施中使用虚拟样机技术，清晰展现出游乐设施的运行情况，获得更加全面的设施运行数据。当获得游乐设施的运行数据后，就可以对游乐设施构建的性能进行分析和检测，提高对构件质量检测结果的准确性，更好地判断构建的质量能否达到游乐设施的安全标准。使用虚拟样机技术能够对设施的运行状态进行模拟，预测设施中可能存在的风险，清晰地了解设备的运行状态，还可以对其存在的问题进行优化，提高设施的安全性，保障游客的生命安全。

3. 无损检测技术

无损检测技术也是对游乐设施进行安全检测必不可少的一种技术，通过使用无损检测技术可以科学地检测游乐设施的组件的安全性能。无损检测技术包括磁粉检测、超声波检测、渗透检测等。超声波检测技术通过对样本的检测，根据图形数据的分析，可以检测出销轴的内部缺陷。磁粉检测技术可以有效地判断销轴焊缝等表面缺陷，以便施工人员能够及时地解决设施的裂缝问题，避免裂缝问题的不良影响扩大。大型游乐设施的承重构件的材料是钢，目前有多种技术可以检测设施表面的裂缝，但是检测工作开展之前都需要清理设施的表面，保证无杂物的存在，然后再使用磁粉检测技术保证游乐设施的安全性能，保障游客的安全。

（三）加强游乐设施检测的建议

1. 培养和储备技术人才

人才是社会发展的不竭动力。游乐设施的检查也需要培养和储备技术人才。因此，国家应鼓励高职院校开设专业学科，培养游乐设施检测人才，为社会提供可持续的娱乐设施人才供给。此外，国家游乐设施和娱乐项目相关主管部门要通过定期培训、鼓励技术创新等方式，提高现有社会检查人员的综合素质。

2. 提高检测质量

为推动我国游乐设施检测实验室质量管理模式的发展，应利用国际化的检测模式提高我国的检测水平。但我国在借鉴国际先进检测技术的同时，也应大力发展游乐设施自主创新检测，通过不断探索和经验总结，形成一套属于自己的检测技术，使我国游乐设施的质量得到有效保障。

3. 建立健全完善的企业制度

随着我国经济体制的转变，检测单位由单位变为企业单位。在成为独立的法人实体后，检测企业必须像市场经济中的其他企业一样，面对市场经济的竞争，又要结合先进的技术为社会服务。因此，我们可以借鉴国内外游乐设施的管理和服务体系以及以往游乐设施的建设经验，建立一套健全完善的企业制度，让今后的娱乐设施检测工作得到更好的发展。

（四）游乐设施检测技术应用的现状分析

1. 检测工作人员安全意识不强

检查人员的安全意识是一项重要的检测技术。任何科技设备和检测技术都应以工人的安全意识为基础。如果工人没有安全意识，即使使用最先进的检测设备，也会发生设施安全事故。近年来，我国未发生因大型游乐设施质量问题引发的安全事故。这一优势严重影响了检查人员的工作态度，导致部分检查人员只对设施关键部位进行日常检查而忽视了设施的安全检查过程。这一系列问题严重影响设施的检验标准和安全系数，一旦发生安全事故，将造成严重的人员伤亡。过于依赖设备是检验人员安全意识低的另一个原因，他们认为设备检测到的数据是绝对安全的。这种主观因素落实到工作中，导致检查人员不注意目视检测效果，安全意识麻木。

2. 错误使用检测技术到不同游乐设施

针对不同的游乐设施，应选择相应的检测技术进行安全检查。由于技术使用不规范或缺乏对技术的深入了解，经常出现检测技术的误用，导致游乐设施安全检测和安全系数不合格。例如，对于旋转木马等具有轴或转轮结构的游乐设施，应采用主轴原位检测方法完成检测，并通过无线信号实现对轴内部结构的成像，完成内部检测。这时，如果误用涡流检测技术检测轴的内部结构，就会失去安全检测的效果。对于这类检测误差问题，其本质是检测人员缺乏先进技术的应用经验，因此，单纯应用理论知识远远达不到检测效果。

3. 早期应力缺陷检测不完全，存在安全隐患

游乐园设施的检测技术一般分为电气检测和机械检测两大类，其中，电气检测分为绝缘和接地两大块。绝缘电阻测量技术分为绝缘抽查测量法和步进电压测量法。绝缘抽查测量法是指在电气设备正常运行的期间，对设备的绝缘层进行定期的抽查测量，从而建立绝缘电阻的动态变化模型。此外，在电气设备进行维修之后，为确保维修后设备的质量，也应当进行绝缘抽查测量。步进电压测量法一般结合抽查测量法进行，在完成抽查测量法的测量流程之后，工作人员使用两种电压，逐渐增加绝缘体的电应力，从而检查该绝缘体是否有老化的现象。电气接地技术涉及 TN-S 系统和 TN-C-S 系统，TN-S 系统作为一种接零保护系统，在接地系统中具有良好的应用价值，通过 PE 线与三相四线的有序相加，满足电气接地的综合要求。

机械检测主要包括超声波检测技术、磁粉检测技术、渗透检测技术和射线检测技术。机械检测技术在游乐园和游乐设施基础部位的宏观损伤检测中表现良好，可以很容易地检测到零部件的宏观损伤。但突出问题是轮齿、传动轴、主轴、曲柄轴等关键部件宏观损伤属于累积损伤。也就是说，这种损害出现的时间比较早，如果在发现的前期不进行有效的干预，后期的干预将非常困难。如果后期检测到

明显的裂纹,一般来说,内部损伤可能已经发生了很长时间,对零件造成了严重的不可逆损伤。由此可见,机械检测技术不擅长处理早期应力缺陷检测问题,存在明显的安全隐患。

4.检测标准不健全,技术应用流程有待完善

查阅相关资料不难发现,游乐园设施的检查时间往往与游乐设施的故障期相对应。此时游乐设施本身仍有损坏,检测技术可以为技术人员提供更换零件的具体目标,但无法为技术人员提供预防或预测的相关数据。技术应用存在一定滞后性,整体检测成本高,实际检测效果不佳。由此可见,游乐园游乐设施检测技术的检测标准并不完善,技术应用流程有待完善,游乐设施故障的可预见性不明显。

(五)游乐设施检测技术的未来发展

(1)无损检测技术可以保证在完成检测的前提下,不破坏游乐设施的整体结构。其主要特点是不破坏游乐设施的整体结构,保证游乐设施的完整性。人工智能和无线成像技术在无损检测中的应用可以提高检测的效率和质量。特别是无线成像技术可以对检测过程中的信号进行成像,完成对游乐设施内部结构的全方位三维成像,有助于巡查人员对设施内部结构进行观察。利用人工智能技术实现游乐设施的全自动无损检测是未来的发展方向。

(2)涡流检测技术可以避免金属疲劳,多用于游乐设施的检测过程。在这个阶段,涡流检测技术主要用于电流和磁场的感应。该技术未来的发展过程应实现自动化,利用计算机系统和网络平台进行实时检测和控制,将有效避免检测故障的发生。特别是利用故障自动排除装置完成的涡流检测,可以有效避免电磁设备的检测故障。采用涡流检测技术完成高空电缆检测,可以提高检测效率,降低检测人员的工作风险。

(3)检测技术的针对性将会更强。现阶段,一些游乐设施检测企业正在开发一种针对性强的检测技术。这种检测技术以无损检测技术为基础,但针对性更强,检测数据的准确性更高。游乐园内的游乐设施在长期运营后会出现一些应力集中的问题,主要表现在应力疲劳类型的裂纹上,可以是内部裂纹,也可以是外部主导裂纹。此外,传动轴上还会出现一些关键问题,这些缺陷往往具有很强的隐蔽性。虽然技术人员可以使用金属磁记忆检测技术对其进行检测,但整体检测

数据有时并不准确，特别是对于传动轴等关键部件，单纯采用一种检测技术得到的可靠性并不高。因此，在检测技术的后续发展中，将出现针对传动轴、曲柄轴承等特殊部件的检测技术，检测数据和检测技术具有针对性。

（4）技术应用门槛升高，对检测人员的技术要求更为严格。在经济发展的新时代，一些新技术、新设备已广泛应用于各行各业，大数据技术和人工智能技术很常见。在游乐设施的检测过程中，大数据技术和人工智能技术也将逐步得到应用。对于一些特殊的检测环节，技术人员可以利用无人机等设备对游乐设施的运行过程进行采样，通过音视频比对技术了解游乐设施的运行状态。此外，借助人工智能技术，技术人员可以利用计算机对检测技术输出的数据进行处理，快速输出相应的计算结果，为后续的故障排除和预测做准备，这也对技术人员的技术应用能力提出了更高的要求，技术人员的综合素质有待提高。

二、大型游乐设施现场安全监督检查程序

大型游乐设施现场安全监督检查程序包括：出示证件、说明来意、现场检查、作记录、交换检查意见、下达安全监察指令书、采取查封扣押措施、现场处罚和整改复查等。

检查人员有权行使现场检查权、查阅复制权和调查询问权，被检查单位因故不能提供有关证明材料的，检查人员可以书面通知被检查单位后补。被检查单位无正当理由拒绝检查人员进入大型游乐设施使用场所检查，或者不予配合、拖延、阻碍正常检查，或者拒绝签字、签收相关文书的，可以认定为不接受依法实施的安全监察，按《中华人民共和国特种设备安全法》《特种设备安全监察条例》的相关规定给予行政处罚。

检查人员将检查中发现的主要问题、处理措施等信息汇总后，制作检查记录，检查记录由被检查单位参加人员和检查人员双方签字，签字前，检查人员会就检查情况与被检查单位参加人员交换意见。

有证据表明被检查单位生产、使用的大型游乐设施或者其主要部件不符合大型游乐设施安全技术规范的要求，或者在用设备存在以下严重事故隐患之一的，执法机构会予以查封或者扣押。

（1）使用非法生产的大型游乐设施。

（2）使用的大型游乐设施缺少安全附件、安全装置，或者安全附件、安全装置失灵的。

（3）使用应当予以报废的大型游乐设施或者不符合规定参数范围的大型游乐设施的。

（4）使用超期未检或者经检验检测判为不合格的大型游乐设施的。

（5）使用有明显故障、异常情况的大型游乐设施，或者使用经责令整改而未予整改的大型游乐设施的。

（6）大型游乐设施发生事故不予报告而继续使用的。但如果使用单位就以上问题能够当场整改的，可以不予查封、扣押。在用大型游乐设施因连续性生产工艺等客观原因不能实施现场查封、扣押的，可由被检查单位在检查记录上说明情况。暂不实施查封、扣押的，待被检查大型游乐设施正常停用后予以查封、扣押，其间发生事故的，由被检查单位承担责任。

检查时发现下列情形之一的，检查人员应当下达特种设备安全监察指令书，责令被检查单位立即或者限期采取必要措施予以改正或者消除事故隐患：

（1）有违反《中华人民共和国特种设备安全法》《特种设备安全监察条例》的行为。

（2）有违反安全技术规范的行为。

（3）在用设备存在事故隐患。市场监督管理部门的检查人员通过特种设备动态监管信息化系统或者特种设备检验检测机构的报告，发现大型游乐设施使用单位存在违法、违规行为或者事故隐患的，可以不经过现场检查直接下达特种设备安全监察指令书。

被检查单位在用大型游乐设施存在严重事故隐患或者有以下严重违法行为的，经一定程序后，检查人员可以下达特种设备安全监察指令书，责令使用单位停止使用大型游乐设施。

（1）明知故犯或者屡次违规、违法的。

（2）妨碍监督检查的。

（3）转移、毁灭证据或者擅自破坏封存状态的。

（4）伪造有关文件、证件，或者作假证、伪证，或者威胁证人作假证、伪证的。

（5）发生一般及其以上事故的。检查提出整改要求的，检查人员应当在整改期限届满后 3 个工作日之内对隐患整改情况进行复查。

发现被检查单位应受行政处罚的，现场处罚案件由检查人员按照《技术监督行政案件现场处罚规定》当场实施处罚。立案处罚案件按照《技术监督行政案件办理程序的规定》办理，其中，吊销（撤销）许可资格案件由发证质监部门的安全监察机构承办，其他立案处罚案件可以移交质监部门专职执法机构承办。

发现被检查单位或者人员涉嫌构成犯罪的，应当按照《行政执法机关移送涉嫌犯罪案件的规定》移送公安机关调查处理。

被检查单位拒绝签字的，检查人员可以记录在案；拒绝签收相关执法文书的，可以采取留置、邮寄、公告等方式进行送达。有条件的，可以采取邀请第三方作证、照相、录音、摄像等方式取证。

第八章　索道

第一节　概述

一、定义

客运索道是指用于运送旅客的"索道"，分为往复式索道和循环式索道两类。前者在线路支架两侧的承载索上各挂一个载客车厢，由一条或两条牵引索牵引沿线路往复运行；后者在线路支架两侧的钢丝绳上，等间距各挂若干个载客车厢或吊椅，由驱动机带动钢丝绳循环运行。

客运索道是由钢索、钢索的驱动装置、迂回装置、张紧装置、支承装置、抱索器、运载工具、电气设备及安全装置组成。

二、特点

（一）优点

与其他运输工具相比，客运索道具有突出的特点：可直接跨越山川和地面障碍，适应性强；运输距离短，节省行程时间；结构紧凑，施工量小，对自然景观破坏小；低能耗（一般用电力驱动），无污染；投资比其他运输形式相对低，回收快。

（二）缺点

索道距离地面高达几米、十几米，甚至上百米，人体处于高处运动状态，这既是索道吸引人之处，也是其危险性所在。客运索道的服务对象是临时乘客，他们完全没有索道专业知识，也无法进行专业培训，在乘坐索道的整个过程中，无论是心理恐慌，还是身体不适，或由于无知带来的冒险行为，甚至天气突变的影响，都会带来严重的安全问题。索道运行是由索道站集中控制的，发生问题时，乘客无法随时自主控制运行状态，不能中途随意上下。对于其他机械来说，当运动停止，危险状态就随之解除，而索道不管是在正常运动状态由于乘客原因而发生问题，还是由于雷击、停电、设备故障等原因使索道处于停车状态，或者是营救乘客的操作，只要人处于高处，危险状态就没有解除。特别是我国游览索道都是在野外露天、名山大川，地形、地物、天气条件复杂，给索道救护增加困难。客运架空索道的安全问题必须引起足够重视。

三、工作原理

索道运行时，钢索回绕在索道两端（上站和下站）的驱动轮和迂回轮上，两站之间的钢索由设在索道线路中间的若干支架支托在空中，随着地形的变化，支架顶部装设的托索轮或压索轮组将钢索托起或压下。载有乘客的运载工具通过抱索器吊挂在钢索上，驱动装置驱动钢索，带动运载工具沿线路运行，达到运送乘客的目的。张紧装置用来保证在各种运行状态下钢索张力近似恒定。

第二节　缆车的类型

缆车是由驱动机带动钢丝绳，实现人员或货物输送目的之设备的统称或一般称谓，缆车是牵引车厢沿着有一定坡度的轨道上运行的一种交通工具，轨道坡度一般以 $15° \sim 25°$ 为宜。缆车线路按运输量、地形和运距等可设计成单轨、双轨以及单轨中间加错车道或换乘站等多种形式。

缆车的运行速度一般不大于13km/h。为适应线路的地形条件和乘坐舒适，载人车厢的座椅应与水平面平行并呈阶梯式，以便于人员上下和货物装卸。

当车厢在运行中发生超速、过载、越位、停电、断绳等事故时，要有相应的安全措施保证乘客安全。由于缆车对地形的适应性较差，建设费用高，长距离运输效率低，因此它的应用和发展受到限制。为保证乘客安全，缆车配有一系列安全设施。

根据中国索道工程领域专业命名规则，车辆和钢丝绳架空运行的缆车设备，定义为架空索道（以下又称索道）；而车辆和钢丝绳在地面沿轨道行走的缆车设备定义为地面缆车。

地面缆车是由驱动机带动钢丝绳，牵引车厢沿着铺设在地表并有一定坡度的轨道上运行的一种交通工具。地面缆车的坡度不受限制，一般以 15°～25° 为宜。缆车线路按运输量、地形和运距等可设计成单轨、双轨以及单轨中间加错车道或换乘站等多种形式。为使乘客乘坐舒适，便于乘客上下车和装卸货物，车厢内座椅应与水平面平行并呈阶梯式。

地面缆车最重要的安全装置是轨道制动器，当钢丝绳索缆断裂时，车厢可以自动抱紧在钢轨上，以保证乘客的安全。由此附带的其他安全装置是车与站之间的数字信号通信系统，用于保证轨道制动器动作时，驱动装置和控制系统采取相应的停车等措施。

第三节　索道的类型

索道又称吊车、缆车（缆车又可以指缆索铁路）、流笼，是交通工具的一种，通常在崎岖的山坡上运载乘客或货物上下山。索道是利用悬挂在半空中的钢索，承托及牵引客车或货车。除了车站外，一般在中途每隔一段距离建造承托钢索的支架。部分的索道采用吊挂在钢索之下的吊车；也有索道是没有吊车的，乘客坐在开放在半空的吊椅。使用吊椅的索道在滑雪区最为常见。

索道按支持及牵引的方法，可以分为 2 种。

单线式索道：使用一条钢索，同时支持吊车的质量及牵引吊车或吊椅。

复线式索道：使用多条钢索，其中用作支持吊车质量的一条或两条钢索是不会动的，其他钢索则负责拉动吊车。

索道按行走方式可分为 2 种。

往复式索道：索道上只有一对吊车，当其中一辆上山时，另一辆则下山，两辆车到达车站后，再各自向反方向行走，这种索道称为往复式索道。往复式索道的载客量一般较多，可以达每辆 100 人，而且爬坡力较强，抗风力亦较好。往复式索道的速度可达 8m/s。

循环式索道：循环式索道上会有多辆吊车，拉动的钢索是一个无极的圈，套在两端的驱动轮及迂回轮上。当吊车或吊椅由起点到达终点后，经过迂回轮回到起点循环。

循环式索道可再分为 2 种。

固定抱索式：吊车或吊椅正常操作时不会放开钢索，所以同一钢索上所有吊车的速度都会一样。有的固定抱索式索道，吊车平均分布在整条钢索上，钢索以固定的速度行走，这种设计最为简单，但缺点是速度不能太快（一般为 1m/s 左右），否则乘客难以上下。也有固定抱索式索道采用脉动设计，把吊车分成 4 组、6 组或 8 组，每组由 3 ～ 4 辆车组成，组与组之间的距离相同。同组的吊车同时在车站上下乘客，当其中一组吊车在站内时，钢索及各组车同时放慢速度。吊车离开车站后，会加速行驶。这种索道行驶速度较快（站内 0.4m/s，站外 4m/s 左右），乘客上下容易，但距离不能太长，运载能力也有限。

脱挂式：脱挂式也称脱开挂结式，吊车以弹簧控制的钳扣握在拉动的钢索上。当吊车到达车站后，吊车扣压钢索的钳会放开，吊车减速后让乘客上下。离开车站前，吊车会被机械加速至与钢索一样的速度，吊车上的钳再紧扣钢索，循环离开。这种索道的速度快，可达 6m/s。

第四节　索道的安全管理

一、注意事项

（一）乘客进入索道站后须遵守规定

（1）车上（吊椅、吊篮、吊厢）严禁吸烟、嬉闹和向外抛撒废弃物品。

（2）禁止携带易燃易爆和有腐蚀性、有刺激性气味的物品上车。

（3）对于患有高血压、心脏病以及不适于登高的高龄乘客，建议不要乘坐吊椅式索道。

（4）未经许可，乘客不得擅自进入机房或控制室。

（5）无论索道是停或开，都不允许乘客从吊椅（吊篮、吊厢）上跳离或爬上去。如跳下可能导致脱索或吊椅振动太大而损坏，如中途停车或发生其他故障，勿惊慌，要听从工作人员的指挥。

（6）严禁摇摆、振动吊椅（吊篮、吊厢），站在吊椅上或吊在吊椅下，有可能引发事故并缩短索道设备的寿命。

（7）自觉遵守公共秩序，服从工作人员的指挥，依次进站上车，不准拥挤和抢上，严禁从出口上进口下。

（8）严禁在站台上照相和逗留。

（9）严禁乘客乘坐吊椅（吊篮、吊厢）通过驱动轮和迂回轮。

（二）客运架空索道救护相关规定

（1）应根据地形情况配备救护工具和救护设施，沿线不能垂直救护时，应配备水平救护设施。救护设备应有专人管理，存放在固定的地点，并方便存取。救护设备应完好，在安全使用期内，绳索应缠绕整齐。吊具距离地面大于15m时，应用缓降器救护工具，绳索长度应适应最大高度救护要求。

（2）采用垂直救护时，沿线路应有行人便道，由索道吊具中救下来的游客可以沿人行道回到站房内。

（3）应有与救护设备相适应的救护组织，人员要到岗。

（三）常见的两种救护方法

（1）当外部供电回路电源停电，或主电机控制系统发生故障时，应开启备用电源，如使用柴油发电机组供电，借辅助电机以慢速将客车拉回站内。

（2）当机械设备、站口系统、牵引索等发生重大故障导致索道不能继续运行时，必须采用最简单的方法，在最短的时间内将乘客从客车内撤离到地面。营救时间不得超过3h。撤离方法取决于索道的类型、地形特征、气候条件、客车离地面高度等。

二、索道管理制度

（一）索道操作

（1）坚守工作岗位，持证上岗，严格执行现场交接班制度。

（2）工作中集中精力，精通业务，钻研技术，提高工作效率。

（3）索道运行期间不准离开操作台，随时注意显示数据以及设备运转情况，保证安全运行。

（4）严守要害场所管理制度，执行入室登记制度，非工作人员未经批准严禁入内。

（5）工作前检查好信号、机械和电气各部分以及安全保护装置动作是否灵敏可靠，各部分是否牢固，钢丝绳有无断丝、变形，发现问题立即停车处理并及时汇报。

（6）保持工作地点的清洁卫生。

（7）信号不明不准开车，发送信号及时准确。

（8）严格执行操作规程，认真执行巡回检查和交接班等有关制度，有权拒绝违章指挥。

（9）运转时注意各部件运转声响，随时观察仪表指示情况、轴承和电机温度变化以及润滑系统的供油情况，保证安全运转。

（10）认真填写运转、交接班记录，做到操作、检修、消防用具齐全，保证设备与环境卫生整洁干净。

（二）小班维护工

（1）负责当班的一般故障处理和设备维护工作。

（2）坚守岗位，严格执行操作规程，认真执行现场交接班制度。

（3）开车前认真检查设备、信号、通信和安全设施是否完好。

（4）严格遵守各项管理规定，圆满完成当班任务。

（5）负责清理工作地点的环境卫生。

（三）大班检修工

（1）认真巡回检查，发现问题及时处理，维护质量，设备完好率达到规定要求。

（2）掌握所管设备的运转情况，抓好关键部位、薄弱环节的检查，维护好安全制动保护装置，定期调整试验，保证灵活可靠。

（3）严格执行各项规章制度和安全操作规程。

（4）认真落实好日、周、月检计划。

（5）严格按规章制度办事，发现危及设备正常运转和安全的问题立即采取措施，及时向领导汇报，保证安全生产。

（四）班组长

（1）正队长负责全队的各项工作，每天井下与井上工作必须在8小时以上，做到上传下达，与领导积极配合，完成串车的各项任务。

（2）检修班队长带领全队检修人员积极主动地完成各项检修工作，安排好检修人员与工作时间。

（3）小班队长严格管理，必须保证3小班不出现脱岗、早退现象。负责开中班、夜班班前会和3小班查岗工作，井上井下时间不少于8h，每月不准多于10个夜班。

三、索道设备日、周、月检制度

（一）机械部分

1.驱动部分

（1）基础及钢架结构。

①混凝土基础牢固可靠，未出现开裂现象（月检）。

②钢架结构无扭曲变形，螺丝紧固有效（日检）。

（2）驱动轮。

①驱动轮轮衬磨损余厚不小于原厚度的1/3，否则应及时更换轮衬（日检）。

②轮缘、辐条无裂纹、变形，键不松动，紧固螺母无松动（周检）。

③驱动轮转动灵活，无异常摆动和异常声响（日检）。

（3）制动闸。

①制动闸杠杆系统动作灵敏可靠，销轴不松晃，不缺油。闸轮表面无油迹，液压系统不漏油（日检）。

②松闸状态下，闸瓦间隙不大于2.5mm，制动时闸瓦与闸轮紧密接触，有效接触面积不小于设计要求的60%（周检）。

③闸带无断裂现象，磨损余厚不小于3mm，闸轮表面沟痕深度不大于1.5mm，沟宽总计不超过闸轮有效宽度的10%（周检）。

（4）声光信号。

声光信号完好齐全，吊挂整齐，防爆、报警信号灵敏可靠。若发现信号异常，应及时修复（周检）。

（5）钢丝绳运行应平稳，速度正常，否则应查明原因并及时处理（日检）。

2. 迁回轮及张紧装置

（1）迁回轮。

①轮衬磨损余厚不小于原厚的 1/3，否则应及时更换轮衬（日检）。

②轮缘、辐条无裂纹、变形，轴不松动，紧固螺母无松动（周检）。

③迁回轮转动灵活，无异常摆动和异常声响（日检）。

（2）张紧装置。

能够随时灵活调节运载钢丝绳在运行过程中的张力，活动部位移动灵活，活动滑轮上下移动灵活，不卡轮轴、不歪斜（日检）。

①重锤上下活动灵活，不卡、不挤、不碰支撑架，配重安全设施稳固可靠（周检）。

②滑动尾轮架距滑动导轨的极限位置不小于 500mm，否则要考虑更换钢丝绳（日检）。

③收绳装置灵活可靠（月检）。

3. 吊椅部分

（1）各部件齐全完整，螺丝紧固有效，无开焊、裂纹或变形（日检）。

（2）锁紧装置齐全、有效，无变形（日检）。

（3）摩擦衬垫固定可靠（日检）。

4. 轮系部分

（1）所有的托轮、压轮应转动灵活、平稳、不晃动（日检）。

（2）轮衬贴合紧密，无脱离现象，轮衬磨损余厚不小于 5mm（周检）。

（3）托轮架稳固，无弯曲变形及位置偏移等现象（月检）。

（4）各部件联接螺栓紧固有效，焊缝无开裂现象（日检）。

5. 钢丝绳部分

钢丝绳断丝不超过 1/4，磨损锈蚀不超过其使用寿命极限，否则应及时更换钢丝绳（日检）。

（二）电气部分

1.日检项目

（1）索道变频器各显示器显示内容是否正常。

（2）驾驶台按钮开关接点是否灵活可靠，各转换开关是否正确、灵活、可靠。

（3）驾驶台操作按钮是否灵活可靠，指示灯和指示仪表是否指示正确。

（4）变频器各线嘴接线是否符合规程要求，有无松动。

（5）制动器电机、主电机各部分音响是否正常。

（6）各声光信号是否清晰可靠，照明灯具线路是否整齐合理、安全可靠。

（7）主电机地基螺丝及底座的固定情况。

（8）所有安全保护动作是否正常，全线急停使用的钢丝绳是否完好。

2.周检项目

（1）变频器内部各继电器及配件是否完好、动作是否可靠。

（2）所有电气设备内部线路板的灰尘清理。

（3）所有电机电源线是否有损坏现象，各控制开关是否动作灵活可靠。

（4）电机声音、温度是否正常。

（5）低压开关的各项保护是否动作可靠，接线是否完好，声音是否正常。

（6）所有安全保护接点及固定情况。

3.月检项目

（1）低压开关、隔离开关是否接触可靠，操作机构是否灵活，各保护跳闸是否灵敏可靠。

（2）主电机的定子、转子接线是否紧固整齐，地线连接是否可靠，主电机地基螺丝是否松动。

（3）所有接线、接地线是否良好。

（4）主电机润滑油脂情况。

（5）所有电气设备接线盒是否良好。

（6）机壳及外露金属表面均应进行防腐处理。

四、索道运行分工规定

（一）机电区

1. 下电

负责电机、开关、线路、信号、照明的维护及更换。

2. 下修

（1）负责减速机更换、升坑、送制修厂检修。

（2）更换索道联轴器及对轮螺栓（由安监处联系）。

（3）配合索道人员更换钢丝绳（由安监处联系）。

（4）钢丝绳计划，配合索道人员洗绳（由安监处联系）。

（5）机头架子电焊（由安监处联系）。

（6）编写材料计划及进备件。

（二）安监处

（1）负责日常索道全面检查。

（2）机头架子各部位螺丝检查，如有松动及时紧固，开车前检查。

（3）检查钢丝绳，组织索道续绳。

（4）检查及更换托绳轮。

（5）检查及更换猴杆皮子。

（6）猴杆损坏后负责升坑修理。

（7）减速机续油，更换固定螺丝。

（8）索道机道清理。

（9）索道出现问题需要机电区处理的要及时通知机电区。

（10）维持乘坐人员秩序，调整上下乘坐吊椅的数量。

参考文献

［1］洪孝安，杨申仲. 设备管理与维修工作手册［M］. 2版. 长沙：湖南科学技术出版社，2007.

［2］杨申仲. 精益生产实践［M］. 北京：机械工业出版社，2010.

［3］杨申仲. 压力容器设备管理与维护问答［M］. 北京：机械工业出版社，2009.

［4］杨申仲. 能源管理工作手册［M］. 长沙：湖南科学技术出版社，2008.

［5］中国机械工程学会维修分会. 设备工程实用手册［M］. 北京：中国经济出版社，1999.

［6］王威强. 我国特种设备事故调查与处理体制的思考［J］. 中国特种设备安全，2010（7）：33-35.

［7］郭奎建. 2009年特种设备统计分析［J］. 中国特种设备安全，2010（5）：69-74.

［8］徐义，贺小明. 特种设备安全监察模式研究［J］. 设备管理与维修，2008（2）：17-18.

［9］贺小明，沈立伟，杨萍. 企业特种设备的安全监控［J］. 设备管理与维修，2005（4）：4-5.

［10］赵勇. 锅炉爆管的原因分析及对策［J］. 中国设备工程，2006（5）：35.

［11］刘鸿国，侯召堂. 优化锅炉状态检修确保发电机组正常运行［J］. 设备管理与维修，2010（4）：8-9.

［12］杜文强. 一起锅炉爆炸事故的分析［J］. 特种设备安全技术，2009（2）：24.

［13］张玉香，张鲜俊，李华．电站锅炉水冷壁爆管原因分析［J］．设备管理与维修，2010（5）：21.

［14］陈光利．压力容器维护保养［J］．设备管理与维修，2008（2）：23-24.

［15］徐进明．化工厂不锈钢设备腐蚀及补焊措施［J］．设备管理与维修，2007（3）：19-21.

［16］沈正军，嵇大园．水冷却器水压试验爆炸原因分析［J］．压力容器，2009（1）：49-52.

［17］邢国强，张广兴．谈压力容器测厚值异常的原因［J］．设备管理维修，2010（2）：22-23.